万卷楼
国学经典
修订版

汲取先贤智慧
铺就成功阶梯

万卷楼

万卷楼国学经典

修订版

小窗幽记

[明]陈继儒 著
夏华 等 编译
赵鹏程 修订

北方联合出版传媒（集团）股份有限公司
万卷出版有限责任公司
2024年·沈阳

图书在版编目（CIP）数据

小窗幽记 /（明）陈继儒著；夏华等编译；赵鹏程修订. — 沈阳：万卷出版有限责任公司，2023. 5（2024.3 重印）

（万卷楼国学经典：修订版）

ISBN 978-7-5470-6176-3

Ⅰ. ①小… Ⅱ. ①陈…②夏…③赵… Ⅲ. ①人生哲学—中国—明代②《小窗幽记》—译文③《小窗幽记》—注释 Ⅳ. ① B825

中国国家版本馆 CIP 数据核字（2023）第 026863 号

出 品 人：王维良
出版发行：北方联合出版传媒（集团）股份有限公司
万卷出版有限责任公司
（地址：沈阳市和平区十一纬路 29 号 邮编：110003）
印 刷 者：辽宁新华印务有限公司
经 销 者：全国新华书店
幅面尺寸：170mm×240mm
字 数：484 千字
印 张：22
出版时间：2023 年 5 月第 1 版
印刷时间：2024 年 3 月第 2 次印刷
责任编辑：邢茜文
装帧设计：徐春迎
责任校对：张 莹
ISBN 978-7-5470-6176-3
定 价：58.00 元
联系电话：024-23284090
邮购热线：024-23284050

出版说明

“读万卷书，行万里路”这是中国古人“修身”的两条基本途径。晋代著名史学家陈寿给自己的书斋命名为“万卷楼”，此后，历代以“万卷楼”命名的书斋，由宋至清有数十家：宋代有方略、石待旦等；元代有陈杰、汪惟正等；明代有项笃寿、杨仪、范钦等；清代有孙承泽、黄彭年等。可见，“读万卷书”的理想在中国传统知识分子中是何等的根深蒂固。

读“万卷书”不仅是古人的理想，当我们懂得了读书的意义，都会自然而然地产生强烈的“博览群书”的愿望。然而，人类历史悠久，书籍浩如汪洋大海，时代发展到今天，科技与经济的发展更使得人类的精神领域空前丰富，获取信息与知识的途径不断增加。‘万卷书”早已不再是一个象征性的概念，如何从这“万卷”之中，找到最值得细细品读的作品，已经成为人们必须解决的问题。

爱因斯坦曾说过：“在阅读的书中找出可以把自己引到深处的东西，把其他一切统统抛掉。”这正是在阐述读书时选择的重要性。而他所说的把我们“引到深处的东西”无疑就是我们所需要深度阅读的作品，也就是我们常说的经典作品。

卡尔维诺对经典作出的定义之一是：经典就是我们正在重读的。的确，在对经典作品反反复复的品味中，人们思想得到了升华，从浅薄走向思考，最后走到通达。我们都曾有这样的感触，面对海量的书籍和信息，一方面，人们在向着功利性浅阅读大张其道，另一方面，我们的精神深处又在不断地呼唤能够滋养自己内心的深度阅读。因此，经典的价值不仅没有因为浅阅读时代的到来而有所损失，反而更显示出其珍贵来。

在惜字如金的中国传统典籍当中，从来不乏这种需要反复品味的经典。从先秦诸子到历代的经史子集，这些经典为一代代的中国人提供了取之不尽的精神滋养，为中华文化的传承和发展建立了基础。我们把这种包蕴中国文化的学问称为国学。国学的范围非常广泛，它包含了文学、历史、哲学、艺术、语言、音韵等在内的一系列内容。

包罗万象的国学经典为我们提供了广泛的教育。阅读国学经典，也就是在与我们的“先圣先贤”对话和交流，一步步地楔进我们的历史和传统。这个过程可以让我们领会先贤的旨趣，把握他们的神髓，形成恢宏的历史意识，可以让我们通晓文义、熟习经史、通彻学问，让我们成为博学之士。另一方面，国学经典所代表的传统学问，更是具有极为厚重的伦理色彩。阅读国学经典的过程，不仅是增进知识的过程，而且是一个熏陶气质、改善性情、提高涵养的过程，这个过程在潜移默化中培养着行谊谨厚、品行端方、敦品励行的谦谦君子。

当然，随着时代的发展，国学早已不再是人们追求事功的唯一法典，我们也不赞成对国学的功能无限夸大。但毫无疑问，阅读国学经典，必能促进我们对真、善、美的崇敬之心，唤起我们对伟大、深邃、美好事物的敏感和惊奇，同时也让我们了解到先贤们在探寻知识过程中思考的重大课题和运用的基本原则。这些作品体现着我们民族精神的精髓，如《周易》所阐述的“自强不息”的君子人格，《论语》所强调的“和而不同”的包容精神，《诗经》所培养的温柔敦厚的情感，《道德经》所闪耀的思辨智慧，等等，它们共同构筑了中华民族传统的精神范式。品读先贤留下的经典，恰如与他们进行一次次心灵的直接触碰，进而去审视我们自己的内心，见贤思齐，激浊扬清。

正是基于对国学经典的这种认识，我们精选了这套《万卷楼国学经典》系列丛书，以期引导步履匆匆的现代人走近国学经典、了解国学经典。在选编过程中，我们希望能够体现这样一些特点。

首先，我们希望这套丛书能够最具代表性。在选目中，我们注重于最经典、最根源的作品，在有限的时间内，把那些最具影响力，最应该知道的作品提交给读者。四书五经、先秦诸子、唐诗宋词等这些具有符号意义的作品无疑是最应该为我们所熟知的，因此，丛书所选的30种作品都是这些经典中的经典。

其次，我们希望能够做出好读的经典。在面对国学作品时，佶屈的文言和生僻的字词常让普通读者望而却步。所以，我们试图用简洁易懂的形式呈现经典，使读者可随时随地以自己的时间、自己的速度来进入阅读。因此，我们为原著精心添加了注音、注释和译文，使读者能够真正地“无障碍阅读”。同时，我们还邀请北京大学、南京大学、复旦大学等知名学府的古代文学方面专家对丛书进行了整体修订，对原文字句及标点进行核准，适当增删注释条目、校订注释内容，对白话翻译做进一步校订疏通，使图书内容臻于完善，整体品质得到了大幅度提升。作为一名读者，也许你会常常感慨，以前没有花更多的时间去读更多的经典，如今没有机会或能力来细读，但实际上，读经典什么时间开始都不算晚，“万卷楼”就是一个极好的途径。重读或是初读这些经典，一样可以塑造我们未来的生活。

第三，我们希望呈现一套富有美感的读物。对于经典而言，内容的意义永远排在第一位，但同时，我们也希望有精彩的形式与内容相匹配，因而，我们在编辑过程中选取了大量的古代优秀版画作为本书的插图，对图片的说明也做了精心设计。此外，图书的编排、版式等细节设计都凝聚了我们大量的思索。我们希望这套经典不只是精神的食粮，拥有文本意义上的价值，更能带来无限美感，成为诗意的渊薮。

“经典作品是这样一些书，我们越是道听途说，以为我们懂了，当我们实际读它们，我们就越是觉得它们独特、意想不到和新颖。”卡尔维诺经典的评论让人击节叹赏，我们也希望这套丛书能够彰显经典的价值，使读者在细细品读中真正融化经典，真正做到“开茅塞、除鄙见、得新知、增学问、广识见”。同时，经典又是可以被享受的。当我们走进经典之时，不能只作为被动的接受者，也可用个人自我的方式进入经典，做精神的逍遥之游，对经典作品进行贴近个体生命的诠释和阅读，在现实社会之中营造自由的人生意境和精神家园，获取一种诗意盎然的人生。

怎样阅读本书

原文：根据权威版本，精心核校，确保准确性，对生僻字反复注音，使读者无障碍阅读。

注释：准确、简明，极具启发性。

译文：流畅、贴切，以现代白话完整展现原著全貌。

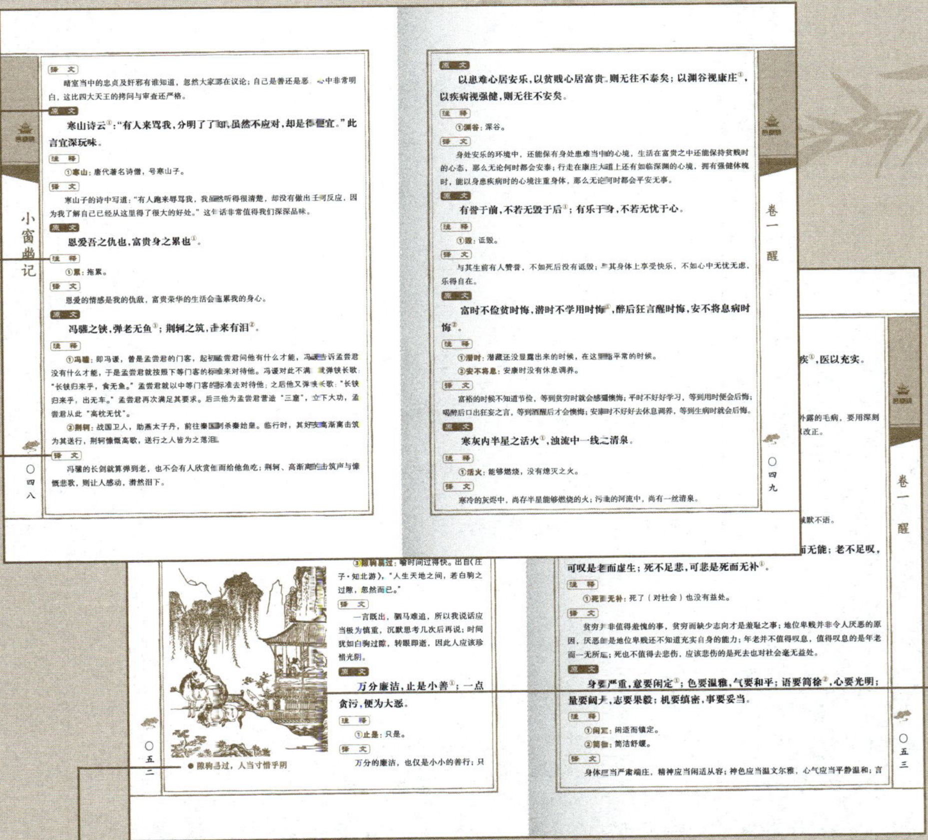

图注：以图释义，扩展阅读，丰富全书知识含量。

插图：精选历代精品古版画，美妙传神，增强美感。

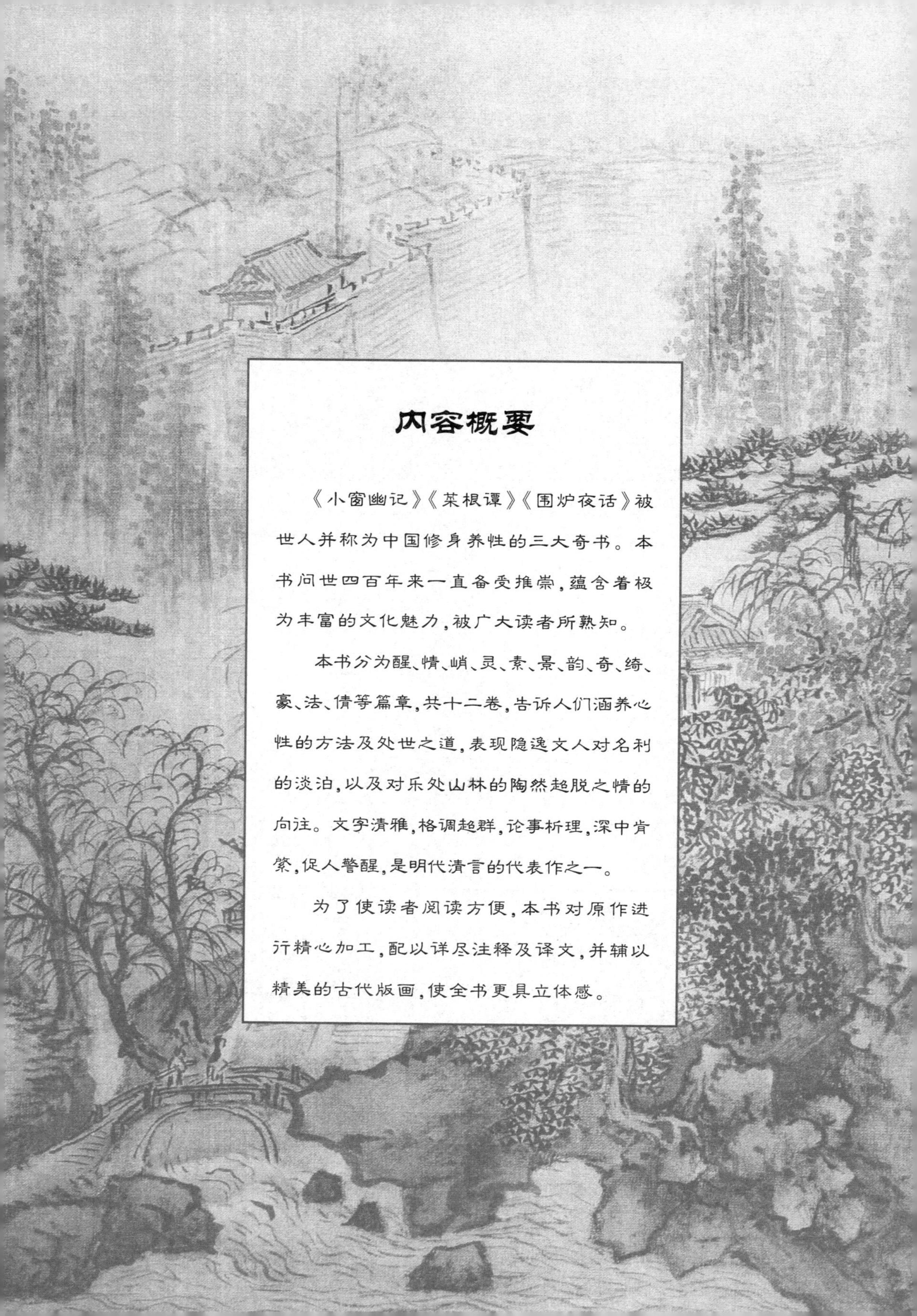

内容概要

《小窗幽记》《菜根谭》《围炉夜话》被世人并称为中国修身养性的三大奇书。本书问世四百年来一直备受推崇，蕴含着极为丰富的文化魅力，被广大读者所熟知。

本书分为醒、情、峭、灵、素、景、韵、奇、绮、豪、法、倩等篇章，共十二卷，告诉人们涵养心性的方法及处世之道，表现隐逸文人对名利的淡泊，以及对乐处山林的陶然超脱之情的向往。文字清雅，格调超群，论事析理，深中肯綮，促人警醒，是明代清言的代表作之一。

为了使读者阅读方便，本书对原作进行精心加工，配以详尽注释及译文，并辅以精美的古代版画，使全书更具立体感。

目 录

卷一　醒

原　文

食中山之酒[①]，一醉千日，今之昏昏逐逐，无一日不醉。趋名者醉于朝[②]，趋利者醉于野，豪者醉于声色车马，而天下竟为昏迷不醒之天下矣。安得一服清凉散[③]，人人解酲[④]，集醒第一。

注　释

①**中山之酒**：据晋代干宝《搜神记》卷十九："狄希，中山人也，能造千日酒，饮之千日醉。"

②**趋**：追逐。

③**清凉散**：中药名，服下能使人身心清凉。

④**酲**：音"chéng"，酒醉昏沉的样子。

译　文

饮了中山美酒，能一醉千日。而今天世人沉迷于俗情事务，争名逐利，没有一天不在醉乡。好名的人沉醉在官场，逐利的人沉醉于财富，有权的人被音乐、女色、香车、骏马迷醉。天下竟然成为昏迷不醒的天下。如何才能获得一剂清凉散，使人人服下就能获得清醒呢？因此把与"醒"有关的内容汇集起来，作为第一部分。

● 座上客肖满，樽中酒不空

原　文

倚才高而玩世，背后须防射影之虫[①]；饰厚貌以欺人，面前恐有照胆之镜[②]。

注　释

①**射影之虫**：蜮，也叫射工，短狐。

相传有一种动物可以含沙射人，致人生病，严重者甚至于死亡。后比喻背后暗算他人的人。

②照胆之镜：据《西京杂记》记载，秦朝宫中有一面镜子，可以照出人心中的邪念。

译文

倚仗才华出众而玩世不恭，便要提防那些背后暗算他人的人。装成忠厚老实的模样想要欺骗别人，恐怕面前会有可以照出邪念的照胆镜。

原文

怪小人之颠倒豪杰，不知惯颠倒方为小人；惜吾辈之受世折磨，不知惟折磨乃见吾辈[1]。

注释

①惟：只。

译文

有人责怪那些小人颠倒黑白，陷害英雄豪杰，却不知道只有习惯于颠倒黑白的人才能被称为小人；有人怜惜我辈深受世间的折磨，却不知道只有经历了磨炼，才能显出英雄本色。

原文

花繁柳密处拨得开，才是手段[1]；风狂雨急时立得定，方见脚跟[2]。

注释

①手段：能力。

②脚跟：此处比喻定力、原则。

译文

拨开繁花密柳，认清局势，才是真有能力；狂风暴雨来临时，站稳脚跟，才是真有原则。

原文

淡泊之守，须从秾艳场中试来；镇定之操[1]，还向纷纭境上勘过。

注释

①操：志向与节操。

译文

一个人是否有淡泊的操守，需要在富贵繁华的环境中才能考验出来；一个人是否有镇定的志节，需要在纷扰复杂的境遇下考验过。

原文

市恩不如报德之为厚，要誉不如逃名之为适[1]，矫情不如直节之为真。

注释

①誉：称赞。

译　文

给人小恩小惠，不如报答别人的恩德显得厚道；沽名钓誉，不如逃避名声来得以自适；故意违背常情，以显示清高，不如坦白正直地做人显得真诚。

原　文

使人有面前之誉，不若使人无背后之毁[1]；使人有乍交之欢，不若使人无久处之厌。

注　释

①**毁**：诋毁。

译　文

要别人当面称赞你，不如要别人不在背后诋毁你；令别人在刚认识时喜欢与你结交，不如相交已久而不会心生厌恶。

原　文

攻人之恶毋太严，要思其堪受；教人以善莫过高，当原其可从[1]。

注　释

①**原**：体谅。

译　文

攻击别人的恶行不要太严厉，要考虑他是否能承受；教导别人做善事，不必要求过高，应当体谅他能否适应。

原　文

不近人情，举世皆畏途；不察物情，一生俱梦境[1]。

注　释

①**俱**：都。

译　文

不考虑人情世故，每条路都充满困难；不洞察人间百态，就像生活在梦中一样虚幻。

原　文

遇嘿嘿（mò mò）不语之士，切莫输心；见悻悻自好之徒[1]，应须防口。

注　释

①**悻悻**：恼怒的样子。

译　文

遇到沉默不语的人，千万不能跟他诚心交往；见到喜欢恼怒、自恋的人，应该提防自己祸从口出。

原　文

结缨整冠之态[1]，勿以施之焦头烂额之时；绳趋尺步之规，勿以用之救死扶危之日。

注　释

①结缨整冠：据《左传·哀公十五年》记载："君子死，冠不免，结缨而死。"此处指从容之态。

译　文

不要在焦头烂额的紧急时刻，还在讲究从容之态；不要在救死扶伤的紧要关头，还步步循规蹈矩。

原　文

议事者身在事外，宜悉利害之情[1]；任事者身居事中，当忘利害之虑。

注　释

①悉：明白。

译　文

议论事情的人置身事外，应该明白事情的利害关系；处理事情的人置身事中，就应该不计利害关系，秉公处理。

● 貂蝉冠

原　文

俭，美德也，过则为悭吝，为鄙啬，反伤雅道；让，懿行也，过则为足恭[1]，为曲谨，多出机心。

注　释

①足恭：过度恭敬。

译　文

俭朴是一种美德，太过分了则是吝啬，是鄙啬，反而有伤风雅；谦让是美好的德行，太过分了则为过分谦让，过于计较细节，多是出于算计。

原　文

藏巧于拙，用晦而明；寓清于浊[1]，以屈为伸。

注　释

①寓：隐含。

译　文

将智巧藏在笨拙之中，表面看起来晦暗而内心却非常明白；将清洁隐含于混浊之中，韬光养晦，以屈缩为伸长。

原　文

彼无望德，此无示恩，穷交所以能长；望不胜奢，欲不胜餍[1]，利交所以必忤。

注　释

①**餍**：满足。

译　文

对方并没有期望德行，我也不会故意施恩，这就是贫贱之交可以长久交往的原因；总想有所获得，欲望又永远不能获得满足，这是以利益来结交朋友必然会导致反目的原因。

原　文

怨因德彰[1]，故使人德我，不若德怨之两忘；仇因恩立，故使人知恩，不若恩仇之俱泯。

注　释

①**彰**：彰显。

译　文

怨恨因为恩德彰显出来，因此让人感激我，不如把恩德、怨恨两者都忘掉；仇恨因为恩情而产生，因此让人知道我对他的恩情，不如将恩情、仇恨都忘记。

原　文

天薄我福，吾厚吾德以迓之[1]；天劳我形，吾逸吾心以补之[2]；天厄我遇[3]，吾亨吾道以通之。

注　释

①**厚**：提高。**迓**：迎接。

②**补**：弥补。

③**厄**：阻塞。

译　文

上天使我的福分变薄，我就通过提高品德去面对它；上天使我身体劳苦，我就用内心的轻松来弥补；

● 惆怅此情难寄，斜阳独倚西楼。

上天阻止我的好机遇，我就用我的道德让它通达。

原文

淡泊之士，必为秾艳者所疑[1]；检饬之人[2]，必为放肆者所忌。事穷势蹙之人，当原其初心；功成行满之士，要观其末路。

注释

①**秾艳者**：指追求豪华、奢侈生活的人。

②**检饬**：行为检点慎重。

译文

淡泊的人，必定被生活奢侈的人所怀疑；谨慎而检点的人，必定被行为放肆的人所忌恨。穷途末路的人，应当体谅他的最初的心意；取得成功的人，我们应当看看他的晚节。

原文

好丑心太明，则物不契；贤愚心太明，则人不亲。须是内精明而外浑厚，使好丑两得其平，贤愚共受其益，才是生成的德量[1]。

注释

①**德量**：品德与度量。

译文

将美和丑区分得太清楚，就与事物不相契合；将贤良和愚笨分辨得太清楚，则无法与人亲近。应该是内心明白，表现出来的是淳朴厚道，使美和丑、贤良和愚笨相平衡，各自都能得益，这才是上天造物的品德与度量。

原文

好辩以招尤[1]，不若讱嘿以怡性；广交以延誉，不若索居以自全；厚费以多营，不若省事以守俭；逞能以受妒，不若韬精以示拙。

注释

①**辩**：辩论。

译文

喜欢争辩就容易导致过失，不如谨慎说话能养性；广为结交朋友来扩大声誉，不如离群索居来求得自保；大费资财来多处经营，不如省事来保持节俭；逞能招来妒忌，不如韬光养晦以愚钝示人。

原文

费千金而结纳贤豪，孰若倾半瓢之粟以济饥饿；构千楹而招徕宾客[1]，孰若葺数椽之茅以庇孤寒。

注　释

①千楹：千间屋舍。

译　文

花费千金来结交天下的豪杰，怎能比得上拿出半瓢的米粟去接济饥饿的人呢？建筑千间屋舍来招揽天下宾客，怎能比得上搭建几根椽子的茅舍来庇护孤苦贫寒的人呢？

原　文

恩不论多寡，当厄的壶浆[1]，得死力之酬；怨不在浅深，伤心的杯羹[2]，召亡国之祸。

注　释

①**当厄的壶浆**：典出《左传·宣公二年》，晋灵辄处于困厄之境，后被大夫赵盾营救，赐给他食物。后灵辄成为晋灵公的甲士，晋灵公准备杀掉大夫赵盾，灵辄搭救，赵盾脱险。

②**伤心的杯羹**：典出《左传·宣公四年》，楚人向郑灵公进献鼋，子公染指鼋羹，灵王恼怒，想要杀掉子公，不料子公已料到这一点，先下手杀掉灵公。

译　文

恩惠不分多少，赵盾给予身处困境当中的灵辄一点儿食物，就换来灵辄的誓死回报；怨恨不在深浅，染指别人的一杯肉羹，就会招致亡国的祸乱。

原　文

仕途虽赫奕[1]，常思林下的风味，则权势之念自轻；世途虽纷华，常思泉下的光景，则利欲之心自淡。

注　释

①**赫奕**：显赫。

译　文

仕途虽然显赫，但时常想隐居山中的情趣，那么追逐权势的心思自然会变得轻微；世间的旅途虽然很繁华，但经常想死后的情形，那么利欲之心自然就会淡泊。

原　文

居盈满者如水之将溢未溢，切忌再加一滴；处危急者如木之将折未折，切忌再加一搦[1]。

注　释

①**搦**：轻轻按下。

译　文

处于志得意满之时的人，就好像水将要溢出还未溢出的时刻，千万不能再添加一滴水；

处于危急情形当中的人，就好像树木将要折断却还没折断的时候，千万不能再用力。

原　文

了心自了事，犹根拔而草不生；逃世不逃名，似膻存而蚋还集[①]。

注　释

①蚋：指蚊子、苍蝇之类的飞虫。

译　文

了结了心中的欲望，事情自然会结束，就好像把根拔掉，草就不会继续生长一样；逃离尘世，到山林中隐居，内心仍对名声念念不忘，就犹如没有将腥膻的气味完全除去，还是会招来蚊蝇一样。

原　文

情最难久，故多情人必至寡情；性自有常，故任性人终不失性[①]。

注　释

①任性：听凭天性。

译　文

感情最难持续长久，所以多情的人最终会变得浅薄无情；心性自然有其常理，所以任性而为的人终究不会失去他的天性。

原　文

才子安心草舍者，足登玉堂[①]；佳人适意蓬门者，堪贮金屋[②]。

注　释

①玉堂：古代的宫殿名，唐宋以后指翰林院。

②金屋：典出班固《汉武故事》：汉武帝为太子时曾说“若得阿娇作妇，当作金屋贮之”。后指娶娇妻美妾为“金屋藏娇”。

译　文

才子如果能安居于由茅草搭成的屋中，就足以担任朝廷的官职；美人如果能在清贫之家安心生活，那么，她就配得上华丽的房屋。

原　文

喜传语者，不可与语；好议事者，不可图事[①]。

注　释

①图事：图谋共事。

译　文

喜欢四处传播流言的人，不能与他讲话；喜欢一天到晚议论他人长短的人，不要和他图谋共事。

原　文

甘人之语[1]，多不论其是非；激人之语，多不顾其利害[2]。

注　释

①**甘人**：指谄媚奉承之人。②**顾**：考虑。

译　文

谄媚、曲意逢迎之人说的话，多半是不分是非曲直的；激愤的人说的话，大多不顾及利害得失。

原　文

真廉无廉名，立名者所以为贪；大巧无巧术[1]，用术者所以为拙。

注　释

①**术**：方法。

译　文

真正廉洁的人是会扬弃廉洁名声的，凡是以廉洁来进行自我标榜的人，无非是为“贪”字；大巧之人并无具体的能巧技法，一旦用到具体技法，便会露拙。

● 廉严厉志

原　文

为恶而畏人知，恶中犹有善念[1]；为善而急人不知，善处即是恶根。

注　释

①**犹**：依然，还。

译　文

如果一个人做坏事还害怕被别人得知的话，那么说明他恶中还存在善念；倘若做了好事生怕人不知道的话，那么其行善的动机就存在恶念。

原　文

谈山林之乐者[1]，未必真得山林之趣；厌名利之谈者，未必尽忘名利之情。

注释

①**山林之乐**：指隐居于山林的乐趣。

译文

喜欢谈论隐居山林生活之趣的人，未必真能领会山林中得到的乐趣；厌恶谈论名利的人，未必切实将名利忘掉。

原文

从冷视热，然后知热处之奔驰无益；从冗入闲[①]，然后觉闲中之滋味最长。

注释

①**冗**：繁杂。

译文

从冷眼旁观的角度观察热闹的名利场，此后才会知道在名利场当中的奔走竞争毫无益处；从繁杂的生活当中解脱出来，过上闲适的生活，才会体会出闲适的生活情趣最为长久。

原文

贫士肯济人，才是性天中惠泽[①]；闹场能笃学，方为心地上工夫。

注释

①**性天**：即天性，上天赋予人的自然禀性。

译文

贫穷的人愿意帮助他人，才是天性当中最有功德的恩惠；在喧闹的环境当中，仍能专心学习，才算是在心境上下够了功夫。

原文

伏久者[①]，飞必高；开先者，谢独早。

注释

①**伏久**：潜伏了很久。

译文

潜伏了很久的鸟，一旦飞翔，必定飞得很高；最先盛开的花，也会最早凋谢。

原文

贪得者身富而心贫，知足者身贫而心富，居高者形逸而神劳[①]，处下者形劳而神逸[②]。

注释

①**居高者**：指身居高位的人。

②**处下者**：指身处下层的人。

译　文

贪得无厌的人，生活虽然富足，但心灵却很贫穷；懂得知足的人，也许生活贫困，但是内心却很富有；身居高位的人，身体安逸，但精神却很疲劳；身处下层的人，身体很劳累，但精神却闲逸。

原　文

局量宽大，即住三家村里[①]，光景不拘；智识卑微，纵居五都市中[②]，神情亦促。

注　释

①**三家村**：指人烟稀少、偏远的小乡村。

②**五都市**：指繁华的大都市。

译　文

气量宽广的人，就算是住在荒芜偏僻的村落，也不会眼界狭窄；才识低下、没有眼界的人，即使住在繁华兴盛的都市，精神与情怀依旧窘迫。

原　文

惜寸阴者，乃有凌铄千古之志[①]；怜微才者，乃有驰驱豪杰之心。

注　释

①**凌铄千古**：超越前人。

译　文

珍惜每一寸光阴的人，才具有超越前人的凌云壮志；只有怜惜小才的人，才能有驾驭天下豪杰的心胸。

原　文

天欲祸人，必先以微福骄之[①]，要看他会受。天欲福人，必先以微祸儆之[②]，要看他会救。

注　释

①**骄**：骄傲。

②**儆**：警惕。

译　文

上天要降祸给一个人，必然要先给一些福分使他有骄慢之心，目的要看他能否懂得承受的道理。上天要降福给一个人，必定先降下一些祸事来使得他警惕，所以能否享福，要看他有无自救的本领。

原 文

书画受俗子品题，三生浩劫[1]；鼎彝与市人赏鉴[2]，千古异冤。

注 释

①**三生**：佛教用语，指前生、今生、来生。

②**鼎彝**：代指极为珍贵的古代文物。

译 文

名贵的书画受到凡夫俗子的品评题跋，这是三生三世的灾难；珍贵的鼎彝文物让市井浅薄之人来鉴赏，是千古奇冤。

原 文

脱颖之才，处囊而后见[1]；绝尘之足[2]，历块以方知。

注 释

①**“脱颖之才”二句**：典出《史记·平原君虞卿列传》：平原君募勇士使楚，毛遂自荐：“臣乃今日请处囊中耳。使遂蚤得处囊中，乃脱颖而出，非特其末见而已。”

②**绝尘**：形容神速。

译 文

有才能的人，就算将它藏在布袋当中，其锋芒也会显现出来；速度超常的马，迅速奔跑过之后才能被人知晓。

● 隐居深山，名扬天下的陶弘景

原 文

结想奢华，则所见转多冷淡；实心清素，则所涉都厌尘氛[1]。

注 释

①**涉**：经历。

译 文

心中向往奢华，那么所见到的反而变得冷淡；潜心追求、淡泊清雅，那么他的经历都会厌弃尘俗。

原 文

多情者，不可与定妍媸[1]；多谊者，不可与定取与；多气者，不可与定雌雄；多兴者，不可与定去住。

注　释

①**妍媸**：美与丑。

译　文

感情丰富的人，不能与他讨论美与丑；注重友情的人，不能与他谈论索取和给予；意气用事的人，不能与他评定雌雄高下；居无定所之人，不能与他决定去与留。

原　文

世人破绽处[1]，多从周旋处见；指摘处，多从爱护处见；艰难处，多从贪恋处见。

注　释

①**破绽**：衣服破裂的地方，这里指失误、漏洞。

译　文

世人在言语行为上有了过失，多半是在与人交际应酬时所造成的；指责别人，多半是在别人过分的爱护中体现出来；艰难的处境，多半会在对别人的贪图眷恋中表现出来。

原　文

待富贵人，不难有礼，而难有体；待贫贱人，不难有恩，而难有礼。

译　文

对待富贵的人，做到恭敬有礼并不算难，可是要想做到举止得体很难；对待贫贱之人，想要有恩于他并不难，可是要做到以礼相待很难。

原　文

山栖是胜事，稍一萦恋[1]，则亦市朝[2]。书画赏鉴是雅事，稍一贪痴，则亦商贾。诗酒是乐事，稍一徇人，则亦地狱。好客是豁达事，稍一为俗子所挠，则亦苦海。

注　释

①**萦恋**：留恋。

②**市朝**：市场及朝廷，指追逐名利。

译　文

隐居山林原本是愉快的事情，如果起了贪恋，与俗世又有什么不同？爱好书画是高雅的事情，一旦有贪欲之心，则跟商人并无两样。作诗饮酒原本就是乐事，若是屈从他人，敷衍应付，则犹如地狱。好客交友原本是令人心胸舒畅的事情，一旦成为俗人喧闹的场所，也就沦为苦海。

原文

多读两句书，少说一句话；读得两行书，说得几句话。

译文

做人应该多读书，少说话；只有多读书，才能说好一些话。

原文

看中人，在大处不走作[1]**；看豪杰，在小处不渗漏。**

注释

①**走作：**指越出规范。

译文

观察一般人，要看他在大事上是否逾越规矩；观察才华横溢的人，要看他在小事上是否有纰漏。

原文

留七分正经以度生，留三分痴呆以防死。

译文

为人处世，要留有七分正派来安度一生，要留有三分愚钝以防不测的祸患。

原文

轻财足以聚人，律己足以服人，量宽足以得人，身先足以率人[1]**。**

注释

①**率人：**领导别人。

译文

仗义疏财能够聚拢人心，约束自己能使众人信服，放宽度量便会赢得人心，凡事率先去做则能领导他人。

原文

从极迷处识迷[1]**，则到处醒；将难放怀一放，则万境宽。**

注释

①**极迷处：**最让人迷惑的地方。

译文

在最容易让人迷惑的地方识破迷惑，那么无处不是清醒的状态；将最难以释怀的事放下，那么到处都是宽广的境界。

原文

大事难事看担当，逆境顺境看襟度[1]**，临喜临怒看涵养，群行群止看识**

见[2]。

注　释

①**襟度**：胸襟与气度。

②**群行群止**：与众人相处时的言行及举止。

译　文

遇到大事和困难的时候，能够看出一个人的勇气与担当；遇见逆境及顺境时，可以看出一个人的胸襟与气度；遇到喜怒的事时，则可看出人的涵养。在与众人同行同止时，也可看出一个人对事物的认识和见解。

原　文

安详是处事第一法，谦退是保身第一法，涵容是处人第一法，洒脱是养心第一法[1]。

注　释

①**养心**：修身养性。

译　文

安详沉稳是处理事情的首要法则，谦虚退让是保身的首要法则，包涵宽容是与人相处的首要法则，洒脱不羁是修身养性的首要法则。

原　文

轻与必滥取，易信必易疑[1]。

注　释

①**易**：轻易。

译　文

轻易地给予必然也会过分加以索取，轻易相信别人必定会轻易怀疑别人。

原　文

积丘山之善，尚未为君子[1]**；贪丝毫之利，便陷于小人**。

注　释

①**尚**：尚且。

译　文

做了像高山丘陵那样多的好事，都不能称得上君子；贪图丝毫的利益，就会变成小人。

原　文

智者不与命斗[1]**，不与法斗，不与理斗，不与势斗**。

注　释

①**智者**：有智慧的人。

译　文

有智慧的人不与命运相斗，不与法律相斗，不与道理相斗，不与时势相斗。

原　文

良心在夜气清明之候，真情在箪食豆羹之间[1]。故以我索人，不如使人自反；以我攻人，不如使人自露[2]。

注　释

①**箪食豆羹**：少而粗的食物。出自《孟子·尽心上》："孟子曰：'（陈）仲子，不义与之齐国而弗受，人皆信之，是舍箪食豆羹之义也。'"

②**自露**：自我暴露。

译　文

在万籁俱寂的夜晚，最能让人发现自己的真心，而真实的情感在简单的饮食生活当中，才可以流露出来。与其不断要求别人，不如让其自我反省；与其攻击他人的弱点，不如让其自己露出破绽。

原　文

侠之一字，昔以之加义气[1]，今以之加挥霍，只在气魄气骨之分。

注　释

①**昔**：昔日。

译　文

"侠"这个字，过去总是与义气连在一起，如今却常与挥霍联系在一起，它们之间只在于气魄与气骨的差异。

原　文

不耕而食，不织而衣，摇唇鼓舌[1]，妄生是非，故知无事人好生事。

注　释

①**摇唇鼓舌**：运动嘴唇和舌头，指不去劳动。

译　文

不耕种就有饭吃，不纺织就有衣服穿，只会耍嘴皮子，妄自制造事端，因此无事可做的闲人喜欢制造事端。

原　文

才人经世，能人取世，晓人逢世，名人垂世[1]，高人出世，达人玩世。

注 释

①**垂世**：垂于后世。

译 文

有才华的人能够治理世事，聪明能干的人在世间有一定的收获，明白事理的人能够洞察时势，有名望的人能够成为后世典范，高洁的人脱离尘世，豁达的人游戏人间。

原 文

宁为随世之庸愚[1]，勿为欺世之豪杰。

注 释

①**庸愚**：平庸愚钝。

译 文

宁可当一个顺应世人、平庸愚笨的人，也不要去做一个欺骗世人、才智高绝的人。

原 文

沾泥带水之累，病根在一恋字；随方逐圆之妙[1]，便宜在一耐字。

注 释

①**随方逐圆**：指圆滑处世。

译 文

做事拖泥带水，其病根就是一个“恋”字；做事圆滑、随方逐圆，其诀窍在于一个“耐”字。

原 文

天下无不好谀之人，故谄之术不穷；世间尽是善毁之辈，故谗之路难塞[1]。

注 释

①**谗**：谗言。

译 文

普天之下没有不喜欢听到阿谀逢迎的话的人，因此谄媚之术层出不穷；人世间都是善于诋毁别人的人，所以谗言之路极难被堵塞。

原 文

进善言，受善言，如两来船[1]，则相接耳。

注 释

①**两来船**：相向对开的两条船。

译 文

提出好的建议，接受好的建议，就犹如两条相向而行的船，必然会连接在一起。

原 文

清福上帝所吝，而习忙可以销福[1]；清名上帝所忌[2]，而得谤可以销名。

注 释

①习忙：习惯及忙碌。

②清名：好名声。

译 文

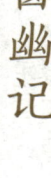

清闲安逸的生活，是上天吝惜给予世人的，如果让自己习惯忙碌，则可以减少这种不善的福分。美好的名声是上天所忌讳的，如果遭到他人的毁谤，则可以减轻由名声带来的负担。

原 文

造谤者甚忙[1]，受谤者甚闲。

注 释

①谤：诽谤。

译 文

造谣诽谤别人的人极为忙碌，受到诋毁的人很清闲。

原 文

蒲柳之姿[1]，望秋而零；松柏之质，经霜弥茂。

注 释

①蒲柳之姿：比喻人早衰。

译 文

蒲柳的柔姿，未到秋天，便已凋零；松柏的气质，饱经风霜依然茂盛。

原 文

人之嗜名节，嗜文章，嗜游侠，如好酒然，易动客气[1]，当以德消之。

注 释

①客气：宋儒以心性为本体，以发乎血气的生理之情性为客气。为体现本性，必须进行心性道德修养，除去客气，才能见到本性之真。

译 文

人们崇尚声名气节，爱好文章辞藻，喜欢行侠仗义，就犹如喜好喝酒一般，容易一时激动，应当用道德修养来改变它。

原　文

好谈闺阃（kǔn）及好讥讽者[1]，必为鬼神所忌，非有奇祸，必有奇穷。

注　释

①**闺阃：**闺阁。

译　文

喜欢谈论闺阁之事，喜欢讥讽别人的人，必定遭到鬼神的猜忌，就算没有遇到重大的祸患，也必定会极为穷困。

原　文

神人之言微，圣人之言简，贤人之言明，众人之言多，小人之言妄[1]。

注　释

①**妄：**荒诞。

译　文

神仙所说的话都很精妙，圣人所说的话都很简洁，贤德之人说的话很明确，普通人说话很多，小人说话极为荒诞。

原　文

士君子不能陶镕人，毕竟学问中工力未透[1]。

注　释

①**工力未透：**指功夫没下足，没有修炼到家。

译　文

有修养的君子假如无法熏陶、感化别人，那便是治学的功夫下得还不足。

原　文

有一言而伤天地之和，一事而折终身之福者[1]，切须检点。

注　释

①**折：**折损。

译　文

有时候，因为一句话就会破坏天地间的和谐，因为一件事就会折损一生的福气，所以人们必须多检点自身。

原　文

能受善言，如市人求利，寸积铢累[1]，自成富翁。

注　释

①**铢：**古代重量单位。

译文

能够接受别人的有益建议，就好像商人追求利益一样，点滴的积累，最终自然会变为富翁。

原文

金帛多，只是博得垂死时子孙眼泪少，不知其他，知有争而已；金帛少，只是博得垂死时子孙眼泪多，亦不知其他，知有哀而已[1]。

注释

①哀： 悲伤。

译文

钱财多，仅能换来临死时子孙们不多的眼泪，他们不知道别的，只知道争夺家产；钱财少，只是换来临死时子孙们较多的眼泪，他们也不知道别的，只知道哀伤。

原文

景不和，无以破昏蒙之气；地不和，无以壮光华之色[1]。

注释

①壮： 增添。

译文

阳光不和谐，就无法除去昏暗隐晦之气；大地不和谐，就没办法增添锦绣之色。

原文

一念之善，吉神随之；一念之恶，厉鬼随之。知此可以役使鬼神[1]。

注释

①役使： 差遣。

译文

心存一个善念，能够获得降福的吉神呵护；心存一个邪念，就会招来为祸作灾的恶鬼。明白这一点便能够差使鬼神了。

原文

出一个丧元气进士[1]，不若出一个积阴德平民。

注释

①元气： 中国古代哲学中指的是人生命力的本原，精神。

译文

与其培养一个没有品德及精神的进士，还不如培养一个默默施恩于人的普通百姓。

原　文

眉睫才交[1]，梦里便不能张主；眼光落地，泉下又安得分明[2]。

注　释

①**眉睫才交**：才合上眼睛，指刚睡着。

②**安得**：怎能。

译　文

刚刚合上双眼，便进入梦中，无法自作主张；眼光落到地下，想到梦里都无法自主，死后又怎能分辨呢？

原　文

佛只是个了仙[1]，也是个了圣。人了了不知了，不知了了是了了；若知了了，便不了。

注　释

①**了**：了却。

译　文

佛只是了却了尘缘的神仙，也是一位大彻大悟的圣人。人们尽管耳聪目明，却不知该了却一切烦恼，不知凡事放下就已然了结；若心中还有放不下的念头，便是还没完全放下。

原　文

万事不如杯在手，一年几见月当头。

译　文

万事都不如酒杯在手，对酒当歌，一年当中能有几次看到明月当头。

原　文

忧疑杯底弓蛇[1]，双眉且展；得失梦中蕉鹿[2]，两脚空忙。

注　释

①**杯底弓蛇**：典出应劭《风俗演义·怪神》。县令请主簿饮酒，壁上悬着的弓映在杯中影如蛇，主簿心疑生病，久治不愈。县令得知，再邀饮于旧地，知原委，病痊愈。

②**梦中蕉鹿**：典出《列子·周穆王》。比喻人世变幻莫测。

译　文

忧虑猜疑就犹如杯底的弓影，使人心生疑虑而生病，不如抛开忧虑、放松心情；得失无常就犹如梦中盖着芭蕉叶的鹿一般，两只脚白忙了一阵。

原　文

名茶美酒，自有真味，好事者投香物佐之，反以为佳。此与高人韵士[1]，

误堕尘网中何异？

注　释

①**高人韵士**：高雅之士。

译　文

名茶与美酒，自然有其真味。好事的人将一些香料放入来添加味道，破坏原本的清醇，反而认为这样做是很好的。这与那些高雅人士误入世俗生活当中又有什么差别呢？

原　文

花棚石磴，小坐微醺[1]。歌欲独，尤欲细；茗欲频，尤欲苦。

注　释

①**微醺**：稍有些陶醉。

译　文

在芳香的花棚之下，坐在清凉的石阶上面，略微有些陶醉。突然想要独自唱歌，歌声要极为细腻；茗茶要频繁进行添加，那苦涩的感觉时时不断。

原　文

善嘿（mò）即是能语[1]，用晦即是处明，混俗即是藏身，安心即是适境。

注　释

①**嘿**：同“默”，沉默。

译　文

善于沉默便是能言善辩，韬光养晦便是保身之法，混入世俗便是藏身之所，心灵平静就应当适应处境。

原　文

虽无泉石膏肓[1]，烟霞痼疾，要识山中宰相[2]，天际真人。

注　释

①**泉石膏肓**：典出《新唐书·田游岩传》。田游岩隐居山中，唐高宗前去拜访，问道：“先生此佳否？”他说：“臣所谓泉石膏肓，烟霞痼疾也。”后比喻人的性情癖好不可能改变。

②**山中宰相**：典出《南史·陶弘景传》，陶弘景隐居曲山（茅山），拒绝做官，但每逢朝中有大事，就会为朝廷出谋划策，因此世人称之为“山中宰相”。此处泛指高隐。

译　文

尽管没有沉迷泉石、烟霞的癖好，但也要理解山中的高士与隐居于天涯的真人。

原　文

气收自觉怒平，神敛自觉言简[1]，容人自觉味和，守静自觉天宁。

注　释

①敛：敛聚。

译　文

收敛一下怒气自然会变得心平气和，敛聚精神自然会感到语言简练，宽容别人自然会觉得氛围和睦，心神保持宁静自然会感到天下安宁。

原　文

处事不可不斩截，存心不可不宽舒[1]，持己不可不严明[2]，与人不可不和气。

注　释

①**宽舒**：宽广、舒缓。

②**严明**：严格。

译　文

处理事情必须斩钉截铁，专心用意必须宽广舒缓，对自己的言行必须严格要求，与人相处必须和睦相处。

原　文

居不必无恶邻，会不必无损友，惟在自持者两得之[1]。

注　释

①**自持**：把持自己。

译　文

住的地方未必要避开坏邻居，聚会也未必要除去有害的朋友。如果自己可以把持，那么就算有恶邻与损友，也一样能把持操守。

原　文

要知自家是君子小人，只须五更头检点[1]，思想的是什么便见得。

注　释

①**五更头**：五更时分，指天即将亮的时候。

译　文

想要知道自己是君子，还是小人，只要在五更时分自我反省一下，看看自己所思所想的到底是些什么，就会了解。

原　文

以理听言，则中有主；以道窒欲[1]，则心自清。

注　释

①窒欲：熄灭心里的欲望。

译　文

按照理智来判断所听到的言语，则心中自有主张；凭借品德的修养来摒绝私欲，则心境自然能够清明。

原　文

先淡后浓，先疏后亲[1]，先远后近，交友道也。

注　释

①疏：疏远。

译　文

感情由淡薄变得浓烈，关系由疏远而变得亲近，交情由陌生达到相知，这是交朋友的方法。

原　文

苦恼世上，意气须温；嗜欲场中[1]，肝肠欲冷。

注　释

①嗜欲：嗜好及欲望。

译　文

在充满烦恼的人世间，心境应当平和；在嗜好及欲望的名利场中，内心要保持冷静。

原　文

形骸非亲，何况形骸外之长物[1]；大地亦幻，何况大地内之微尘。

注　释

①长物：身外之物。

译　文

人的形体不值得去亲近，何况是身体以外无法带走的东西？山河大地仅仅是一个幻影，何况在大地上犹如尘埃的普通人呢？

原　文

人当溷(hùn)扰[1]，则心中之境界何堪；人遇清宁，则眼前之气象自别。

注　释

①溷扰：纷扰。

译　文

人遇到纷扰的局面，内心怎能承受；遇到清净而安宁的局面，眼前的景象自然有很大的差别。

原　文

寂而常惺，寂寂之境不扰；惺而常寂，惺惺之念不驰[1]。

注　释

①**惺惺之念：**清醒的念头。

译　文

在孤寂的环境中，要时常保持觉醒，这样就不会被孤寂所困扰；在觉醒的状态当中，也应当时常保持孤寂，这样才能保持住清醒的念头。

原　文

童子智少[1]，愈少而愈完；成人智多，愈多而愈散。

注　释

①**智：**知识。

译　文

儿童的智谋少，但是越少越完整；成人的智谋多，但智慧却因分散而不完整。

原　文

无事便思有闲杂念头否，有事便思有粗浮意气否；得意便思有骄矜辞色否[1]，失意便思有怨望情怀否。时时检点得到，从多入少，从有入无，才是学问的真消息。

注　释

①**骄矜辞色：**傲慢、飞扬跋扈的神态。

译　文

没事的时候要反省自己是否有杂乱的念头，忙碌的时候要思考自己是否心浮气躁；得意的时候要注意自己的言行举止是否显得傲慢，失意的时候要反省自己是否出现怨天尤人的想法。能时刻审查自己的身心，使不良的习气由多变少，最后逐渐革除，这才算是真正了解了学问的真谛。

原　文

笔之用以月计，墨之用以岁计，砚之用以世计。笔最锐，墨次之，砚钝者也。岂非钝者寿，而锐者夭耶[1]？笔最动，墨次之，砚静者也。岂非静者寿而动者夭乎？于是得养生焉。以钝为体，以静为用，唯其然是以能永年[2]。

注释

①夭：夭折。

②唯其然：唯有这样。

译文

笔的使用寿命以月来计算，墨的使用寿命用年来计算，砚的使用寿命要以代来计算。笔最锋锐，墨次之，砚最钝。这难道不是不锋锐的得以长寿，而锋锐的会夭折吗？笔动得最厉害，墨次之，而砚则是静止的。这难道不是静止的得享长寿，而运动的寿命短吗？因此得知养生的道理。要以驽钝为体，以静为用，只有这样才能长寿。

原文

贫贱之人，一无所有，及临命终时，脱一厌字。富贵之人，无所不有，及临命终时，带一恋字。脱一厌字，如释重负[1]；带一恋字，如担枷锁。

注释

①释：释放。

译文

贫贱的人，什么都没有，所以到临终时，会因对贫贱的厌倦而获得一种解脱感；富贵的人，什么都不缺，到要死去时，却因对名利的迷恋而牵连不舍。因厌倦而解脱的人，死亡对他们来说，如释重负；因眷恋而不舍的人，死亡对他们来说就如同戴上刑具般沉重。

原文

透得名利关，方是小休歇[1]；透得生死关，方是大休歇。

注释

①休歇：歇息。

译文

参透名利关，才能得到心灵的休息；看透生死界限，才能得到心灵的解脱。

原文

人欲求道，须于功名上闹一闹方心死[1]，此是真实语。

注释

①闹一闹：闯荡一番。

译文

人想要达到一定境界，必然在功名利禄当中闯荡一番，才能死心，这是实话。

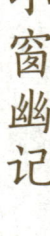

原文

病至，然后知无病之快；事来，然后知无事之乐。故御病不如却病[1]**，完事不如省事。**

注释

①**御病**：治好病。

译文

得了病，才知道没病是多么快乐；遇到事，才知道没事是多么快乐。因此治愈病不如在病没来的时候就断绝病根，解决事不如省去事。

原文

讳贫者死于贫，胜心使之也[1]**；讳病者死于病，畏心蔽之也；讳愚者死于愚，痴心覆之也。**

注释

①**胜心**：好胜之心。

译文

忌讳谈及贫穷的人，最终因贫困而死去，这是好胜心使得他这样的；忌讳谈及生病的人，最终死于疾病，这是被畏惧之心所蒙蔽的结果；忌讳谈及愚蠢的人，最终死于愚蠢，这是掩盖痴愚之心的结果。

原文

古之人，如陈玉石于市肆[1]**，瑕瑜不掩；今之人，如货古玩于时贾**[2]**，真伪难知。**

注释

①**市肆**：市井里的店铺。

②**贾**：商人。

译文

古代人就犹如陈列在市场店铺当中的玉石，无论过失或美德都不进行掩饰。现代的人，就好像向商人买古玩，真品赝品很难分辨。

原文

士大夫损德处，多由立名心太急[1]**。**

注释

①**由**：由于。

译文

士大夫有损德行之处，往往是因为立名之心太过急切。

原文

多躁者，必无沉潜之识[①]；多畏者，必无卓越之见；多欲者，必无慷慨之节；多言者，必无笃实之心[②]；多勇者，必无文学之雅。

注释

①沉潜之识：深刻见解。

②笃实之心：踏踏实实做事的心。

译文

浮躁之人，对事情必然没有深刻见解；胆怯之人，一定没有超越的见解；嗜欲之人，必然不会有意气激昂的志节；话多之人，必定没有踏踏实实做事的心；勇力过盛之人，往往无法兼备文学的风雅。

原文

剖去胸中荆棘[①]，以便人我往来，是天下第一快活世界。

注释

①胸中荆棘：心里的间隙、芥蒂。

译文

抛却心中的间隙与芥蒂，以开阔的心胸去与其他人交往，是天下最令人舒畅及欢喜的事情。

原文

古来大圣大贤，寸针相对[①]；世上闲言闲语，一笔勾销。

注释

①对：对照，比照。

译文

古往今来，大圣大贤的人，每分每寸我们都要与其对照，向其看齐。世间的闲言碎语，要将其一笔都勾掉。

原文

挥洒以怡情，与其应酬，何如兀坐[①]？书札以达情，与其工巧，何若直陈？棋局以适情，与其竞胜，何若促膝？笑谈以怡情，与其谑浪[②]，何若狂歌？

注　释

①兀坐：挺直身子坐着。

②谑浪：戏谑放浪。

译　文

挥洒笔墨是为怡情，与其应酬俗人，还不如独自静坐；知书达礼是为达情，与其工巧表达，还不如直接加以陈述；下棋布局是为适情，与其和人争夺胜负，还不如促膝交谈；谈笑风生是为怡情，与其戏谑放浪，还不如开怀歌唱。

原　文

拙之一字，免了无千罪过；闲之一字，讨了无万便宜[1]。

注　释

①讨：获得。

译　文

只要做到一个"拙"字，就能免去千万次的罪过；只要运用好"闲"字，就能获得千万次的便宜。

原　文

斑竹半帘[1]，惟我道心清似水；黄粱一梦[2]，任他世事冷如冰。欲住世出世，须知机息机。

注　释

①斑竹：又叫湘妃竹，因为叶子上有宛如眼泪的斑点，因此被称为"斑竹"。相传舜帝南巡未归，葬于苍梧，舜妃娥皇、女英极为伤心，以泪洗面，泪落到竹子上，竹子由此留下斑点。

②黄粱一梦：典出唐代沈既济《枕中记》。书生卢生遇到道士吕翁，卢生悲叹自己生活艰辛，吕翁就给了他一个枕头，声称枕上它就能够如愿。这个时候客店正在蒸黄粱米饭。卢生枕着枕头，在梦中享尽荣华富贵，一觉醒来，黄粱饭还没有做好。

译　文

卷起门帘，见到苍翠的斑竹，只有我的心清净如水；黄粱一梦，富贵犹如过眼烟云，皆是虚幻，管它世间的人情冰冷。想要生活在尘世却心怀出世之愿，必须明白机巧却又熄灭机巧之心。

原　文

书画为柔翰[1]，故开卷张册贵于从容；文酒为欢场，故对酒论文忌于寂寞。

注　释

①**柔翰**：毛笔。

译　文

书法绘画是以毛笔书写，极为高雅，因此打开卷轴、书卷，贵在从容；谈诗论酒是在欢乐的场景当中，因此把酒论诗，忌讳寂寞一人。

原　文

荣利造化特以戏人[1]，一毫着意便属桎梏[2]。

注　释

①**荣利造化**：荣华、利禄与福运。

②**桎梏**：束缚。

译　文

荣华、利禄、福运这些都是专门用来戏弄人的，一旦动点心思，它们就都会成为束缚与枷锁。

原　文

士人不当以世事分读书，当以读书通世事[1]。

注　释

①**以**：通过。

译　文

读书人不应当因为世间的一些事而让读书分心，应当通过读书来知晓世间之事。

原　文

天下之事，利害常相半[1]；有全利，而无小害者，惟书。

注　释

①**相半**：各占一半。

译　文

天下的事，利与害时常相伴相生；全都是利，而没有丝毫害处的，只有读书。

原　文

意在笔先，向庖羲细参易画[1]；慧生牙后[2]，恍颜氏冷坐书斋[3]。

注　释

①**庖羲**：即伏羲，古代传说中的部落首领。相传他是先天八卦的创始者。

②**慧生牙后**：即拾人牙慧，因袭别人的作品，此处指潜心研读前人书籍。

③**颜氏**：指颜回，孔子高徒。

译文

意念在动笔前已经形成，就像先前庖羲精心研究天地之象，随后制成先天八卦图；潜心研读古代的书籍，就好像颜回孤独地端坐在书斋之中。

原文

明识红楼为无冢之丘垄，迷来认作舍生岩[1]；真知舞衣为暗动之兵戈，快去暂同试剑石。

注释

①**舍生岩**：亦称舍生崖，在泰山，日佛教徒认为投身崖下可以摆脱罪孽。

译文

明知青楼妓院就是没有坟冢的墓地，痴迷时竟然还将它作为值得舍去生命的地方；如果真的知道娼妓舞动的衣袖就是隐形的兵戈，还是赶快下定决心与之决绝。

原文

调性之法，须当似养花天[1]；居才之法，切莫如妒花雨[2]。

注释

①**养花天**：养牡丹，牡丹处在花季时最适宜半阴半晴的天气，气候温和，因此养牡丹又称“养花天”。

②**妒花雨**：鲜花盛开时遭骤雨会有损伤，因此处于花期的骤雨称为“妒花雨”。

译文

调养性情的办法，就应该如养牡丹一样温和；笼络人才的方法，千万不要像妒花雨一样嫉妒。

原文

事忌脱空，人怕落套[1]。

注释

①**落套**：落入俗套。

译文

做事最忌讳脱离实际，为人最怕落进俗套。

原文

烟云堆里浪荡子，逐日称仙；歌舞丛中淫欲身，几时得度[1]。

注释

①**度**：超度。

译　文

在山林烟霞间隐逸，浪荡子过着神仙般的生活；在歌台舞榭中沉醉，淫欲无度的人何时才能得到超度？

原　文

山穷鸟道，纵藏花谷少流莺；路曲羊肠[1]，虽覆柳荫难放马。

注　释

①**路曲羊肠**：羊肠一般小道。

译　文

高山阻断，唯有鸟道，纵然鲜花开满山谷也少有流莺歌唱；山道如羊肠一样弯曲，即使是绿柳如荫也难以放马驰骋。

原　文

能于热地思冷[1]，则一世不受凄凉[2]；能于淡处求浓，则终身不落枯槁。

注　释

①**热地思冷**：比喻身处荣华富贵之中还会记得卑微贫贱之时。

②**受**：遭受。

译　文

如果身处荣华富贵还想着自己卑微贫贱之时，那么一生都不会遭到凄凉；如果在恬淡之处寻求浓厚之感，那么一生都不会落到形容枯槁的境地。

原　文

会心之语，当以不解解之；无稽之言[1]，是在不听听耳。

注　释

①**无稽**：没有根据。

译　文

彼此心灵相通的话，应当不从言语方面去了解它；未经查证的话，应当任它从耳边流过，不要去相信它。

原　文

佳思忽来，书能下酒；侠情一往[1]，云可赠人。

注　释

①**侠情**：豪放情怀。

译　文

美好的情思突然到来时，无须佳肴，有书便可以佐酒；不羁的豪情一发，就算手中无物，白云也可摘下赠人。

原　文

蔼然可亲，乃自溢之冲和，妆不出温柔软款[1]；翘然难下[2]，乃生成之倨傲，假不得逊顺从容。

注　释

①温柔软款：温柔而真挚的样子。

②翘然：高高在上的模样。

译　文

和蔼可亲，这是自然而然流露出的恬淡与平和，假装是无法装出温柔、深情真挚的样子的；高高在上，无法与下人亲近，这是自然带来的傲慢，装假是无法装出谦逊从容的。

原　文

风流得意，则才鬼独胜顽仙[1]；孽债为烦，则芳魂毒于虐祟[2]。

注　释

①顽仙：冥顽不灵的仙人。

②芳魂：美女。

译　文

举止潇洒，风流倜傥，志得意满，有才气的鬼可以胜过冥顽不灵的仙人；孽债深重，烦恼不绝，有好名声的英魂却比凶恶的神鬼还狠毒。

原　文

极难处是书生落魄[1]，最可怜是浪子白头。

注　释

①落魄：生活潦倒，科举不第。

译　文

最艰难的是书生的生活不济，落魄潦倒；最可怜的是浪子虚度青春，直到白发生出之时。

原　文

世路如冥，青天障蚩尤之雾[1]；人情若梦，白日蔽巫女之云[2]。

注　释

①蚩尤之雾：古代蚩尤与黄帝在涿鹿大战时，蚩尤作障造雾，使得人们辨不清方向。

②巫女之云：典出宋玉《高唐赋》，巫山神女与楚怀王告别："妾在巫山之阳，高丘之阻。旦为朝云，暮为行雨，朝朝暮暮，阳台之下。"

译　文

世间的路犹如冥界般晦暗不清，青天被蚩尤发出的大雾所遮掩；人情犹如做梦一样虚幻，白日被巫女之云所遮掩。

原　文

密交，定有夙缘，非以鸡犬盟也；中断知其缘尽，宁关萋菲间之[1]。

注　释

①**萋菲**：谄毁之意。这里指小人。

译　文

密切交往，必然是彼此之间有着前世缘分，不像鸡犬结盟那样；交情中断，知道缘分已尽，怎么是因为小人在当中挑拨是非呢？

原　文

堤防不筑，尚难支移壑之虞；操存不严，岂能塞横流之性[1]。

注　释

①**塞**：堵塞。

译　文

一条河不修建堤坝，尚且难以应付河流改道的忧患；一个人无法严守节操，又怎能堵塞欲望横流的人性呢？

原　文

发端无绪，归结还自支离；入门一差，进步终成恍惚[1]。

注　释

①**恍惚**：模模糊糊。

译　文

开始就没有头绪，终究是会支离破碎；入门走错一步，向前走也终究会恍惚不清。

原　文

打诨随时之妙法[1]，休嫌终日昏昏；精明当事之祸机，却恨一生了了。

注　释

①**打诨**：诙谐。

译　文

诙谐是顺应世情的高妙之法，不要嫌弃整日浑浑噩噩；精明是处世的祸根，最终只能悔恨一生的清醒明白。

原　文

藏不得是拙，露不得是丑[1]。

注　释

①**露**：显露。

译　文

人生中，藏不住的是"拙"，不得显露的是"丑"。

原　文

形同隽石，致胜冷云[1]，决非凡士；语学娇莺，态摹媚柳，定是弄臣[2]。

注　释

①**致**：内在情致。

②**弄臣**：玩弄权术的奸佞之人。

译　文

形体犹如山中的美石，情致超过清冷的云，这样的人绝非平凡人；语调学习娇莺，姿态模拟杨柳，这样的人必然是小人。

原　文

开口辄生雌黄月旦之言[1]，吾恐微言将绝[2]；捉笔便惊缤纷绮丽之饰，当是妙处不传。

注　释

①**雌黄月旦之言**：随意评论他人。

②**微言**：精微却深藏大义的言语。

译　文

倘若一张口就随意评论他人是非，说话根本不负责任，我担心精微却深藏大义的语言即将绝迹；提笔便是缤纷绮丽的辞藻，应当没有传达出精妙之处。

原　文

风波肆险，以虚舟震撼，浪静风恬；矛盾相残，以柔指解分，兵销戈倒[1]。

注　释

①**兵销戈倒**：指矛盾得以化解。

译　文

在风波惊险的环境中，能够以虚空的一叶小舟从容面对风波的摇撼，就会风平浪静；在针锋相对、你争我夺的矛盾中，能够随机应变，就会化解纷争及矛盾。

原　文

豪杰向简淡中求，神仙从忠孝上起[1]。

注　释

①**起**：做起。

译　文

英雄豪杰应当从简单平淡中去寻求，而要成为神仙首先要从“忠孝”二字上做起。

原　文

人不得道，生死老病四字关，谁能透过？独美人名将，老病之状[1]**，尤为可怜**。

注　释

①**老病**：年老病弱。

译　文

人若无法对生命大彻大悟，那么生、老、病、死这四大生命关卡，又怎么看破？尤其是倾国倾城的美人与叱咤风云的名将，他们的年老生病的情状，更令人感受到生命的可怜。

原　文

日月如惊丸，可谓浮生矣，惟静卧是小延年；人事如飞尘，可谓劳攘矣[1]**，惟静坐是小自在**。

注　释

①**劳攘**：辛劳及扰攘。

译　文

日月光阴像是快速滚动的弹子，可以算是浮生无定，只有静卧才能益寿延年；人生犹如飘浮在空中的尘埃，称得上是辛劳攘乱，只有静坐才存在小小的自在。

原　文

平生不作皱眉事[1]**，天下应无切齿人**。

注　释

①**皱眉事**：指让人有仇恨感的事。

译　文

一生不做让人为之皱眉憎恨的事情，天下就应当没有会对我切齿痛恨的人。

原文

暗室之一灯，苦海之三老[1]；截疑网之宝剑，抉盲眼之金针[2]。

注释

①**苦海：**佛教认为俗世为苦海。

②**盲眼：**失明的眼睛。

译文

暗室里的一盏灯，尘世苦海当中得道的三老，犹如斩断疑虑的无数想法的宝剑和治愈盲目的金针。

原文

攻取之情化，鱼鸟亦来相亲；悖戾之气销[1]，世途不见可畏。

注释

①**悖戾：**悖谬、乖戾。

译文

进攻、索取的性情得以解开，就算是鱼、鸟也会与你亲近；荒谬、乖张的脾气消解，世间的道路也就不算可怕了。

原文

吉人安祥即梦寐神魂，无非和气；凶人狠戾[1]，即声音笑语，浑是杀机[2]。

注释

①**狠戾：**凶狠暴戾。

②**浑：**到处。

译文

善良之人慈祥与和蔼，就算是梦中的元神魂魄，也没有不和气的；凶狠之人行为极为暴戾残忍，就算是说话言笑的声音，也充满杀机。

原文

天下无难处之事，只要两个如之何[1]；天下无难处之人，只要三个必自反[2]。

注释

①**两个如之何：**指刘邦用张良的计策对付项羽。典出《史记·项羽本纪》，楚怀王与刘邦、项羽约定，谁第一个攻入咸阳，谁就在关中称王。结果刘邦比项羽先攻入咸阳，项羽知道后极为愤怒，准备派兵攻打刘邦。刘邦向张良询问计策，问："为之奈何？"又问"且为之奈何？"后来张良巧用计策让刘邦从鸿门宴脱身。

②**三个必自反**：语出《论语·学而》，"吾日三省吾身：为人谋而不忠乎？与朋友交而不信乎？传不习乎？"

译文

天下没有难以处理的事，只要是多想该怎么去做，这样做会出现怎样的问题；天下没有难以相处的人，只要与人相处的时候多几次反省。

原文

能脱俗便是奇，不合污便是清[①]**。处巧若拙，处明若晦，处动若静。**

注释

①**合污**：同流合污。

译文

能够超脱世俗，就是奇；不与别人同流合污，就是清。对于越是巧妙的事情，越要以拙笨的方法加以处理；处事明白，表面上像糊涂似的；处于动荡的环境之中，却要表现得平静如水。

原文

参玄借以见性，谈道借以修真[①]**。**

注释

①**修真**：修身养性。

译文

参悟玄学，借此来洞察人性；谈论道学，借此以修身养性。

原文

世人皆醒时作浊事[①]**，安得睡时有清身；若欲睡时得清身，须于醒时有清意。**

注释

①**浊事**：糊涂事。

译文

世人都是在清醒之时做糊涂事，怎么能在睡觉的时候保持清白呢？如果想在睡着的时候保持清白，必须在清醒的时候存有清白之意。

原文

好读书非求身后之名，但异见异闻，心之所愿。是以孜孜搜讨[①]**，欲罢不能，岂为声名劳七尺也**[②]**。**

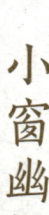

注　释

①**孜孜搜讨**：孜孜不倦地探索知识。

②**劳七尺**：使七尺之躯劳累。

译　文

爱好读书不是为了谋求身后的名声，而只是为了获得独特的见解和见闻，这才是心中的愿望。因此会孜孜不倦地探索求教，想要停下来都不能，怎么会是为了赢得好名声而使七尺身躯劳累呢？

原　文

一间屋，六尺地，虽没庄严，却也精致；蒲作团，衣作被，日里可坐，夜间可睡；灯一盏，香一炷，石磬数声，木鱼几击；龛常关[①]，门常闭，好人放来，恶人回避；发不除，荤不忌，道人心肠，儒者服制；不贪名，不图利，了清静缘，作解脱计；无挂碍[②]，无拘系，闲便入来，忙便出去；省闲非，省闲气，也不游方，也不避世；在家出家，在世出世，佛何人，佛何处？此即上乘[③]，此即三昧[④]。日复日，岁复岁，毕我这生[⑤]，任他后裔。

注　释

①**龛**：佛龛。

②**挂碍**：挂念、烦恼。

③**上乘**：指佛家修行参悟佛理的极高境界。

④**三昧**：即佛家禅定。

⑤**毕**：终结，完。

译　文

一间房屋，六尺土地，尽管不庄严，却也很精致；蒲柳做团，衣服做被，白天时可以坐着，晚上时可以睡觉；一盏灯，一炷香，石磬响几声，木鱼敲几下；佛龛常常关着，门经常紧闭，如果是好人就放他进来，遇到坏人就会选择回避；头发没有剃除，荤腥食物不去禁忌，怀修道之人的心肠，身体却穿着儒家之人的衣服；不贪求功名，不去贪图利禄，了却尘缘，清净养心，以此获得解脱，逃离世俗；没有丝毫挂念、烦恼，没有任何羁绊与束缚。闲时就来到此地，忙时就外出；省却是非，刨除烦恼，不必四处云游，也不必避开尘世；在家中修行出家，在尘世之中心怀出世之心，佛是什么人？佛在什么地方？这就是参佛的上乘境界，这就是悟得了三昧。日复一日，年复一年，终其一生，任他后世怎样。

原　文

草色花香，游人赏其真趣；桃开梅谢，达士悟其无常[①]。

注　释

①**无常**：变化无常。

译　文

草色翠绿，花香浓郁，游人观赏其真趣；桃花盛开，梅花凋谢，聪慧之人从中悟出世事变化无常。

原　文

招客留宾，为欢可喜，未断尘世之扳援[1]；浇花种树，嗜好虽清，亦是道人之魔障[2]。

注　释

①**扳援**：联系。

②**魔障**：佛教用语，恶魔所设下的障碍，这里指波折。

译　文

招待客人，挽留宾朋，虽然大家极为欢乐，却是无法了断尘情攀缘。喜欢浇浇花、种种树，这种嗜好尽管十分清雅，但也是修道之人的波折。

原　文

人常想病时，则尘心便减；人常想死时，则道念自生[1]。

注　释

①**道念**：修道的想法。

译　文

一个人倘若常想到生病的情形，许多尘世之心便会为之一扫而空；倘若常想到死亡时，则追求真实而永恒生命的念头便油然而生。

原　文

入道场而随喜[1]，则修行之念勃兴；登丘墓而徘徊，则名利之心顿尽[2]。

注　释

①**道场**：指道观、寺院等修道信佛的地点。

②**顿尽**：立刻消失。

译　文

人一旦进入寺院道观感到欣喜，那么修行的念头就会越发强烈；如果登上墓冢而四处徘徊，那么争名夺利的想法就会马上息止。

原　文

铄金玷玉[1]，从来不乏乎谗人；洗垢索瘢[2]，尤好求多于佳士。止作秋

风过耳，何妨尺雾障天。

注释

①**铄金玷玉**：比喻激烈的毁谤。铄金，语出《史记·张仪列传》，"众口铄金，积毁销骨"。玷玉，给白玉加上污点，语出《论衡·累害》，"以玷污言之，清受尘而白取垢；以毁谤言之，贞良见妒，高奇见噪。"

②**洗垢索瘢**：洗掉污垢，依旧搜索瘢痕。形容吹毛求疵。

译文

诋毁他人，散布谣言，自古以来就不乏进谗言之人；洗去污秽后依旧在搜寻瘢痕，过分挑剔，尤其喜欢对那些佳士进行吹毛求疵。就当是秋风从耳边吹过，丝毫不在意，要知道一点点雾是不会遮盖住青天的。

原文

真放肆不在饮酒高歌，假矜持偏于大庭卖弄[1]。看明世事透，自然不重功名；认得当下真[2]，是以常寻乐地。

注释

①**大庭**：大庭广众。

②**当下**：眼下。

译文

真正的无拘无束，并不一定要饮酒狂歌，假装矜持才会在大庭广众当中卖弄。能将世事看透彻，自然不会太过重视功名，只要及时明白何为真实，就能寻到让心性觉得愉悦的天地。

原文

富贵功名、荣枯得丧，人间惊见白头；风花雪月、诗酒琴书，世外喜逢青眼[1]。

注释

①**青眼**：眼睛正视前方时显露出来的是眼青，斜视时显露的是眼白。指追求极为执着、痴迷。

译文

富贵功名、荣枯得失，惊奇地发现人世间多少人因争夺计较这些都有了白发；风花雪月、诗酒琴书，在尘世以外惊喜地发现追求高雅之人。

原文

欲不除，似蛾扑灯[1]，焚身乃止；贪无了，如猩嗜酒[2]，鞭血方休。

注　释

①似蛾扑灯：指为实现欲望而不惜舍命而为。语出《梁书·到溉传》："如飞蛾之赴火，岂焚身之可吝。"

②如猩嗜酒：指为实现欲望宁可牺牲生命。语出《唐国史补》："猩猩者好酒与屐，人有取之者，置二物以诱之。猩猩始见，必大骂曰：'诱我也！'乃绝走远去，久而复来，稍稍相劝，俄顷俱醉，因遂获之。"

译　文

欲望如果不被除掉，犹如飞蛾扑火，直到最后把自己焚烧干净才停止；贪念如果不了断，犹如猩猩嗜好饮酒一样，直到最终身体被鞭打出血才会罢休。

原　文

涉江湖者，然后知波涛之汹涌；登山岳者，然后知蹊径之崎岖[1]。

注　释

①蹊径：小路。

译　文

在江湖中跋涉过的人，才明白江湖波涛汹涌的危险；登过山岳的人，才会明白山间小道的崎岖不平。

原　文

人生待足何时足[1]，未老得闲始是闲。

注　释

①待足：等候满足。

译　文

人在世界上生活，如果一定要得到满足，那么什么时候才会真正满足呢？在还未老去的时候，能获得清闲的心境，才是真正的清闲。

原　文

谈空反被空迷，耽静多为静缚[1]。

注　释

①耽：沉溺。

译　文

喜好谈论万物皆空的人，往往反而被空寂迷惑。耽溺在静境的人，反而被静寂束缚。

原　文

旧无陶令酒巾[1]，新撇张颠书草[2]；何妨与世昏昏，只问吾心了了。

注　释

①陶令酒巾：陶令，晋陶渊明。《宋书·隐逸传·陶潜》记载，陶潜每当酒热之时，就会拿下头上的葛巾漉酒。

②张颠：唐代书法家张旭，善于在酒后书写狂草。《新唐书》有云："每大醉，呼叫狂走，乃下笔，或以头濡墨而书，既醒自视，以为神，不可复得也。世呼张颠。"

译　文

从前我没有陶潜的酒巾进行漉酒，现在也撇下张颠酒醉后的狂草；表面与世俗一般，浑浑噩噩又有什么妨碍呢，只要我心如明镜即可。

原　文

以书史为园林，以歌咏为鼓吹，以理义为膏粱[①]，以著述为文绣，以诵读为菑畬(zī shē)[②]，以记问为居积，以前言往行为师友[③]，以忠信笃敬为修持，以作善降祥为因果，以乐天知命为西方[④]。

注　释

①膏粱：美食及佳肴。

②菑畬：劳动耕作。

③前言往行：过去的贤圣之人的言行。

④西方：佛教术语，代指极乐世界。

译　文

把经史书籍当作园林观赏，把歌咏当作鼓吹乐器，把道理正义当成人间美食，把著书立说当作美丽的刺绣，把诵读诗书当作劳动耕作，把记诵讨教看作囤积物品，把以往的贤人的言行当作老师和朋友，把忠实守信、笃学恭敬看作修身自持之道，把行善积德视为因果循环，把乐天知命当作西方极乐世界。

原　文

云烟影里见真身[①]，始悟形骸为桎梏[②]；禽鸟声中闻自性，方知情识是戈矛[③]。

注　释

①真身：真实的自我。

②桎梏：原为犯人所戴的手铐和脚镣，后泛指束缚、约束。

③情识：感情和妄见。

译　文

在浮云烟雾中看到真正的自己，才明白肉身原来是拘束人的东西。在鸟鸣声中听见了自己的心声，才知道感情和妄见原来是攻击人的戈矛。

原 文

事理因人言而悟者，有悟还有迷，总不如自悟之了了[①]。意兴从外境而得者，有得还有失，总不如自得之休休[②]。

注 释

①**了了**：清楚明白。

②**休休**：安闲快乐。

译 文

如果需要靠他人的话才能领悟到事情的道理，将来必然还会迷惑，总不如由自己亲身领悟来得那样清楚分明。由外界环境而产生的意趣及兴致，将来还会再次失去，总不如自得于心能得到真实的快乐。

原 文

白日欺人，难逃清夜之愧赧；红颜失志，空遗皓首之悲伤[①]。

注 释

①**皓首**：指白发年老时。

译 文

青天白日欺负人，到了清静的晚上就无法逃脱愧疚羞赧之情；年纪轻时丧失了志气，必然导致在年迈之时的悲伤。

原 文

定云止水中[①]，有鸢飞鱼跃的景象；风狂雨骤处，有波恬浪静的风光。

注 释

①**定云止水**：静止的白云与碧水。

译 文

在静止的白云与碧水当中，有鹰在云间穿飞，鱼在水里跳跃；在暴风骤雨当中，也有风平浪静一般的恬美风光。

原 文

平地坦途，车岂无蹶[①]；巨浪洪涛，舟亦可渡；料无事必有事，恐有事必无事。

注 释

①**蹶**：翻车。

译 文

平坦的路途上，难道车子就没有遭到颠覆的危险吗？汹涌的波涛中，也有小舟可以平安渡过；料想无事之时必定会出事，担心有事时反而会因警惕之心而没事。

● 舟行适临汝

原 文

富贵之家，常有穷亲戚来往，便是忠厚。

译 文

富贵人家，时常有穷亲戚来往走动，这样的家庭便是忠厚之家。

原 文

朝市山林俱有事[1]，今人忙处古人闲。

注 释

①**朝市**：官场、市井。

译 文

官场、市井、山林当中都会有忙碌的事，如今的人忙碌之处恰恰是古人所闲适的地方。

原 文

人生有书可读，有暇得读[1]，有资能读，又涵养之如不识字人，是谓善读书者。享世间清福，未有过于此也。

注 释

①**暇**：空暇，有时间。

译 文

人生在世，或能有书可读，又能有空闲的时间去读书，同时又不缺钱去买书；虽然读了许多书，却修炼得丝毫没有被文字、学问所拘束，就像不识字的人一样，就可说是善于读书的人了。能享世间清闲之福的，恐怕没有可以超过这个的。

原 文

世上人事无穷[1]，越干越做不了；我辈光阴有限[2]，越闲越见清高。

注释

①**无穷**：无有穷尽。

②**我辈**：像我这样的人。

译文

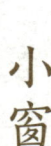

世上的事纠葛没有穷尽，越干越觉得无法干完；而像我这样的人光阴有限，越清闲就越显得清高。

原文

两刃相迎俱伤，两强相敌俱败[1]。

注释

①**敌**：匹敌。

译文

两件兵器的锋刃互相接触，都会遭到损伤；两个强手搏斗，双方都会陷入失败的境地。

原文

我不害人，人不我害；人之害我，由我害人[1]。

注释

①**由**：因为。

译文

我不损害别人，别人也不会来损害我；有人损害我的话，必定是由于我先损害了别人。

原文

博览广识见，寡交少是非[1]。

注释

①**寡**：少。

译文

博览群书可以增长见识，少与人交际能够减少无妄的是非。

原文

明霞可爱，瞬眼而辄空；流水堪听，过耳而不恋。人能以明霞视美色，则业障自轻[1]；人能以流水听弦歌，则性灵何害。

注释

①**业障**：佛教术语，指妨碍修行的各类障碍。

译文

明丽的云霞极为可爱，但是转眼之间便消失了；潺潺的流水声十分美妙，但是听过也就不再有所留恋。人如果能以观赏明霞的心境来欣赏美人的姿色，那么因色而起的恶念自然便会减轻；如果能以听流水的心情来聆听弦音歌唱，那么弦歌对于我们的修养情操又有何危害呢？

原文

休怨我不如人，不如我者常众；休夸我能胜人[1]，胜如我者更多。

注释

①**胜**：超过。

译文

不要怪自己不如别人，不如自己的人很多；不要夸自己比别人强，比自己强的人有很多。

原文

人心好胜[1]，我以胜应必败；人情好谦，我以谦处反胜。

注释

①**好胜**：争强好胜。

译文

人人都有争强好胜的心，如果我也用争胜心来应对的话，最终必然会导致失败；人人总有爱谦虚的情，假如我是以谦虚来应对的话，反而会取胜。

原文

人言天不禁人富贵，而禁人清闲，人自不闲耳。若能随遇而安，不图将来，不追既往，不蔽目前[1]，何不清闲之有？

注释

①**蔽**：遮蔽。

译文

人们说，上天不会阻止人富贵通达，却禁止人清闲自在。其实，只是人自己不肯清闲罢了。如果能随遇而安，不图谋将来，不追悔过去，也不被眼前的事物蒙蔽，那么，哪里有不清闲的道理呢？

原文

暗室贞邪谁见，忽而万口喧传；自心善恶炯然，凛于四王考校[1]。

注释

①**四王**：佛教中执掌刑罚戒律的四大天王。**考校**：审查、拷问。

译 文

暗室当中的忠贞及奸邪有谁知道，忽然大家都在议论；自己是善还是恶，心中非常明白，这比四大天王的拷问与审查还严格。

原 文

寒山诗云[1]："有人来骂我，分明了了知，虽然不应对，却是得便宜。"此言宜深玩味。

注 释

①寒山：唐代著名诗僧，号寒山子。

译 文

寒山子的诗中写道："有人跑来辱骂我，我虽然听得很清楚，却没有做出任何反应，因为我了解自己已经从这里得了很大的好处。"这句话非常值得我们深深品味。

原 文

恩爱吾之仇也，富贵身之累也[1]。

注 释

①累：拖累。

译 文

恩爱的情感是我的仇敌，富贵荣华的生活会拖累我的身心。

原 文

冯驩之铗，弹老无鱼[1]；荆轲之筑，击来有泪[2]。

注 释

①冯驩：即冯谖，曾是孟尝君的门客，起初孟尝君问他有什么才能，冯谖告诉孟尝君没有什么才能，于是孟尝君就按照下等门客的标准来对待他。冯谖对此不满，就弹铗长歌："长铗归来乎，食无鱼。"孟尝君就以中等门客的标准去对待他；之后他又弹铗长歌："长铗归来乎，出无车。"孟尝君再次满足其要求。后来他为孟尝君营造"三窟"，立下大功，孟尝君从此"高枕无忧"。

②荆轲：战国卫人，助燕太子丹，前往秦国刺杀秦始皇。临行时，其好友高渐离击筑为其送行，荆轲慷慨高歌，送行之人皆为之落泪。

译 文

冯驩的长剑就算弹到老，也不会有人欣赏他而给他鱼吃；荆轲、高渐离的击筑声与慷慨悲歌，则让人感动，潸然泪下。

原 文

以患难心居安乐，以贫贱心居富贵，则无往不泰矣；以渊谷视康庄[1]，以疾病视强健，则无往不安矣。

注 释

①**渊谷**：深谷。

译 文

身处安乐的环境中，还能保有身处患难当中的心境，生活在富贵之中还能保持贫贱时的心态，那么无论何时都会安泰；行走在康庄大道上还有如临深渊的心境，拥有强健体魄时，能以身患疾病时的心境注重身体，那么无论何时都会平安无事。

原 文

有誉于前，不若无毁于后[1]；有乐于身，不若无忧于心。

注 释

①**毁**：诋毁。

译 文

与其生前有人赞誉，不如死后没有诋毁；与其身体上享受快乐，不如心中无忧无虑，乐得自在。

原 文

富时不俭贫时悔，潜时不学用时悔[1]，醉后狂言醒时悔，安不将息病时悔[2]。

注 释

①**潜时**：潜藏还没显露出来的时候，在这里指平常的时候。

②**安不将息**：安康时没有休息调养。

译 文

富裕的时候不知道节俭，等到贫穷时就会感到懊悔；平时不好好学习，等到用时便会后悔；喝醉后口出狂妄之言，等到酒醒后才会懊悔；安康时不好好去休息调养，等到生病时就会后悔。

原 文

寒灰内半星之活火[1]，浊流中一线之清泉。

注 释

①**活火**：能够燃烧，没有熄灭之火。

译 文

寒冷的灰烬中，尚存半星能够燃烧的火；污浊的河流中，尚有一丝清泉。

原文

攻玉于石[1]，石尽而玉出；淘金于沙，沙尽而金露。

注释

①攻：这里指雕琢打磨。

译文

雕琢打磨玉石以求获得玉，石头磨尽，玉便呈现出来；在沙中淘金，沙淘尽，金子也显露出来。

原文

乍交不可倾倒[1]，倾倒则交不终；久与不可隐匿，隐匿则心必崄。

注释

①倾倒：都倒出来，这里指把所有话都说出来。

译文

刚与人结交时不能什么话都讲，什么话都说，交情就无法善始善终；交往时间长了，说话就不可以再有隐瞒，要畅所欲言，说话有所隐瞒，必然心存叵测。

原文

丹之所藏者赤[1]，墨之所藏者黑。

注释

①赤：红。

译文

保藏丹砂的地方日久会变红，保存墨的地方日久会变黑。

原文

懒可卧，不可风；静可坐，不可思；闷可对[1]，不可独；劳可酒，不可食；醉可睡，不可淫。

注释

①对：指与人共处。

译文

懒的时候可以卧躺着，但不能奔走；平静时可以闲坐，但不可思虑过多；烦闷时可以与人共处，而不可独处；劳累时可以喝小酒，而不能暴饮暴食；喝醉可睡觉，而不能淫乐。

原文

书生薄命原同妾，丞相怜才不论官[1]。

注　释

①丞相怜才不论官：典出《汉书·公孙弘传》："弘自见为举首，起徒步，数年至丞相，封侯。于是起客馆，开东阁以延贤人，与参谋议。弘身食一肉，脱粟饭，故人宾客仰衣食，奉禄皆以给之，家无所余。"

译　文

书生的命运悲惨，原本就与姬妾一样；丞相爱惜人才，不管是否做官，也不管其有无官位或者官位高低。

原　文

少年灵慧，知抱夙根[1]；今生冥顽，可卜来世。

注　释

①夙根：佛教用语，指前世积善行德而使得今生拥有慧根。

译　文

少年灵巧聪慧，能够知道他前世积善行德而有了今世的慧根；今生冥顽不灵、愚昧无知，可以预卜来世也大致会是这样。

原　文

拨开世上尘氛，胸中自无火炎冰兢[1]；消却心中鄙吝，眼前时有月到风来。

注　释

①冰兢：恐惧。

译　文

拨开尘世的纷扰，心中就不会有小心翼翼、战战兢兢的恐惧感；除掉心中的卑鄙与吝啬，已可感受到犹如清风明月般的心境。

原　文

尘缘割断[1]，烦恼从何处安身；世虑潜消，清虚向此中立脚。

注　释

①尘缘：尘世间的色、声、香、味、触、法六种根缘。

译　文

那些污染人心的色、声、香、味、触、法六种根缘，一旦隔断，烦恼将在哪里安身呢？消除世间的各种顾虑与杂念，清净虚无自然也会在此立足。

原　文

市争利，朝争名，盖棺日何物可殉蒿里[1]；春赏花，秋赏月，荷锸时此身

常醉蓬莱[②]。

注释

①蒿里：葬地名。《汉书·广陵厉王传》有云："蒿里召兮郭门阅，死不得取代庸，身自逝。"

②荷锸时：指饮酒时。出自《晋书·刘伶传》，刘伶经常乘坐一辆鹿车，带上一壶酒，让人带铁锹跟随他，并对拿铁锹的人说等自己死后就将自己埋了。

译文

市井之中争夺利益，朝廷之上争夺名声，等到死后盖棺，这些名利又有什么能够随人殉葬到葬地之中呢？春天赏赏花，秋天赏赏月，在饮酒时就会觉得自己犹如处在蓬莱仙境一样。

原文

驷马难追[①]**，吾欲三缄其口**[②]**；隙驹易过**[③]**，人当寸惜乎阴。**

注释

①驷马难追：话一旦说出口，四匹宝马都追不回，指既成事实，就无法挽回。

②三缄其口：出自汉代刘向《说苑·敬慎》，"孔子之周，观于太庙，右陛之前有金人焉，三缄其口，而铭其背曰：'古之慎言人也，戒之哉，戒之哉！无多言，多多败。'"

③隙驹易过：喻时间过得快。出自《庄子·知北游》，"人生天地之间，若白驹之过隙，忽然而已。"

译文

一言既出，驷马难追，所以我说话应当极为慎重，沉默思考几次后再说；时间犹如白驹过隙，转眼即逝，因此人应该珍惜光阴。

● 隙驹易过，人当寸惜乎阴

原文

万分廉洁，止是小善[①]**；一点贪污，便为大恶。**

注释

①止是：只是。

译文

万分的廉洁，也仅是小小的善行；只

要有一点儿贪污，就是极大的罪恶。

原 文

炫奇之疾，医以平易；英发之疾，医以深沉；阔大之疾[1]，医以充实。

注 释

①阔大：喜欢空大、空疏不实。

译 文

炫耀奇异以示自己与众不同，要以简易平实来加以医治；才华外露的毛病，要用深刻沉着来加以矫正；言行迂阔，大而无当的毛病，要以充实内涵来加以改正。

原 文

才舒放即当收敛[1]，才言语便思简默。

注 释

①才：刚刚。

译 文

刚刚舒缓放松就应当注意收敛自己，刚开始说话就要想到应当缄默不语。

原 文

贫不足羞，可羞是贫而无志；贱不足恶，可恶是贱而无能；老不足叹，可叹是老而虚生；死不足悲，可悲是死而无补[1]。

注 释

①死而无补：死了（对社会）也没有益处。

译 文

贫穷并非值得羞愧的事，贫穷而缺少志向才是羞耻之事；地位卑贱并非令人厌恶的原因，厌恶的是地位卑贱还不知道充实自身的能力；年老并不值得叹息，值得叹息的是年老而一无所成；死也不值得去悲伤，应该悲伤的是死去也对社会毫无益处。

原 文

身要严重，意要闲定[1]；色要温雅，气要和平；语要简徐[2]，心要光明；量要阔大，志要果毅；机要缜密，事要妥当。

注 释

①闲定：闲适而镇定。

②简徐：简洁舒缓。

译 文

身体应当严肃端庄，精神应当闲适从容；神色应当温文尔雅，心气应当平静温和；言语应当简洁舒缓，心胸应当光明磊落；气量应当宽大，意志应当坚决果毅；计策应当计划缜密，做事应当妥善得当。

原 文

富贵家宜学宽，聪明人宜学厚[1]。

注 释

①**厚**：仁厚。

译 文

富贵的人家要学习宽容，聪明的人要学习仁厚。

原 文

休委罪于气化[1]，一切责之人事；休过望于世间，一切求之我身。

注 释

①**委罪**：推诿罪过。

译 文

不要将罪过推脱给所谓的气数、命运，一切都应怪罪于人事；不要把过分的希望寄托到世间，一切都应当自己去寻求，去努力。

原 文

世人白昼寐语，苟能寐中作白昼语，可谓常惺惺矣[1]。

注 释

①**惺惺**：警觉。

译 文

世上的人经常在白天说梦话，如果能在睡梦当中说清醒时该说的话，这人可说是能常常保持清醒的状态了。

原 文

观世态之极幻，则浮云转有常情；咀世味之昏空[1]，则流水翻多浓旨。

注 释

①**昏空**：苦涩空虚。

译 文

观看世间各种情态变幻无常，就会觉得变化无常的白云反而是寻常的情态；咀嚼世间滋味如若苦涩空虚，倒不如潺潺的流水更加可以说明深厚的味道。

原 文

大凡聪明之人，极是误事，何以故？唯其聪明生意见，意见一生，便不

忍舍割。往往溺于爱河欲海者[1]，皆极聪明之人。

注 释

①**溺**：沉溺。

译 文

一般来说，聪明之人容易误事。这是缘于什么呢？只是因为聪明人会有很多想法，想法、欲望一旦萌生，就难以割舍。往往沉溺于爱河欲海当中的人，都是极为聪明的。

原 文

是非不到钓鱼处[1]，荣辱常随骑马人。

注 释

①**钓鱼处**：喻指与世无争的隐逸之地。

译 文

人世间的是非不可能到达尘世之外的与世无争的垂钓之地，荣辱纷争时常伴随骑马的达官贵人。

原 文

名心未化，对妻孥亦自矜庄[1]；隐衷释然，即梦寐皆成清楚。

注 释

①**妻孥**：指妻子与儿女。

译 文

如果争名好利之心还没消除，就算是对妻子与儿女也矜持庄重；心事一旦释怀，就算是在梦中也会极为清醒。

原 文

观苏季子以贫穷得志[1]，则负郭二顷田，误人实多；观苏季子以功名杀身，则武安六国印[2]，害人亦不浅。

注 释

①**苏季子以贫穷得志**：苏季子即苏秦，战国时期著名纵横家，游说六国合纵抗秦期间，封武安君，掌管六国合纵的印信。而之前贫寒不得志时，他家中亲人对其极冷淡，甚至嫌弃。富贵之后，路过家中兄嫂对其前倨后恭，父母妻子前后的态度相差也很大。苏秦感叹："此一人之身，富贵则亲戚畏惧之，贫贱则轻易之，况众人乎！且使我有雒阳负郭田二顷，吾岂能佩六国相印乎！"后来由于与人争夺权势而被害。

②**武安六国印**：武安君的爵位以及六国印信。

译文

从苏秦由于贫穷反而实现其志向来看，那么临近城郭的两顷良田，对人的耽误实在是太大了；从苏秦由于争夺功名而被害来看，武安君的爵位、六国印信，也的确是害人不浅啊。

原文

名利场中，难容伶俐[1]；生死路上，正要糊涂。

注释

①难容：容不下。

译文

名利场中，很难容忍聪明伶俐之人；生死路上，正需要人们糊涂。

原文

一杯酒留万世名，不如生前一杯酒[1]，自身行乐耳，遑恤其他；百年人做千年调[2]，至今谁是百年人？一棺戢身，万事都已。

注释

①“一杯酒留”两句：典出《世说新语·任诞》。据载，张季鹰为人纵情恣意，不接受约束，时人称为“江东步兵”。有人对他说，你能够纵情一时，难道就不为身后事考虑一下吗？张季鹰回答：“使我有身后名，不如即时一杯酒。”

②百年人：百岁人。

译文

如果因为一杯酒而留下万世美名，还不如生前留下一杯酒，自己消遣行乐，哪里还有闲情顾及其他？连百年都活不了的人却要谋划千年的事，到如今谁是活了百年的人呢？一副棺材藏身，万事都为之结束。

原文

郊野非葬人之处，楼台是为丘墓[1]；边塞非杀人之场，歌舞是为刀兵。试观罗绮纷纷，何异旌旗密密；听管弦冗冗，何异松柏萧萧。葬王侯之骨，能消几处楼台；落壮士之头，经得几番歌舞。达者统为一观[2]，愚人指为两地。

注释

①丘墓：坟墓。

②达者：明达而有智慧之人。

译文

野外荒郊不是埋葬人的地方，亭台楼阁才是坟墓；边疆塞外并非杀人的场所，莺歌燕舞才是兵刃。试看这些楼台上随风飘摆的纷纷罗绮，与战场上的密密匝匝的旌旗又有何差别呢？请听这些管弦声声，与墓地的萧萧松柏又有何不同呢？埋葬王侯的尸骨，能用得了几处楼台呢？壮士的头颅为之落地，能经得起几番的莺歌燕舞呢？明达之人将它们视为同一地方，愚笨之人认为它们是两种地方。

原文

节义傲青云，文章高白雪。若不以德性陶镕之[1]，终为血气之私，技能之末。

注释

①**陶镕**：陶冶熔铸。

译文

纵然气节义气能够傲视青云，文章可以高于阳春白雪。如果不用德行陶冶熔铸它，气节义气终究将只是一时的血气，写文章的技能也终究只能成为末流。

原文

我有功于人，不可念，而过则不可不念[1]；人有恩于我，不可忘，而怨则不可不忘。

注释

①**过**：罪过、过失。

译文

自己对别人有功，不能念想着此事，但是对别人犯下的罪过却不能不记在心里；别人对自己有恩，这恩情不能忘，然而别人对自己有怨恨则不能不忘。

原文

径路窄处，留一步与人行；滋味浓时，减三分让人嗜。此是涉世一极安乐法[1]。

注释

①**极**：最。

译文

小道狭窄的地方，要留下一步之宽让人行走；味道浓郁的，要减去三分让人品尝。这是涉世的一个最好的平安快乐之法。

原文

己情不可纵，当用逆之法制之，其道在一忍字；人情不可拂[1]，当用顺

之法调之，其道在一恕字。

注　释

①**拂：**拂逆，违背。

译　文

自己的情念欲望不可太放纵，应当要自我限制，主要的方法就在一个“忍”字。他人的情意欲望有时不可拂逆，这时就要顺着对方的愿望，而自己要怀着宽恕谅解的心情。

原　文

昨日之非不可留，留之则根烬复萌[1]，而尘情终累乎理趣。今日之是不可执，执之则渣滓未化，而理趣反转为欲根[2]。

注　释

①**根烬复萌：**树根燃烧之后再次萌芽。

②**欲根：**欲望之根。

译　文

昨日之错不可再保留一点，否则，会让已改正的错误行为再度出现，而且尘世的俗情也会累及理趣。今日认为正确而喜爱的生活、事物，不能太过执着，太执着则是心中的欲望渣滓尚未化解，反而使理趣转变为欲望的根苗。

原　文

文章不疗山水癖，身心每被野云羁[1]。

注　释

①**羁：**羁绊。

译　文

文章无法医治沉溺于山水的癖好，身体和心灵时常被山野白云所羁绊。

卷二　情

原　文

语云，当为情死，不当为情怨。明乎情者，原可死而不可怨者也。虽然，既云情矣，此身已为情有，又何忍死耶？然不死终不透彻耳。韩翃之柳[1]，崔护之花[2]，汉宫之流叶[3]，蜀女之飘梧[4]，令后世有情人之咨嗟想慕，托之语言，寄之歌咏。而奴无昆仑[5]，客无黄衫[6]，知己无押衙[7]，同志无虞候[8]，则虽盟在海棠，终是陌路萧郎耳[9]。集情第二。

注　释

①韩翃之柳：据唐人许尧佐《柳氏传》记载，安史之乱当中韩翃与其爱妾柳氏失散，柳氏出家为尼，后来韩翃曾寄书信给柳氏，信云："章台柳，章台柳，昔日青青今在否？纵使长条似旧垂，亦应攀折他人手。"柳氏回信云："杨柳枝，芳菲节，所恨年年赠离别。一叶随风忽报秋，纵使君来岂堪折。"不久，番将沙吒利劫柳氏，柳氏拒而不从，最终虞候许俊巧设计策，二人才得以团聚。

②崔护之花：据唐代孟棨《本事诗·情感》记载，崔护曾在清明之时到城南游玩，对一位女子一见钟情。第二年清明之时再次来到故地，桃花依旧，门墙如故，女子已然不在，因此题诗："去年今日此门中，人面桃花相映红。人面不知何处去，桃花依旧笑春风。"

③汉宫之流叶：据唐代范摅《云溪友议》记录，唐宣宗时，卢渥前往京城赶考，途中在御沟的流水当中洗手，在清冽的水中忽然发现一片较大红叶上有墨印。他随手将叶子取出，发现红叶上有一首诗："流水何太急，深宫尽日闲。殷勤谢红叶，好去到人间。"后来唐宣宗将一部分宫女送到宫外，许配给各级官吏，卢渥巧遇题诗于红叶上的女子。

④蜀女之飘梧：据《玉溪编事》，后蜀政权的尚书侯继图的妻子曾经在梧桐叶上书写相思之诗，后来二人成婚。

⑤奴无昆仑：据唐传奇《昆仑奴》，唐代大历年间，崔生受父命前去拜会一品勋臣，勋臣让身穿红绡的美姬为崔生丢上甘酪。崔生对红绡女子一见钟情，之后就将此事告知昆仑奴摩勒，摩勒最终把红绡女子从勋臣府里偷出。

⑥客无黄衫：据唐代蒋防的《霍小玉传》，才女霍小玉与才子李益私订终身，可后来却

被李益抛弃，霍小玉忧郁成疾。侠士黄衫客将李益挟持到霍小玉眼前，霍小玉见李益后最终一恸而亡。

⑦**押衙**：据唐传奇《无双传》，在古押衙的帮助下，尚书之女刘无双与贫寒书生王仙客终成眷属。

⑧**虞候**：官名。虞候许俊设计，把柳氏从番将沙吒利手中救出，柳氏与韩翃团聚。

⑨**陌路萧郎**：据唐代范摅《云溪友议》，书生崔郊与姑母家婢女相爱，后来姑母家道中落，将婢女卖给连帅。崔郊伤心不已，两人相见而泣涕涟涟。崔郊为此作诗："侯门一入深似海，从此萧郎是路人。"连帅知道这件事后，就将婢女还给崔郊，两人终成眷属。萧郎，女子对其所爱男子的称呼。

译文

俗话说：应当为情而死，不应当因情生怨。关于感情的事，原本就是能为对方而死，不当生怨心。尽管这么说，但既然身在情中，又怎么忍心去死？然而，不死总不见情爱的深刻。韩翃的章台柳，崔护的人面桃花，发现于宫廷御沟之中的红叶题诗，以及因梧桐叶夫妻再见的故事，都让后世的有情人为之叹息羡慕。这种羡慕的情景，或者写成文字被记载下来，或者体现在歌曲的咏叹当中。然而，既无能飞檐走壁的昆仑奴，又没有身穿黄衫的豪客，也没有如古押衙般的知己，又无像虞候般的朋友，那么，即使以海棠为誓约，终免不了要分离的命运。集情第二。

● 章台柳，昔日青青今在否？

原文

几条杨柳，沾来多少啼痕；三叠阳关[①]，唱彻古今离恨。

注释

①**三叠阳关**：即王维的《渭城曲》，又名《送元二使安西》，后来被收入乐府，成为著名送别诗。

译文

几枝送别的杨柳，沾上多少离别泪；《三叠阳关》，唱尽古往今来离情别恨。

原文

世无花月美人，不愿生此世界。

译　文

世上如果没有鲜花明月、香草美人的话，世人就不愿在如此的世界中生活了。

原　文

荀令君至人家[1]，坐处留香三日。

注　释

①荀令君： 汉代荀彧，尚书令，因此被称为“荀令君”。据有关资料记载，他的衣带时常染有香气，所到之处，香味经久不断。

译　文

荀令君来到别人家，所坐之处香气三日不绝。

原　文

罄南山之竹[1]，写意无穷；决东海之波，流情不尽；愁如云而长聚[2]，泪若水以难干。

注　释

①南山： 指终南山。

②长聚： 长时间的聚会。

译　文

用尽终南山的竹子做成的竹简，也写不完心里的情意；决开东海的碧浪波涛，也流不尽心中感情；忧愁犹如云彩，淤积心中，长久不散，眼泪犹如川流不息之水，难以干涸。

原　文

弄绿绮之琴[1]，焉得文君之听[2]；濡彩毫之笔，难描京兆之眉；瞻云望月，无非凄怆之声；弄柳拈花，尽是销魂之处。

注　释

①绿绮之琴： 古琴名，为司马相如所有。傅玄的《琴赋序》有云：“齐桓公有鸣琴曰号钟，楚庄王有鸣琴曰绕梁，中世司马相如有绿绮，蔡邕有焦尾，皆名器也。”

②文君： 即卓文君。据《史记·司马相如列传》记载，司马相如在卓家抚琴，卓文君为琴声所动，夜奔与相如相会。

译　文

即使弹奏绿绮琴，哪里才能得到如文君般解音的女子前来聆听？濡湿画眉之彩笔，却难得像张敞那种温柔恩爱的人来为其画眉；抬头望见浮云明月，耳中所闻的无非悲伤之音；攀柳摘花，处处都是魂梦无依的地方。

原 文

悲火常烧心曲[1]，愁云频压眉尖。

注 释

①**悲火**：悲伤如火一样。

译 文

悲伤像火般常灼烧内心，愁绪像云彩般频频压在眉梢。

原 文

五更三四点[1]，点点生愁；一日十二时[2]，时时寄恨。

注 释

①**五更三四点**：古时把一夜分成五更，每更又分成五点。

②**一日十二时**：古时白天被分为十二时。

译 文

五更天的鼓点，每一点都让人生出愁绪；一日有十二时，无时无刻不寄生离恨。

原 文

燕约莺期[1]，变作鸾悲凤泣；蜂媒蝶使，翻成绿惨红愁。

注 释

①**期**：幽期。

译 文

燕、莺的约会幽期，最终变为凤凰与鸾鸟的悲泣；蜂、蝶为媒介与使者，反而增添红花绿叶的忧愁。

● 凤凰

原 文

花柳深藏淑女居，何殊三千弱水[1]；雨云不入襄王梦，空忆十二巫山[2]。

注 释

①**三千弱水**：东方朔《十洲记》有云："凤麟洲在西海之中央……洲四面有弱水绕之，鸿毛不浮，不可越也。"

②**"雨云不入"两句**：宋玉的《高唐赋》当中有楚襄王与巫山神女会面之事。十二巫山即指巫山十二峰。

译　文

幽静而美好的女子，她的深闺被闭锁在花丛柳荫的深处，犹如凤麟洲之外三千里的弱水，有谁可渡？行云行雨的神女，不来襄王的梦里，就算空想巫山十二峰，又有什么作用呢？

原　文

枕边梦去心亦去，醒后梦还心不还[1]。

注　释

①**还**：回来。

译　文

进入梦乡，心便随梦境抵达他的身边；醒来时，心却没有随梦回来。

原　文

万里关河，鸿雁来时悲信断[1]**；满腔愁绪，子规啼处忆人归**[2]。

注　释

①**鸿雁**：古时通信不便，时常有人借鸿雁传书。

②**子规**：杜鹃，杜鹃的啼声极为哀绝，容易引起人的悲伤之情。

译　文

相隔万水千山，每当鸿雁飞来时，都会因音信断绝而感到悲伤；满腔的忧愁，每当杜鹃啼叫时，都会幻想离人的归来。

原　文

千叠云山千叠愁，一天明月一天恨。

译　文

千万层的云彩、高山重叠，就犹如心中愁绪般层叠，明月一天天变化，离恨也一天天增多。

原　文

豆蔻不消心上恨[1]**，丁香空结雨中愁**[2]。

注　释

①**豆蔻**：喻少女。

②**丁香**：据唐代李商隐《代赠》诗："芭蕉不解丁香结，同向春风各自愁。"

译　文

少女心中的幽恨难解，那丁香花在雨中愁怨地绽放。

原　文

月色悬空，皎皎明明，偏自照人孤另；蛩声泣露[1]**，啾啾唧唧，都来助我愁思**。

注　释

①**蛩声**：蟋蟀的叫声。

译　文

月亮悬挂于天上，十分皎洁，却偏偏照耀着孤零零的一个人；蟋蟀的叫声在露水当中如同哭泣一般，啾啾唧唧，都在加重我的愁思。

原　文

慈悲筏，济人出相思海；恩爱梯，接人下离恨天[①]。

注　释

①**离恨天**：比喻相爱的男女不能相见。

译　文

以慈悲为木筏，帮人渡过相思海；以恩爱为梯，接人走下这离恨天。

原　文

费长房[①]，缩不尽相思地；女娲氏[②]，补不完离恨天。

注　释

①**费长房**：东汉汝南人。相传费长房曾随壶公学道修行，可以医治百病，还会缩地术，缩地行走极为迅速。

②**女娲氏**：传说当中的女娲娘娘，曾以五色石补天。

译　文

费长房的缩地术，无法把相思的距离缩短；女娲的五色石，也无法把离恨天补全。

原　文

孤灯夜雨，空把青年误[①]。楼外青山无数，隔不断新愁来路。

注　释

①**空**：徒然。**误**：耽误。

译　文

孤灯一盏，凄凉夜雨，徒然将大好青春浪费。楼外尽管有无数青山，却阻隔不了新愁汇聚的道路。

原　文

黄叶无风自落，秋云不雨长阴。天若有情天亦老，摇摇幽恨难禁[①]。惆怅旧欢如梦，觉来无处追寻[②]。

注　释

①**难禁**：难以忍受。

②**觉**：醒来。

译　文

黄叶在无风时也会孤独飘零，秋日尽管不下雨，却总被云层所覆盖而显得极为阴沉。天如果有感情，也会因情愁而逐渐衰老，这种在心中无所依附的幽怨实在是让人难以承受啊！令人惆怅地想起过去，仿佛身处梦中一般，更添入无限愁绪，梦醒来后又要到何处才可以找回往日的欢乐呢？

原　文

蛾眉未赎，谩劳桐叶寄相思[1]；潮信难通[2]，空向桃花寻往迹[3]。

注　释

①**桐叶寄相思**：即红叶题诗一事，见前注。

②**潮信**：音信。

③**空向桃花寻往迹**：指崔护人面桃花一事，见前注。

译　文

美丽的女子还没能被赎身，即使是用梧桐叶寄托相思也是无济于事的；音信不通，只能徒然在桃花当中寻找往日足迹。

● 秋色到空闺，夜扫梧桐叶

原　文

野花艳目，不必牡丹；村酒酣人[1]，何须绿蚁。

注　释

①**酣**：醉。

译　文

野花的花朵已经非常鲜艳夺目，不必非是牡丹不可；农家自酿的酒就已很香醇，为何一定要绿蚁美酒。

原　文

琴罢辄举酒，酒罢辄吟诗，三友递相引，循环无已时[1]。

注　释

①**无已时**：没有停止的时刻。

译　文

弹完琴就要举杯痛饮，喝过酒就应当吟赏诗词，琴、酒、诗三者循环往复，没有停下的时候。

原文

阮籍邻家少妇[1]，有美色，当垆沽酒[2]，籍常诣饮，醉便卧其侧。隔帘闻坠钗声，而不动念者，此人不痴则慧，我幸在不痴不慧中。

注释

①**阮籍**：字嗣宗，竹林七贤之一。据有关资料记载，阮籍邻家有一位少妇，极为美貌，以卖酒为生。阮籍经常与朋友前去喝酒，醉了就在少妇的身边躺下睡觉，但是并没有任何邪念，光明磊落，只是性情乖张而已。

②**当垆沽酒**：古时酒店里为了安放酒瓮就以泥土垒成酒垆，卖酒的人坐在旁边，故称“当垆沽酒”。

译文

阮籍邻家少妇长得非常漂亮，当垆卖酒时，阮籍时常前去饮酒，醉了就会睡在其身旁。遇到这种情形，假如隔着帘子听见玉钗落地之声，而心中没有邪念的，这个人不是痴人便是绝顶聪明之人，我幸亏是个不痴也不智慧的人。

原文

桃叶题情，柳丝牵恨[1]。

注释

①**牵恨**：牵动离恨。

译文

桃叶题写诗句以便寄托别情，柳丝摇摆牵动着离恨。

原文

胡天胡帝[1]，登徒于焉怡目[2]；为云为雨，宋玉因而荡心。

注释

①**胡天胡帝**：《诗经·鄘风·君子偕老》：“胡然而天也，胡然而帝也”，形容卫夫人的美。

②**登徒**：出自宋玉《登徒子好色赋》，后世借指好色之徒。

译文

美貌的女子，好色之徒，为之悦目；云雨相聚，宋玉也会心情摇荡。

原文

轻泉刀若土壤[1]，居然翠袖之朱家[2]；重然诺如丘山，不忝红妆之季布[3]。

注释

①**泉刀**：古代的钱币类别，在此代指金钱。

②**朱家**：秦末汉初的鲁国人，喜欢结交侠士，以任侠而闻名。

③**季布**：项羽手下的一名大将，为人重视诺言，曾有“得黄金百斤，不如得季布一诺”的说法。项羽战败时，刘邦以千金悬赏其人头，后来侠士朱家用计使刘邦将其赦免。

译文

轻视金钱，视之犹如粪土，居然是朱家的一位女子；重视诺言，视之如同丘山一样，不愧为红妆的季布。

原文

蝴蝶长悬孤枕梦[1]，凤凰不上断弦鸣。

注释

①**悬**：悬系。

译文

蝴蝶时常出现在孤枕的梦境当中，凤凰不会在断弦之上发出鸣叫。

原文

吴妖小玉飞作烟[1]，越艳西施化为土[2]。

注释

①**小玉**：名紫玉。据《搜神记》，吴王夫差的女儿紫玉与书生韩重情投意合，吴王不许，紫玉为此气绝。韩重前来凭吊，紫玉显露真身，其母见后，前去抱女儿，紫玉却化为青烟。

②**西施**：越国人，又称西子。越国被吴国打败之后，越王勾践将其送给吴王夫差，勾践卧薪尝胆最终完成复国大业。

译文

吴国娇艳的紫玉已化为飞烟而去，越国的西施也已化为尘土逝去。

原文

妙唱非关舌[1]，多情岂在腰。

注释

①**妙唱**：美妙歌声。

译文

美妙的歌声并非都源自舌头，妖娆多情的姿态也并非都出自腰上。

原文

楚王宫里，无不推其细腰[1]；魏国佳人，俱言讶其纤手[2]。

注释

①**“楚王宫里”两句**：语见南朝徐陵《玉台新咏序》，楚灵王喜好细腰，宫女们为了让腰变细，都为此而节食挨饿，以至于需要扶墙才能站起来。

②**“魏国佳人”两句**：《诗经·卫风·硕人》中赞扬卫庄公夫人的美丽有云：“手如柔荑，肤如凝脂，领如蝤蛴，齿如瓠犀，螓首蛾眉。”此处疑为卫国佳人。

译文

在楚灵王的宫里，无人不推崇她的腰肢之细；卫国的佳人，人们都惊讶于她手指的纤细。

原文

传鼓瑟于杨家[1]，得吹箫于秦女[2]。

注释

①**传鼓瑟于杨家**：出自南朝徐陵《玉台新咏序》，汉代杨恽对其妻夸赞道：“家本秦人，能为秦声；妇赵女也，雅善鼓瑟。”

②**得吹箫于秦女**：出自南朝徐陵《玉台新咏序》：“萧史善吹箫，作凤鸣。秦穆公以女弄玉妻之，作凤楼，教弄玉吹箫，感凤来集，弄玉乘凤，萧史乘龙，夫妇同仙去。”

译文

琴瑟和鸣、夫妻恩爱，传自汉代的杨家；箫声悠扬，引来凤凰，传自秦穆公的女儿弄玉。

原文

春草碧色，春水绿波，送君南浦，伤如之何[1]。

注释

①**“春草碧色”四句**：出自江淹《别赋》，有名的离别之句。南浦，屈原《九歌》中曾有“子交手兮东行，送美人兮南浦”之语，后来南浦被泛指送别之地。

译文

春天的草碧绿一片，春天的水碧波荡漾，此时送你到南浦，我是多么的悲伤啊。

原文

玉树以珊瑚作枝，珠帘以玳瑁为柙[1]。

注释

①**玳瑁**：一种海生的动物，其背壳极为美丽，可以作为装饰品，十分名贵。

译文

玉树用珊瑚来作为枝条，珠帘用玳瑁作为帘匣。

原文

东邻巧笑，来侍寝于更衣；西子微颦，将横陈于甲帐[1]。

注释

①**甲帐**：汉武帝曾经修建两座幕帐，一帐非常华丽，称为“甲帐”；另一帐稍逊色一些，称为“乙帐”。

译　文

东邻美女巧笑倩兮，也只是作为服侍主人进行更衣侍寝的宫女；貌美的西施微蹙眉头，也仅仅是后宫的妃子，只能陈列在华美的“甲帐”中。

原　文

骋纤腰于结风[①]，奏新声于度曲，妆鸣蝉之薄鬓[②]，照堕马之垂鬟[③]。金星与婺女争华[④]，麝月共嫦娥竞爽。惊鸾冶袖，时飘韩掾之香[⑤]；飞燕长裾[⑥]，宜结陈王之佩[⑦]。轻身无力，怯南阳之捣衣[⑧]；生长深宫，笑扶风之织锦[⑨]。

注　释

①**骋纤腰于结风**：见于徐陵《玉台新咏序》。结风，古曲名。

②**鸣蝉**：古代妇女的一种发型。

③**堕马**：古代妇女的一类发式。

④**婺女**：星宿名，共有四颗星。

⑤**韩掾之香**：韩掾，即韩寿。据载韩寿与贾充幼女相交，充女把父亲处的西域贡香偷给韩寿。一次贾充闻到韩寿身上有异香，得知两人的私情，不得已把女儿许配韩寿。

⑥**飞燕长裾**：即汉代皇后赵飞燕，喜穿长裾，极为擅长舞蹈，舞态轻盈优美。

⑦**陈王之佩**：陈王即陈思王曹植，曹植的《洛神赋》有云：“余情悦其淑美兮，心振荡而不怡。无良媒以接欢兮，托微波而通辞。愿诚素之先达兮，解玉佩以要之。”

⑧**南阳之捣衣**：庾信，南阳人，曾作《夜听捣衣声》，“秋夜捣衣声，飞度长门城”，表达无限乡关之思。

⑨**扶风之织锦**：窦滔，扶风人，在外做官，其妻在织锦上写回文诗，诗词委婉凄清。

译　文

随着《结风》古歌当扭动纤细的腰肢，按照曲谱填写、弹奏新乐曲，梳妆打扮犹如鸣蝉的薄翼一样有薄薄鬓角的发型，映照出堕马髻下垂的发式。金星与婺女彼此争色散发光华，月亮与嫦娥竞争清爽。惊动鸾鸟的飘逸长袖，飘散出韩寿香气；飞燕舞动长裾，适宜佩戴陈思王的玉佩。轻身无力，畏怯南阳庾信暗藏无尽乡关之思的捣衣声；生长于深宫当中，嘲笑扶风人窦滔妻子的织锦回文诗。

原　文

青牛帐里[①]，余曲既终，朱鸟窗前[②]，新妆已竟。

注　释

①**青牛帐**：绘有青牛的帐，青牛在古代被认为可以避邪。

②**朱鸟窗**：据张华《博物志》记载，西王母七夕降于九华殿，以五桃赐予汉武帝，母食二枚，时东方朔窃从殿南厢朱鸟牖中窥王母。

译　文

青牛帐里，曲子已弹奏完毕；朱鸟窗前，新人已装扮完毕。

原　文

山河绵邈，粉黛若新。椒华承彩，竟虚待月之帘[1]；癸骨埋香，谁作双鸾之雾。

注　释

①**“椒华承彩”二句：**出自晋代王嘉《拾遗记·周灵王》：“越又有美女二人……贡于吴，吴处以椒华之房，贯细珠为帘幌。”

译　文

山河连绵悠远，美人的装扮犹如新的一样。房子流光溢彩，空挂玉珠穿成的帘子加以等待。美人的尸骨已然香消殒尽，又有谁能有双鸾齐飞的雾。

● 登即相许和，便可作婚姻

原　文

蜀纸麝煤添笔媚，越瓯犀液发茶香，风飘乱点更筹转，拍送繁弦曲破长[1]。

注　释

①**“蜀纸麝煤”四句：**出自韩偓的《横塘》诗。蜀纸，蜀地出产的纸张，纸质很好，在古代很有盛名。麝煤，古代制作墨的原料。越瓯，越地的陶瓷器。犀液，桂花水。

译　文

蜀纸与麝墨使笔下的字体越发妩媚，越地的陶瓷器及桂花水促发茶叶的清香，风雨当中的更筹转动得似乎更加迅速，节拍伴着急促的管弦声合成的曲子极为悠长。

原　文

教移兰烬频羞影，自拭香汤更怕深，初似染花难抑按，终忧沃雪不胜任，岂知侍女帘帏外，剩取君王数饼金[1]。

注　释

①**“教移兰烬”六句：**出自唐代韩偓《咏浴》。兰烬，蜡烛燃烧之后的灰烬。因为形状类似兰花，因此称为兰烬。频，频繁。香汤，指用来沐浴的水。抑按，抑制按捺。不胜任，无法忍受。

译文

教人拨开燃烧后留有灰烬的蜡烛，对着自己的影子时常会感到害羞，自己以带有香味的沐浴之水擦身，却又害怕水深。起初时就犹如露水滋润着花瓣一般让人难以自控，最终却又担忧如热水沃雪般难以忍受。怎知窗帘外的侍女，已赚取君王的多少金子。

原文

静中楼阁深春雨，远处帘栊半夜灯。

译文

静谧的楼阁当中，聆听春雨的声音，远处透过玉帘依稀只能望见漆黑的夜色当中的灯光。

原文

绿屏无睡秋分簟[①]，红叶伤时月午楼[②]。

注释

①**簟**：竹席。

②**月午**：月半时分。

译文

秋分时节，凉凉的竹席绿屏无法让人安睡；月半之时，小楼旁的红叶让人触目感伤。

原文

但觉夜深花有露，不知人静月当楼，何郎烛暗谁能咏[①]，韩寿香薰亦任偷[②]。

注释

①**何郎烛暗谁能咏**：何郎，字仲言，魏晋南北朝时期的南朝梁诗人何逊，官至尚书水部郎。其诗《临行与故游夜别》有“夜雨滴空阶，晓灯暗离室”句，书写感伤与离别之情。

②**韩寿香薰**：用韩寿典，见前注。

译文

只觉得夜深时，花上会有露珠，不知人静时，皎洁的明月正照耀在小楼上，诗人何逊的诗歌在晦暗的烛光下有谁可以吟咏，韩寿身上的薰香也能随便让人偷走。

原文

阆苑有书多附鹤[①]，女墙无树不栖鸾[②]，星沉海底当窗见，雨过河源隔座看。

注释

①**阆苑有书多附鹤**：出自唐代李商隐的诗《碧城》。阆苑，传说中神仙所居住的地方，因而多有仙鹤在此栖居。

②**女墙**：城墙上面的小矮墙。

译文

阆苑当中有书，因而有许多仙鹤在这里栖息，城墙的矮墙上没有大树，因此没有鸾鸟在这里栖息。临窗远望，能看到星星陨落，沉入海底之中，隔着座位能看见飘洒的大雨飞过河源。

原文

风阶拾叶，山人茶灶劳薪；月径聚花，素士吟坛绮席[①]。

注释

①**素士**：文人雅士。

译文

秋风吹过，吹起台阶上的落叶，隐居的山人能够将其作为烧水煮茶的薪木；月光洒满人间，小道上菊花簇拥，正是文人雅士吟诗赏月的好地方。

原文

当场笑语，尽如形骸外之好人[①]**；背地风波，谁是意气中之烈士。**

注释

①**形骸**：身体。

译文

当场欢声笑语，人人好像都是放浪形骸；背地里制造风波，暗藏杀机，又有谁堪称意气风发、志趣相投的忠烈之士呢？

原文

山翠扑帘，卷不起青葱一片[①]**；树阴流径，扫不开芳影几重。**

注释

①**青葱**：郁郁葱葱。

译文

青山苍翠，映在帘子上，无论怎样，卷帘都卷不起这片青色；树木繁盛，绿树成荫，无论怎样，也扫不去阳光投射所带来的斑斑芳影。

原文

珠帘蔽月，翻窥窈窕之花[①]**；绮幔藏云，恐碍扶疏之柳**[②]。

注释

①**窈窕之花**：借花暗指窈窕的女子。

②**扶疏之柳**：借柳来喻指身姿曼妙的女子。

译文

珍珠的帘子遮蔽月光，以防止月光前来窥探窈窕淑女；绮丽的帷幔遮住浮云，以防止云彩影响屋里身姿曼妙的女子。

原文

幽堂昼深[1]，清风忽来好伴；虚窗夜朗，明月不减故人。

注释

①**昼深：**白昼显得极为深长。

译文

幽静的厅堂当中，白昼显得很长，忽然吹来清风，宛如我的友伴般亲切；打开的窗子，显露出夜色的清朗、明月的容颜，犹如故人的情意般丝毫不减。

原文

多恨赋花[1]，风瓣乱侵笔墨；含情问柳，雨丝牵惹衣裾。

注释

①**赋花：**吟诗来赏花。

译文

心怀太多的离情来写花赋，风儿吹乱花瓣，浸染我的笔墨；带着浓浓的情意去问柳，蒙蒙细雨飘飘洒洒，沾湿我的衣襟。

原文

天涯浩缈[1]，风飘四海之魂；尘土流离，灰染半生之劫。

注释

①**浩缈：**形容非常广阔，没有边际。

译文

天涯广阔辽远，离家的游子犹如随风飘散在世间的游魂；世人四处流离，蒙受奔走途中的灰尘已达半生之久。

原文

蝶憩香风，尚多芳梦；鸟沾红雨[1]，不任娇啼。

注释

①**红雨：**鲜花经过风吹雨打，花瓣便会由此凋零，因此称为“红雨”。

译文

当蝴蝶还可以在春日的香风当中憩息时，青春的梦境依旧芬芳而美好；一旦鸟的羽毛沾上被吹落的花瓣时，那时啼声就凄切而让人不忍卒听了。

原　文

幽情化而石立[1]，怨风结而冢青[2]；千古空闺之感，顿令薄幸惊魂。

注　释

①幽情化而石立：南朝宋刘义庆《幽明录》记载："武昌北山有望夫石，状若人立。古传云：昔有贞妇，其夫从役，远赴国难，携幼子饯送北山，立望夫而化为立石。"

②怨风结而冢青：汉元帝宫人王昭君，遣入匈奴和亲，行至漠北，琵琶诉哀怨，死后其墓被称作"青冢"。

译　文

满腔深情变为望夫石，幽风凝为坟上草；千古来独守空闺的幽怨，使得负心的男子为其心惊。

原　文

一片秋山，能疗病客[1]；半声春鸟，偏唤愁人。

注　释

①疗：治愈。

译　文

一片秋天的美好山色，可以治疗病者的苦痛；春天时断时续的鸟啼，偏偏可以唤起人的愁思。

原　文

李太白酒圣[1]，蔡文姬书仙[2]，置之一时，绝妙佳偶。

注　释

①李太白酒圣：唐代著名诗人李白，喜欢饮酒，酒后可以创作出佳作。

②蔡文姬书仙：东汉人，即蔡邕之女蔡琰，古代著名女诗人，精通音律，有《悲愤诗》传世，为人称道。

译　文

李白是酒中圣人，蔡文姬是诗中仙子。假如让他们生活在同一时代，是一对绝妙的佳偶。

● 李白斗酒诗百篇

原文

华堂今日绮筵开，谁唤分司御史来，忽发狂言惊满座，两行红粉一时回[1]。

注释

①“华堂今日”四句：出自杜牧《兵部尚书席上作》。《古今诗话》记载：“牧为狱吏，分务洛阳，时李司徒愿罢镇闲居，声伎豪侈，洛中名士咸谒之。李高会朝客，以杜持宪，不敢邀致，杜遣座客达意，愿与斯会，李不得已邀之。杜独坐南向，瞪目注视，引满三卮，问李云：闻有紫云者孰是？李指之，杜凝睇良久曰：名不虚传，宜以见惠！李俯而笑，诸伎亦回首破颜。杜又自饮三爵，朗吟此诗而起，意气闲逸，旁若无人。”御史，唐代的官职名称。红粉，这里指歌伎、舞伎。

译文

豪华的厅堂上，今天举行盛大宴会，是谁将主管督察百官的御史大夫请来了呢？宴席上御史大夫突发狂言，震惊在座的宾客，两边的歌舞伎也回头看他。

原文

缘之所寄，一往而深。故人恩重，来燕子于雕梁；逸士情深，托凫雏于春水。好梦难通，吹散巫山云气[1]**；仙缘未合，空探游女珠光**[2]。

注释

①“好梦难通”两句：用楚怀王巫山云雨的典故。

②“仙缘未合”两句：《文选·江赋》引《韩诗内传》有云：“郑交甫遵游彼汉皋台下，遇二女，与言曰：‘愿请子之佩。’二女与交甫，交甫受而怀之，超然而去。十步循探之，即亡矣。回顾二女，亦即亡矣。”游女，汉水的水神。

译文

缘分所寄托的，一往情深。老朋友恩情深重，每年的燕子都会在雕梁之上搭窝筑巢。隐逸之士情深似海，将幼小的凫鸟托付春水。倘若缘分没到，好梦就难以实现，只能是像巫山云雨被吹散一般；如果仙人缘分未到，只会探到二位水神的珠光，像郑交甫一样，落得一场空。

原文

桃花水泛，晓妆宫里腻胭脂[1]**；杨柳风多，堕马结中摇翡翠。**

注释

①晓妆宫里腻胭脂：唐代杜牧《阿房宫赋》诗中云，“明星荧荧，开妆镜也；绿云扰扰，梳晓鬟也；渭流涨腻，弃脂水也；烟斜雾横，焚椒兰也。”

译 文

桃花水涨水，是因为早晨宫中梳妆打扮遗弃的胭脂水；杨柳风变大，是由于宫中女性堕马髻上的翡翠在不断摇晃。

原 文

对妆则色殊，比兰则香越，泛明彩于宵波，飞澄华于晓月[1]。

注 释

①**晓**：拂晓，天快亮时。

译 文

对着镜子上妆的女子，气色会有所不同，与兰花相比越发清香。夜间将会泛起比波涛更明亮的光彩，拂晓时会散发比明月更皎洁的光华。

原 文

纷弱叶而凝照，竞新藻而抽英[1]。

注 释

①**抽英**：开花。

译 文

新叶纷纷，将太阳光影凝聚，新生水藻竞相生长，纷纷抽出新芽。

原 文

手巾还欲燥，愁眉即剩开，逆想行人至[1]**，迎前含笑来**。

注 释

①**行人**：游子。

译 文

就算擦拭眼泪的手巾还没有干，因离愁而变得紧缩的眉心也能舒展开。遥想在外的游子归来了，迎上前去见含笑归来的游子。

原 文

透迤洞房，半入宵梦，窈窕闲馆，方增客愁[1]。

注 释

①**增**：增添。

译 文

在洞房中逶迤徘徊，多半已进入良宵美梦，在清闲美好的闺阁中，会增添羁旅之客的愁思。

原　文

悬媚子于搔头，拭钗梁于粉絮[1]。

注　释

①**“悬媚子于”两句：**语出北周庾信《镜赋》。媚子，古时女子的一种首饰。搔头，玉簪。

译　文

把媚子悬挂在玉簪上，以粉敷来擦拭钗梁。

原　文

临风弄笛，栏杆上桂影一轮[1]；扫雪烹茶，篱落边梅花数点。

注　释

①**桂影：**传说月亮上面有着一棵月桂树，此处桂影指月亮。

译　文

临风吹笛，栏杆上面挂有一轮明月；扫除积雪，烧水沏茶，篱笆上的雪宛如朵朵梅花。

原　文

银烛轻弹，红妆笑倚[1]，人堪惜，情更堪惜；困雨花心，垂阴柳耳，客堪怜，春亦堪怜。

注　释

①**红妆：**指梳妆显得很美丽的女子。

译　文

轻轻拨亮银台上的烛光，梳妆美丽的女子含笑依偎，美人值得珍惜，情意越发值得珍惜；花心被雨所困扰，害怕被大雨淋到，柳叶被柳荫遮盖，客人值得怜惜，春日也值得怜惜。

原　文

肝胆谁怜，形影自为管鲍[1]；唇齿相济，天涯孰是穷交。兴言及此，辄欲再广绝交之论[2]，重作署门之句[3]。

注　释

①**管鲍：**春秋时齐国的名相管仲与鲍叔牙，二人志趣相投、情谊深厚，是至交好友，鲍叔牙辅佐齐桓公，后举荐管仲，二人共同辅佐齐桓公成就一代霸业，管仲也成为一代名相，二人的知交也为后人所称颂。

②**绝交之论：**与友人断绝往来。古代著名的绝交论有东汉朱穆《绝交论》、晋朝嵇康《与山巨源绝交书》、南朝刘峻的《广绝交论》等。

③**署门之句：**据《史记·汲郑列传》：翟公担任廷尉之初，门庭若市，很多宾客都来拜

访；翟公被罢官后，门可罗雀，无人拜访。后来翟公再次当官，又有人想造访，翟公就在大门上写道："一生一死，乃知交情；一贫一富，乃知交态；一贵一贱，交情乃见。"

译　文

有谁来怜惜肝胆相照的朋友？只能和自己的影子结成管鲍之交；唇齿相依，唇亡齿寒，茫茫天涯之间有谁是我的穷困至交？话说到此，就想再把绝交之论扩充一下，重新写作署门之句。

原　文

燕市之醉泣[1]，楚帐之悲歌[2]，歧路之涕零[3]，穷途之恸哭[4]。每一退念及此，虽在千载之后，亦感慨而兴嗟。

注　释

①**燕市之醉泣**：指荆轲与高渐离友情的典故。荆轲与高渐离是至交，两人在燕国的市场上饮酒，喝醉后，高渐离击筑，荆轲和着筑声引吭高歌，两人相交甚欢，可是之后又相对而泣。

②**楚帐之悲歌**：事见《史记·项羽本纪》。项羽与刘邦相争，项羽被困将亡，此时四面楚歌，项羽慷慨悲歌：力拔山兮气盖世，时不利兮骓不逝。骓不逝兮可奈何，虞兮虞兮奈若何！

③**歧路之涕零**：《文选·北山移文》李善注引《淮南子》："杨子见歧路而哭之，为其可以南，可以北。"

④**穷途之恸哭**：事见《世说新语·栖逸》。阮籍时常驾车肆意周游，不拘泥于道路到处驾驶，没有路可走时就会痛哭而返。

译　文

荆轲与高渐离在燕国市场上酒醉后相对而泣，楚军营帐下项羽慷慨悲歌，杨子在歧路迷茫涕零，阮籍驾车在穷途时痛哭而返。每次想起这些，虽然已是千年之后，我也会感到叹息。

原　文

陌上繁华，两岸春风轻柳絮；闺中寂寞，一窗夜雨瘦梨花[1]。芳草归迟，青骢别易[2]：多情成恋，薄命何嗟。要亦人各有心，非关女德善怨[3]。

注　释

①**瘦梨花**：梨花经过春雨后往往会显得娇弱动人，因此唐代白居易有"梨花一枝春带雨"的诗句，这里指借雨后梨花之娇弱，暗指闺阁中的女子因寂寞之愁而变得瘦弱。

②**青骢**：青白色的马，这里指夫婿。《玉台新咏·古诗为焦仲卿妻作》："踯躅青骢马，流苏金镂鞍。"

③**女德善怨**：女子天生就喜欢抱怨。

译 文

小路边的花正盛开，河畔的春风吹起了柳絮，深闺当中的寂寞，犹如一夜风雨的梨花。芳草正青，游子迟迟未归，男子骑着马容易别离。多情导致依依不舍，红颜薄命，只能一声叹息。重要的是人的心中各自有着情意，并不是因为女人天生就喜欢怨恨啊！

原 文

山水花月之际，看美人更觉多韵[1]。非美人借韵于山水花月也，山水花月直借美人生韵耳。

注 释

①**韵**：风韵。

译 文

在山水花月下，端详美人会感到更有风韵。并非是美人借助山水花月的情韵，恰恰相反，山水花月正借助于美人的风韵才得以生出情韵。

原 文

深花枝，浅花枝，深浅花枝相间时[1]，花枝难似伊；巫山高，巫山低，暮雨潇潇郎不归，空房独守时。

注 释

①**相间**：相交错。

译 文

深色的花枝、浅色的花枝，深色浅色的花枝彼此交错搭配时，其花枝的美也无法与你相比拟；巫山高高的山峰，巫山低矮的山峰，傍晚时下起了潇潇细雨，情郎始终没归来，独守空房感到十分寂寞。

原 文

青娥皓齿别吴倡，梅粉妆成半额黄[1]；罗屏绣幔围寒玉，帐里吹笙学凤凰[2]。

注 释

①**梅粉妆**：梅花妆，古代女子的一种妆饰。在额头上画上梅花。

②**吹笙学凤凰**：用“萧史弄玉”典。

● 巫山神女

译文

美丽的少女，明眸皓齿，结束了以往的歌舞生涯，将额头上的梅粉妆涂成半额头的黄色；罗屏绣幔包裹着美丽的容颜，在帐中学萧史和弄玉吹笙招引凤凰。

原文

初弹如珠后如缕，一声两声落花雨；诉尽平生云水心[1]，尽是春花秋月语。

注释

①云水心：如云如水漂流不定的心情。

译文

起初像是珠子弹起，后来不绝如缕，一两声是洒落在花中的雨。这雨声似乎在倾诉一生如云似水的心情，听来无非都是良辰美景时的情话。

原文

春娇满眼睡红绡，掠削云鬟旋妆束；飞上九天歌一声，二十五郎吹管逐[1]。

注释

①"春娇满眼"四句：据唐代元稹的《连昌宫词》。九天，这里指宫中。二十五郎，指李承宁，排行二十五，非常善于吹笛。

译文

睡在红绡之中的女子在春色美景中醒来，满眼娇羞；掠过如云一样的发鬟开始梳妆打扮，清亮的歌声飞向宫中，二十五郎李承宁吹笛与之相和。

原文

琵琶新曲，无待石崇[1]；箜篌杂引，非因曹植。

注释

①"琵琶新曲"二句：西晋富豪石崇曾作《琵琶引》。箜篌杂引，指陈思王曹植的《箜篌引》。

译文

《琵琶引》这样的新曲，不用等着石崇来谱写；《箜篌引》这样的杂曲，也并不一定要曹植谱写。

原文

休文腰瘦，羞惊罗带之频宽[1]；贾女容销，懒照蛾眉之常锁。

注　释

①“休文腰瘦”两句：沈约，字休文，南朝宋武康人。曾在写给好友的信中提到自己的病情，写道：“百日数旬，革带常应移孔；以手握臂，率计月小半分。”

译　文

沈约的腰日渐消瘦，面对衣带频频变宽的情景而羞愧惊奇；贾充之女容颜消瘦了，懒得再对镜自照蛾眉紧锁的模样。

原　文

琉璃砚匣，终日随身；翡翠笔床[1]，无时离手。

注　释

①笔床：毛笔架。

译　文

琉璃做的砚匣，整天随身携带；翡翠做的笔架，无时无刻不在手中。

原　文

清文满箧[1]，非惟芍药之花；新制连篇，宁止葡萄之树。

注　释

①箧：箱子。

译　文

清丽文雅的文章装满书匣，并不仅仅是描写芍药之死的；刚刚写好的文章，也不只是关于葡萄树的。

原　文

西蜀豪家，托情穷于鲁殿[1]；东台甲馆[2]，流咏止于洞箫。

注　释

①鲁殿：指山东的孔子故居，藏有很多重要书籍。

②东台甲馆：东台，唐代的官署名。甲馆，较高级的馆舍。

译　文

西蜀的富豪之家，寄托情意的书籍已经超过山东的孔府；朝廷中的东台甲馆，仅限于吟咏洞箫。

原　文

醉把杯酒，可以吞江南吴越之清风[1]；拂剑长啸，可以吸燕赵秦陇之劲气。

注　释

①江南吴越：都属于中国南部地区，南部气势阴柔，北部强悍。

译　文

醉里把酒，可以吞进江南吴越之地的清风；拂剑长啸，能够吸入燕赵秦陇之地的强劲之气。

原　文

林花翻洒，乍飘飏于兰皋；山禽啭响[①]，时弄声于乔木。

注　释

①啭响：婉转动听。

译　文

林间鲜花绽放，花絮不断飞舞，突然间飘落到长满兰花的河岸四周；山中禽鸟交鸣，声音婉转，时常在乔木上鸣叫。

原　文

长将姊妹丛中避，多爱湖山僻处行[①]。

注　释

①僻处：幽僻之处。

译　文

经常与姐妹们在花草丛当中避世，总喜欢在湖水、幽山等偏僻之地不断游走。

原　文

未知枕上曾逢女[①]，可认眉尖与画郎。

注　释

①女：同"汝"。

译　文

不知道是否在枕上和你相逢，但从画郎的画中还是看出你眉尖的模样。

原　文

苹风未冷催鸳别，沉檀合子留双结[①]；千缕愁丝只数围，一片香痕才半节。

注　释

①沉檀：沉香与檀香。

译　文

风还未冷，就催促鸳鸯分别，沉香与檀香的味道合在一起就可以结成同心结，成千上万缕的愁思仅有几围，一片香刚燃烧到半节。

原文

那忍重看娃鬓绿，终期一遇客衫黄[1]。

注释

①**“那忍重看”两句**：出自唐传奇《霍小玉传》，小玉遭情郎抛弃而忧心成疾，侠义之士黄衫客路见不平，将负心汉挟持到小玉跟前。那忍，即哪忍，如何忍心。重看，反复地看。娃，方言，吴地对貌美的女子的称呼。鬓绿，指乌黑头发。

译文

哪忍在镜前反复赏玩自己的美貌及乌黑的秀发，只希望能遇到黄衫侠士，将那负情的人带回来。

原文

金钱赐侍儿，暗嘱教休语[1]。

注释

①**暗嘱**：暗中进行嘱托。

译文

赏赐钱财给贴身侍女，暗中嘱托她不可以乱说话。

原文

薄雾几层推月出，好山无数渡江来；轮将秋动虫先觉，换得更深鸟越催[1]。

注释

①**更深**：夜深。古代时夜晚以更为时间单位，一夜分为五更。

译文

几层薄薄的轻雾将月亮推出，无数的锦绣高山犹如要渡江而来；时间的车轮不停转动，当秋天将到来时，昆虫们第一个察觉，夜色越深，鸟儿的鸣叫声越大，好像是在催促时间流转。

原文

花飞帘外凭笺讯[1]**，雨到窗前滴梦寒**。

注释

①**笺讯**：传递讯息的信笺。

译文

花飞到窗帘外，就把它当成传递讯息的信笺，任它飞舞；雨在窗前滴落，使得梦境更加凄凉。

原文

樯标远汉，昔时鲁氏之戈[1]；帆影寒沙，此夜姜家之被[2]。

注释

①鲁氏之戈：典出《淮南子·冥览训》："鲁阳公与韩构难，战酣日暮，援戈而挥之，日为之反三舍。"

②姜家之被：典出《后汉书·姜肱传》："姜肱字伯淮，彭城广戚人也，家世名族，肱与二弟仲海、季江，俱以孝行著闻。其友爱天至，常共卧起，及各娶妻，兄弟相恋，不能别寝，以系嗣当立，乃递往旧室。"

译文

桅杆已远离汉土，希望能像昔日鲁阳公一样挥动戈，挽回局面；船帆的影子已接近寒沙之地，在这样的寒夜里，希望能得到姜家的被子来取暖。

原文

填愁不满吴娃井，剪纸空题蜀女祠[1]。

注释

①空题：无用的题诗。

译文

数不尽的愁思填不满吴娃井，剪纸写诗，也只是空题蜀女祠。

原文

良缘易合，红叶亦可为媒；知己难投，白璧未能获主[1]。

注释

①"知己难投"两句：典出《韩非子》：卞和得到一块美玉，就想向楚王进献，先后向厉王、武王进献，不仅没能得到重用，反而以欺君之罪被砍去双脚。这块玉即闻名后世的和氏璧。

译文

良缘容易结合时，就算是红叶都能成为媒人；知己难以投合时，即使抱着美玉，也难获得赏识的人。

原文

填平湘岸都栽竹，截住巫山不放云[1]。

注释

①"填平湘岸"两句：分别用了舜的妃娥皇与女英泪下斑竹的典故和楚怀王与巫山神

女欢会的典故。见前注。

译　文

将湘水的两岸填平，载满斑竹；将巫山的云截下，永不放走。

原　文

鸭为怜香死[1]，鸳因泥睡痴。

注　释

①怜：怜惜。

译　文

鸭子因为怜惜香草而死去，鸳鸯由于贪睡于泥中而痴迷。

原　文

红印山痕春色微，珊瑚枕上见花飞；烟鬟缭乱香云湿[1]，疑向襄王梦里归[2]。

注　释

①香云湿：指鬓角被香汗所沾湿。

②襄王梦里：化用宋玉《高唐赋》当中楚襄王与巫山神女相交的典故。

译　文

晚霞在山间逐渐退去，春色不多，美女的珊瑚枕上有花瓣不断飞舞，发鬟如烟雾般缭绕，鬓角被香汗所沾湿，仿佛是刚从楚襄王的梦里醒来。

原　文

零乱如珠为点妆，素辉乘月湿衣裳；只愁天酒倾如斗，醉却环姿傍玉床[1]。

注　释

①环姿：蜷缩身子。

译　文

月光下，她面前犹如散开的珠子般凌乱，只为化妆打扮，晶莹的露珠借助月亮的清辉，不知不觉就沾湿衣裳。只担心他喝酒犹如酒斗般倾尽所有，喝醉后蜷缩着身子躺在床下。

原　文

有魂落红叶，无骨锁青鬟[1]。

注　释

①青鬟：乌黑发鬟。

译　文

心思细腻的能够将情意寄托在飘落的红叶上，无心之人只能空锁自身乌黑的发鬟。

原　文

书题蜀纸愁难浣[1]，雨歇巴山话亦陈[2]。

注　释

①蜀纸：蜀地盛产纸张，纸质非常好。

②雨歇巴山话亦陈：唐代李商隐的《夜雨寄北》：君问归期未有期，巴山夜雨涨秋池。何当共剪西窗烛，却话巴山夜雨时。

译　文

就算把诗写到蜀地生产的名纸上，也难以把心里的愁苦都浣洗下去，即使巴山的夜雨停歇，所说的也只是旧题。

原　文

盈盈相隔愁追随，谁为解语来香帷[1]。

注　释

①解语：解语花，此处指美人。

译　文

美丽的女子遥自相隔，但是相思之愁伴随着我，谁能让美人前来我的香帐中呢？

原　文

斜看两鬟垂，俨似行云嫁[1]。

注　释

①嫁：出嫁。

译　文

从侧面看美女头上的两个发鬟高垂，宛如飘浮在空中的美丽云彩即将出嫁一样。

原　文

欲与梅花斗宝妆，先开娇艳逼寒香；只愁冰骨藏珠屋[1]，不似红衣待玉郎。

注　释

①只愁：只是担心。

译　文

想要与梅花比试一下妆容，先绽放娇艳的花朵接近梅花的幽寒之香，只担心隐藏在珠屋之下冰清玉洁的美女，不如红衣女郎那样侍奉情郎。

原 文

从教弄酒春衫浣[1]，别有风流上眼波。

注 释

①**从**：纵使。

译 文

纵然把酒临风沾湿春衫，在流转的眼波当中也别有一番风流韵味。

原 文

听风声以兴思[1]，闻鹤唳以动怀[2]，企庄生之逍遥[3]，慕尚子之清旷[4]。

注 释

①**听风声以兴思**：典出《世说新语·识鉴》："张季鹰辟齐王东曹掾，在洛，见秋风起，因思吴中菰菜羹、鲈鱼脍，曰：'人生贵得适意尔，何能羁宦数千里以要名爵！'遂命驾便归。"

②**闻鹤唳以动怀**：典出《世说新语·尤悔》，陆平原在河桥打了败仗，因受卢志所诋毁而遭诛杀，行刑前感叹："欲闻华亭鹤唳，可复得乎？"

③**庄生之逍遥**：庄子，道家的代表人物，写下《逍遥游》，描写精神自由之境。

④**尚子之清旷**：尚长，东汉人。据载其在子女婚嫁后，独自远离家乡，云游天下。

译 文

听到风声就勾起了我的思乡之情，听闻鹤唳之声就触动了我的心怀，企盼能像庄子那样逍遥，羡慕尚子的清净旷达。

原 文

灯结细花成穗落[1]，泪题愁字带痕红。

注 释

①**成穗**：熟透的谷穗。

译 文

灯芯结成细细的灯花犹如熟透了的稻穗一样低垂着，含泪题写着"愁"字，字也带有红红的泪痕。

原 文

无端饮却相思水[1]，不信相思想煞人。

注 释

①**无端**：没有缘由。

译 文

无缘无故地喝下相思之水，不相信真会让人想念至死。

原文

渔舟唱晚，响穷彭蠡之滨；雁阵惊寒，声断衡阳之浦[1]。

注释

①“渔舟唱晚”四句：出自唐代王勃《滕王阁序》。彭蠡，指今江西境内的鄱阳湖。衡阳，位于今湖南省境内，相传此地又名回雁峰，大雁到了此地就不会再南飞。

译文

傍晚，渔舟中响起渔歌，歌声响彻彭蠡之滨；大雁被天寒所惊，排成阵型向南飞，凄凉的叫声回荡在衡阳的水滨。

原文

爽籁发而清风生，纤歌凝而白云遏[1]。

注释

①“爽籁发而”两句：出自唐代王勃《滕王阁序》。爽籁，长短不齐的管子拼接而成的排箫。

译文

排箫发出抑扬顿挫的美妙之音，清风都随之而生，轻柔的歌声仿佛凝结了一般，余音绕梁，就连飘浮的白云都停止了脚步。

原文

杏子轻纱初脱暖，梨花深院自多风[1]。

注释

①梨花深院自多风：出自北宋晏殊所写的《无题》诗："梨花院落溶溶月，柳絮池塘淡淡风。"后世用此句形容富贵闲适之状。

译文

杏子随天气的变暖刚脱掉外面披着的清浅沙土，梨花盛开的院落自然会多风。

卷三　峭

原　文

今天下皆妇人矣。封疆缩其地，而中庭之歌舞犹喧；战血枯其人，而满座貂蝉之自若[①]。我辈书生，既无诛讨乱贼之柄[②]，而一片报国之忱，惟于寸楮尺字间见之[③]。使天下之须眉而妇人者，亦耸然有起色。集峭第三。

注　释

①貂蝉：指貂尾和附蝉，古代权贵时常以此为装饰，故此处以貂蝉代指贤贵重臣。

②柄：权柄。

③寸楮尺字间：在文章当中。

译　文

现在天下人都是女人了，哪有男子称得上大丈夫呢？无非都是一些妇人而已。眼看国土逐渐被敌人侵吞，然而厅堂当中依旧是一片笙歌；战士的血都因流尽而变得枯干了，朝廷中的官员却仿佛没有事一般。我们读书人，既然没有诛平乱事去讨伐贼人的权柄，只有将要报效国家的赤诚，在文字上加以表现出来，使天下懦弱如女人的男人，也能因惊动有所改进。因此将与"峭"有关的内容集为第三卷。

原　文

忠孝吾家之宝，经史吾家之田[①]。

注　释

①田：田地，民以食为天，田同样是安身立命的根本。

译　文

忠和孝为我等持家之宝，经和史是我家的田地。

原　文

闲到白头真是拙，醉逢青眼不知狂[①]。

● 竹林七贤

注　释

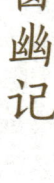

①青眼：典出《晋书·阮籍传》，阮籍母亲去世，嵇喜来凭吊，阮籍白眼相对。后来嵇喜的弟弟嵇康听闻后也去凭吊，带酒挟琴，阮籍见面后十分高兴，青眼相待。后用青眼表示喜爱。

译　文

一生中，如果无所事事，直至年老，这是笨拙；酒醉后，遇到别人正眼相看，也不知道自身狂妄。

原　文

兴之所到，不妨呕出惊人[1]；心故不然，也须随场做戏。

注　释

①呕出：说出。

译　文

兴致所到之处，不妨说出惊人之语；心中感到不以为然，也需要逢场作戏。

原　文

放得俗人心下，方可为丈夫[1]；放得丈夫心下，方名为仙佛；放得仙佛心下，方名为得道。

注　释

①方：才。

译　文

放下世俗之心，才能成为真正大丈夫；放下大丈夫之心，方能成为仙佛；放下成仙佛之心，方能彻悟宇宙真相。

原　文

吟诗劣于讲书，骂座恶于足恭。两而揆之[1]，宁为薄幸狂夫，不作厚颜君子。

注　释

①两而揆之：两相比较。

译　文

吟诗作赋不如讲书，谩骂同座比虚伪的恭敬更坏。然而，两相比较，我宁愿当一个轻薄狂狷人，也不要当个厚脸皮的君子。

原　文

观人题壁，便识文章。

译文

观察人在石壁上所写的诗句，就能知道此人的文章如何。

原文

宁为真士夫，不为假道学；宁为兰摧玉折，不作萧敷艾荣[1]。

注释

①"宁为兰摧"两句：语出《世说新语·言语》。兰、玉，兰花、美玉，代指人的高洁品格。萧、艾，古代视其为恶草，指品行低劣的人。

译文

宁愿做一个真正的读书人，而不伪装为有道德与学问的人。宁愿像兰草一般受到摧折，如美玉般粉碎，也不要像萧、艾一样肆意繁荣。

原文

随口利牙，不顾天荒地老；翻肠倒肚，那管鬼哭神愁[1]。

注释

①那管：哪管。

译文

随口就说，率性而为，哪怕天荒地老也不为之顾忌；翻肠倒肚，标新立异写文章，哪管鬼哭神愁。

原文

身世浮名，余以梦蝶视之[1]，断不受肉眼相看。

注释

①梦蝶：典出《庄子·齐物论》："昔者庄周梦为蝴蝶，栩栩然蝴蝶也，自喻适志与！不知周也。俄然觉，则蘧蘧然周也。不知周之梦为蝴蝶与，蝴蝶之梦为周与？"

译文

人世间的虚名，我把它当作庄周梦蝶一般，仅仅是事物的变化，绝不用世俗的眼光去看待。

原文

达人撒手悬崖[1]，俗子沉身苦海。

注释

①悬崖：比喻危险的处境。

译文

通达的人，能够在极危险的境地放手离去，凡夫俗子则沉浸在世间的种种苦恼中难以脱离。

原文

销骨口中[①]，生出莲花九品[②]；铄金舌上，容他鹦鹉千言。

注释

①**销骨**：销毁枯骨。《史记·张仪列传》："众口铄金，积毁销骨。"指人们口中的言语作用极为重大，人言可畏。

②**莲花九品**：佛家术语，指极乐境界。修行圆满之人死后会到极乐世界，并且以莲花台为座，莲花台又分为九种，九品代表最高境界。

译文

谗言可以销毁枯骨，也能够生出莲花九品这样的佛家极乐境界；话语能够铄金，任它像鹦鹉学舌一样人云亦云。

原文

少言语以当贵，多著述以当富，载清名以当车，咀英华以当肉[①]。

注释

①**咀英华**：把玩精妙的诗文。

译文

把少言语当作富贵，多著书当作富有，把极好的清名当作车，咀嚼美好的文章当作吃肉。

原文

竹外窥莺，树外窥山，峰外窥云，难道我有意无意[①]；鹤来窥人，月来窥酒，雪来窥书，却看他有情无情。

注释

①**难道**：很难说。

译文

在竹林之外看黄莺，在树林外遥望山峰，在山峰外窥测白云，很难说我是有意还是无意的；仙鹤前来看人，月亮前来看酒，大雪前来观书，看看他们是有情或是无情。

原文

体裁如何，出月隐山；情景如何，落日映屿；气魄如何，收露敛色；议论如何，回飙拂渚[①]。

注释

①**回飙**：回旋的飙风。

译文

文章的体裁怎么样，要看出来的月亮还有隐去的青山；情景怎么样，要看落下的太阳还有被余晖映照的岛屿；气魄怎么样，要看蒸发的露水及色彩的凝敛；议论如何，要看回旋的风轻拂着的水渚。

原文

有大通必有大塞[1]，无奇遇必无奇穷。

注释

①**大塞**：指非常不顺利。

译文

有极顺利时就必然有极为不顺利的时候，没有奇特的遭遇必定也没有奇特的困穷。

原文

雾满杨溪，玄豹山间偕日月[1]；云飞翰苑，紫龙天外借风雷。

注释

①**玄豹**：比喻隐士。

译文

大雾弥漫杨溪，隐士在山间与日月做伴；白云飞过翰苑，紫龙乘借风雷之势从天外而来。

原文

西山霁雪，东岳含烟；驾凤桥以高飞，登雁塔而远眺[1]。

注释

①**雁塔**：即大雁塔，初名慈恩塔，位于今陕西西安。

译文

西山雪后初晴，东岳烟雾迷蒙，沿着凤凰高飞的通道，登上大雁塔远眺。

原文

一失脚为千古恨，再回头是百年人[1]。

注释

①**百年人**：年事已高的人。

译文

一时不慎所犯下的错误，会导致终身遗憾，等到发觉而感到后悔时，已事过境迁，无可挽回了。

原文

居轩冕之中[1]，不可无山林的气味；处林泉之下，须常怀廊庙的经纶[2]。

注　释

①**轩冕**：乘轩车、戴冕冠，指显贵之人。

②**廊庙**：朝廷。

译　文

在朝为官显达时，必须要有山间隐士的高雅志趣。闲居在野的居士与隐士，也应怀抱治理国家的才能，不能忽略国家大事。

原　文

学者有段兢业的心思[1]，又要有段潇洒的趣味。

注　释

①**兢业**：兢兢业业，极为认真。

译　文

求学的人应当既要有认真对待学业的心情，又要有不拘泥、不迂腐的态度。

原　文

平民种德施惠，是无位之公卿；仕夫贪财好货[1]，乃有爵之乞丐。

注　释

①**仕夫**：士大夫、官员。

译　文

平民百姓如果可以多做善事，施惠于人，虽然没有官位，其心却可比公卿；在朝的官员如果贪污图利，地位显赫，却是有爵位的乞丐。

原　文

烦恼场空，身住清凉世界[1]；营求念绝[2]，心归自在乾坤。

注　释

①**清凉世界**：佛教用语。

②**绝**：断绝。

译　文

烦恼一旦被看破，此身就能安住在清凉世界里；谋求的念头断绝了，此心便能在天地间获得自在。

原　文

觑破兴衰究竟[1]，人我得失冰消；阅尽寂寞繁华，豪杰心肠灰冷。

注　释

①**觑破**：识破。

译文

看破人世的兴衰的根本，就能让种种得失之心像冰块般消融；看尽冷清寂寞及奢侈繁华的场景，便可使定要成为英雄豪杰的心肠犹如灰烬般冷却。

原文

名衲谈禅[1]，必执经升座[2]，便减三分禅理。

注释

①**衲**：僧人。

②**执经**：手拿经书。

译文

高僧讲禅法，一定要手持经书升座讲堂，注重这些礼节，言论就减少了三分的禅理。

原文

穷通之境未遭，主持之局已定；老病之势未催，生死之关先破[1]。求之今人，谁堪语此？

注释

①**破**：看破。

译文

穷困和通达的境遇都未经历，便先确立自我生命的奋斗方向；年老体衰还未到来，便已经事先看破生死的道理。在如今的社会上，能和谁谈论这些呢？

原文

一纸八行[1]，不过寒温之句；鱼腹雁足[2]，空有往来之烦。是以嵇康不作[3]，严光口传[4]，豫章掷之水中[5]，陈泰挂之壁上[6]。

注释

①**一纸八行**：古时的纸张多是一页写八行。

②**鱼腹雁足**：书信。古人有借鱼腹、雁足以传书的说法。汉乐府民歌《饮马长城窟行》云："客从远方来，遗我双鲤鱼。呼儿烹鲤鱼，中有尺素书。"鸿雁传书更是常见，苏武被困匈奴，使者假称是鸿雁传书，汉朝才得知苏武被拘禁匈奴，匈奴信以为真。后汉朝派遣使者多次索要，终于使得苏武回归汉土。

③**嵇康不作**：嵇康曾写下《与山巨源绝交书》，声言自己不愿放弃气节去侍奉他人。"素不便书，又不喜作书，而人间多事。堆案盈几，不相酬答，则犯教伤义，欲自勉强，则不能久。"

④**严光口传**：据《后汉书·严光传》记载，严光曾与光武帝刘秀共同游学，光武帝欣赏其才能，即位后就派使者带上书信请严光来辅佐自己。严光没回信，派人带去口信："君房足下：位至鼎足，甚善。怀仁辅义天下悦，阿谀顺旨要领绝。"

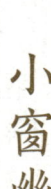

⑤豫章掷之水中：据《世说新语·任诞》记载，殷洪乔要当上豫章郡守，临走时，很多人送来书函，有百封之多。后来殷洪乔把这些书信都掷于水中，因祝曰："沉者自沉，浮者自浮，殷洪乔不能作致书郎。"

⑥陈泰挂之壁上：三国时期魏臣陈泰出任并州刺史，京邑许多达官贵人都给他送珍宝，"因泰市奴婢，泰皆挂之于壁，不发其封，及征为尚书，悉以还之。"

译文

一张八行的书信，不过是嘘寒问暖的话；藏于鱼腹、雁足中的书信，白白地带来过去的烦恼。因此嵇康不写书信，严光不写书信而只是让人口耳相传，豫章郡守殷洪乔把百封书信都掷入水中，陈泰没有打开书信就将它们都挂在了墙壁上。

原文

枝头秋叶，将落犹然恋树；檐前野鸟，除死方得离笼。人之处世，可怜如此。

译文

秋天树枝上的黄叶，即将落下，仍然眷恋枝头；屋檐下的野鸟，除非死了，否则离不开鸟笼。人生在世，犹如秋叶与野鸟一般可怜。

原文

士人有百折不回之真心，才有万变不穷之妙用①。

注释

①穷：绝。

译文

读书人对任何事都有着百折不挠的心志，才能有在遭遇任何变化时都可以应付裕如的能力。

原文

立业建功，事事要从实地着脚；若少慕声闻，便成伪果。讲道修德，念念要从虚处立基①**；若稍计功效，便落尘情。**

注释

①立基：下功夫。

译文

创立事业，成就功绩，都要脚踏实地去进行；如果稍有羡慕声名的想法，便会使原有的成果变得虚假。穷究道理，修养德行，时时都要从安身立命处做工作；如果稍有计较收获的念头，便会落入人间俗情中。

原　文

执拗者福轻，而圆融之人其禄必厚；操切者寿夭[1]，而宽厚之士其年必长。故君子不言命，养性即所以立命；亦不言天，尽人自可以回天[2]。

注　释

①操切者寿夭：做事急切的人寿命短暂。

②回天：改变天意。

译　文

太执拗的人福气不多，而性情圆满融通的人禄命丰厚。做事急躁的人寿命短促，性情宽厚的人寿命长久。所以，君子不谈命运，因为修养心性便可以安身立命；君子也不讨论天意，因为尽人事就足以改变天意。

原　文

才智英敏者，宜以学问摄其躁[1]；气节激昂者，当以德性融其偏。

注　释

①摄：统摄。

译　文

才华与智慧敏捷超众的人，应该用学问收摄浮躁之气。志气和节操太过激烈高亢的人，应当修养德行以融和个性偏激之处。

原　文

苍蝇附骥[1]，捷则捷矣，难辞处后之羞。茑萝依松[2]，高则高矣，未免仰攀之耻。所以君子宁以风霜自挟，毋为鱼鸟亲人。

注　释

①苍蝇附骥：苍蝇附在马尾之上。出自《后汉书·隗嚣传》："苍蝇之飞，不过数步，若附骥尾，可至千里。"

②茑萝：一种蔓草，时常依附松树而生。

译　文

苍蝇依附在马尾上前行，速度是变快了，但洗不去沾在马屁股后面的惭愧；茑萝绕着松树生长，能爬得很高，但免不了攀附依赖的耻辱。所以，君子宁愿挟风霜自励，也不要如缸中鱼、笼中鸟一般，委曲求全，依附于人。

原　文

伺察以为明者，常因明而生暗，故君子以恬养智；奋迅以求速者[1]，多因速而致迟，故君子以重持轻。

注释

①**奋迅**：冒进、急躁。

译文

通过暗中观察来明白事物的人，常常因为明白事理而变得不清醒，所以君子要依靠恬静修养来提升自己的智慧；做事奋进、急躁，以求快速的人，往往因为想要迅速最终导致行事缓慢，欲速则不达，因此君子应该用庄重的态度来对待轻松的事。

原文

有面前之誉易，无背后之毁难；有乍交之欢易[1]，无久处之厌难。

注释

①**乍交**：刚结交。

译文

如果要别人当面夸赞很容易，要别人不在背后诋毁很难；刚结交时相处很愉快容易，相处时间长了还不被人讨厌却很难。

原文

宇宙内事，要担当，又要善摆脱。不担当，则无经世之事业[1]；不摆脱，则无出世之襟期。

注释

①**经世**：经国济世。

译文

世间的事，既要努力担当，又要擅长摆脱。假如不能担当，便无法有改善世间的事业；如果不擅长解脱牵绊，则无法有超出世间的胸怀。

原文

待人而留有余不尽之恩，可以维系无厌之人心；御事而留有余不尽之智[1]，可以提防不测之事变。

注释

①**御事**：处理事情。

译文

待人接物要留有余地，没有竭尽的恩惠，才能维系永远无法满足的人心。处理事情要保留多余而无法竭尽的智慧，这样才可以提防出现无法预测的变故。

原文

无事如有事时提防，可以弭意外之变[1]。有事如无事时镇定，可以销局

中之危。

注释

①**弭**：消弭。

译文

无事的时候也要处处提防，好像随时都会有事情发生一般，这样才能消弭意外发生的变化。发生危机时，应当保持镇定态度，好像没发生事一样，这样才能化险为夷。

原文

爱是万缘之根，当知割舍；识是众欲之本[1]，要力扫除。

注释

①**众欲**：各种欲望。

译文

爱是世间缘分的根本，应当知道割舍；识是各种欲望之本，应当尽力扫除。

原文

舌存常见齿亡，刚强终不胜柔弱；户朽未闻枢蠹[1]，偏执岂及乎圆融。

注释

①**蠹**：一种小虫，时常腐蚀物品。这里指被蠹虫腐蚀。

译文

舌头尚在，往往牙齿都掉光了，可见刚强并不是总能胜过柔弱；门户朽败，却不见门轴被蠹虫损毁，可见偏执总是不如圆融。

原文

荣宠旁边辱等待，不必扬扬；困穷背后福跟随，何须戚戚[1]。

注释

①**戚戚**：形容很伤心的样子。

译文

荣华与富贵旁边，一定有耻辱在等待，不必那么自得；困厄贫穷的后面，福气会紧紧跟随，所以不必悲伤。

原文

看破有尽身躯，万境之尘缘自息；悟入无怀境界[1]，一轮之心月独明。

注释

①**无怀**：指没牵挂。

译文

看破有限的生命，一切的尘世杂念自然都会息止；参悟到无物的境界，心中的月亮将会永远澄明。

原文

霜天闻鹤唳，雪夜听鸡鸣，得乾坤清绝之气[1]；晴空看鸟飞，活水观鱼戏，识宇宙活泼之机。

● 鹤

注释

①**乾坤**：天地。

译文

霜降时节听到仙鹤的唳鸣，在寒冷的雪夜之中能够听见金鸡报晓，可以获得天地间的清净高雅，消除杂念的气韵；晴空万里时可以看到鸟儿飞翔，俯观水中能看鱼儿嬉戏，可以洞察宇宙当中活泼的生机。

原文

斜阳树下，闲随老衲清谈；深雪堂中，戏与骚人白战[1]。

注释

①**骚人**：指文人墨客。**白战**：本指徒手进行搏斗作战，在此指作禁体诗比赛，规定作诗不可以用一些常用字眼，以此来较量诗才。

译文

在斜阳照耀的树下，闲适地与和尚在树下谈论佛理；在大雪包围的堂中，与诗人文士们在厅堂中戏作禁体诗来取乐。

原文

山月江烟，铁笛数声，便成清赏；天风海涛，扁舟一叶，大是奇观[1]。

注释

①**大是**：真是。

译文

山月照耀，一片朦胧，江上烟雾笼罩，铁笛声声，这就是赏心悦目的事；天上狂风大作，海浪涌动，一叶扁舟在惊涛骇浪当中不断穿行，这真是一大奇观。

原文

秋风闭户，夜雨挑灯，卧读离骚泪下；霁日寻芳，春宵载酒，闲歌乐府

神怡[1]。

注　释

①**乐府**：乐府诗。

译　文

秋风习习，夜雨淅淅沥沥，关起门，挑灯夜读，躺在床上阅读《离骚》，居然潸然泪下；晴日当中寻找芬芳的野花，春夜无事就去喝酒唱歌，悠闲地唱着乐府诗，怡情悦性。

原　文

云水中载酒，松篁里煎茶，岂必銮坡侍宴[1]**；山林下著书，花鸟间得句，何须凤沼挥毫**[2]。

注　释

①**銮坡**：指翰林院。

②**凤沼**：即凤凰池，代指中书省。

译　文

在山水之间载酒载歌，在松竹之间汲水煎茶，何必一定要在翰林院中侍奉皇帝宴饮呢？隐居山林中著书立说，在鸟语花香中酿出佳句，何必一定要在中书省挥毫来拟定诏书呢？

原　文

人生不好古，象鼎牺樽变为瓦缶[1]**；世道不怜才，凤毛麟角化作灰尘**[2]。

注　释

①**象鼎牺樽**：代指珍贵的文物。

②**凤毛麟角**：凤凰的羽毛、麒麟的角，比喻极为稀少珍贵。

译　文

人一生中如果不喜好古玩，那么象鼎、牺樽这样珍贵的古代文物也就犹如一般的瓦器一样；世间之人如果不爱惜人才，就算是凤毛麟角这样稀少的奇才，也终究将被视为尘土，不被重用。

原　文

要做男子，须负刚肠；欲学古人，当坚苦志[1]。

注　释

①**苦志**：吃苦耐劳、遭受苦难而决不改变的意志。

译　文

要做个真正的男子汉，必须有刚正不阿的心肠；想要学习古人，要坚定吃苦耐劳的志向。

原文

风尘善病，伏枕处一片青山；岁月长吟，操觚时千篇白雪[1]。

注释

①**操觚**：写作。

译文

人生在世，一路风尘，奔波劳碌，便善于感时伤怀，伏枕休息，就会如同一片青山在眼前；经历悠悠岁月，便往往长于吟叹，等到写诗行文之时，就能下笔如有神，写就千篇《白雪》这样的名作。

原文

亲兄弟折箸[1]，璧合翻作瓜分；士大夫爱钱，书香化为铜臭。

注释

①**折箸**：喻指彼此不和睦，要分家析户。

译文

亲如手足的兄弟如果不团结，原本的珠联璧合便会变成分崩离析。读书人如果过于贪恋钱财，书香中也会浸满金钱的臭味。

原文

心为形役，尘世马牛；身被名牵，樊笼鸡鹜[1]。

注释

①**鸡鹜**：鸡鸭。

译文

心灵如果被形体羁绊，那么就如同牛马一般活在世上；身心为声名所束缚，那么就如同关在笼中的鸡鸭一样了。

原文

懒见俗人，权辞托病；怕逢尘事，诡迹逃禅[1]。

注释

①**诡迹逃禅**：逃遁世事，皈依禅法。

译文

如果懒得接见那些世俗之人，就权且托词生病了；如果害怕遭逢尘世之事，就隐藏行迹，逃遁世事，参禅悟道吧。

原文

人不通古今，襟裾马牛；士不晓廉耻，衣冠狗彘[1]。

注　释

①彘：猪。

译　文

一个人不通达古今，就如同穿着衣服的牛马一般；读书人如果不明白廉耻，就像穿衣戴帽的猪狗一样。

原　文

道院吹笙，松风袅袅；空门洗钵，花雨纷纷[1]。

注　释

①**“空门洗钵”两句**：《续高僧传》记载，一次高僧法云宣讲《法华经》，忽然漫天的花飘落，到了堂内，却又升空不坠。空门，即佛门；洗钵，传说师徒相传时，会以衣钵作为信物，此处以洗钵代指传经授法。

译　文

道院里吹笙，道院外松林风声袅袅，与之相和；佛门中传经授法，漫天花如同雨一样飘落。

原　文

囊无阿堵[1]，岂便求人；盘有水晶[2]，犹堪留客。

注　释

①**阿堵**：指钱。阿堵，古代的口语，意为“这个”。

②**水晶**：即指虾，虾的一种别称。

译　文

口袋里一分钱没有，怎么能够开口求人？盘子当中有虾，尚且能留客。

原　文

种两顷负郭田[1]，量晴较雨；寻几个知心友，弄月嘲风[2]。

注　释

①**负郭田**：此处泛指所有田地。

②**弄月嘲风**：玩赏明月及清风。

译　文

在城郊种上两顷田地，计算晴雨与气候的变化。交几个知心朋友，玩赏明月清风，吟诗作赋。

原　文

着屐登山，翠微中独逢老衲；乘桴浮海，雪浪里群傍闲鸥。才士不妨

泛驾[①]，辕下驹吾弗愿也[②]；诤臣岂合模棱[③]，殿上虎君无尤焉[④]。

注释

①泛驾：翻车，这里指不受约束。《汉书·武帝纪》中有云："夫泛驾之马，跅弛之士，亦在御之而已。"

②辕下驹：车辕下套着的马驹，这里指持一种观望之人。《史记·魏其武安侯列传》："上怒内史曰：'公平生数言魏其武安长短，今日廷论，局趣效辕下驹，吾并斩若属矣。'"

③模棱：典出《新唐书·苏味道传》，苏味道拜相，并无建树，人称"模棱手""模棱宰相"，他认为做事不必太明白，错了就会后悔，只需"模棱持两端可也"。

④殿上虎：典出《宋史·刘安世传》，刘安世作为谏官，敢于直言进谏，在朝廷上据理力争，很多臣子将其视为殿上虎。后指诤谏之臣。

译文

穿草鞋登山，在青翠的山色当中独自遇见老和尚；乘着木筏在海里漂流，雪白的浪花里栖息有成群的海鸥，有才能的人不妨到山巅海涯去度日吧！像车辕下的驹马那种拘束的生活，实在并非我心所愿！作为一个直言进谏的臣子，怎能说出一些模棱两可的话呢？有了像刘安世那样敢于在殿上直谏的臣子，君主是不会怪罪的。

原文

荷钱榆荚[①]，飞来都作青蚨[②]；柔玉温香，观想可成白骨。

注释

①荷钱榆荚：初生的很微小的荷叶、榆荚，形状与钱币相似，在此代指金钱。

②青蚨：昆虫名，在这里指金钱。干宝《搜神记》中有云："南方有虫……又名青蚨，形似蝉而稍大，味辛美可食。生子必依草叶，大如蚕子。取其子，母即飞来，不以远近。虽潜取其子，母必知处。以母血涂钱八十一文，以子血涂钱八十一文。每市物，或先用母钱，或先用子钱，皆复飞归，轮转无已。"

译文

荷叶与榆荚，都可看作铜钱。柔美的女子，通过时空的想象，仅仅是白骨一堆。

原文

旅馆题蕉[①]，一路留来魂梦谱；客途惊雁，半天寄落别离书。

注释

①蕉：芭蕉叶。

译文

在旅馆中题诗在芭蕉叶上，一路留下无数魂牵梦萦的诗篇；在途中突然惊吓了飞雁，从半空中落下一封远方寄来的书信。

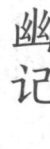

原 文

歌儿带烟霞之致[1]，舞女具丘壑之资[2]；生成世外风姿，不惯尘中物色。

注 释

①**烟霞之致**：超于世外的山林烟霞的韵致。

②**丘壑之资**：不同世俗的林间田园的姿态。

译 文

歌唱小童的歌声带有烟霞缭绕的山林的韵致；舞女的舞姿拥有林间田园的姿态；他们生来就带有世俗外的风姿，对尘世中的景物很不习惯。

原 文

今古文章，只在苏东坡鼻端定优劣[1]；一时人品，却从阮嗣宗眼内别雌黄[2]。

注 释

①**苏东坡**：即苏轼，宋代著名诗人、词人、文学家与政治家。

②**阮嗣宗**：阮籍。

译 文

古今的文章，苏东坡只用鼻端闻一闻就能够评定其优劣；一时的人品，却可以从阮籍的眼中区分好坏。

● 苏轼回翰林院图

原 文

魑魅满前[1]，笑著阮家无鬼论[2]；炎嚣阅世，愁披刘氏北风图[3]。气夺山川，色结烟霞。

注 释

①**魑魅**：鬼魅，代指阴险狡诈的人。

②**阮家无鬼论**：《晋书·阮瞻传》记载：永嘉年间，太子舍人阮瞻主张无鬼论，并常以此与人论争。一天一位善辩之人在与之谈论命理时言及鬼神，阮瞻与之论争也没被客说服，客说：“鬼神，古今圣贤所共专，君何得独言无！即仆便是鬼。”于是化为异形消失。

③**刘氏北风图**：刘氏即东汉人刘褒，著名画家。据传刘褒曾经画下《云汉图》，能够使人感觉发热，观览《北风图》，则使人发冷。

译　文

眼前都是一些鬼魅般的人，而阮瞻却主张无鬼论，实在可笑。经历喧扰之事，争逐不已的尘世，不禁满怀忧愁披览刘褒的《北风图》，它的气势盖过山川，色彩凝结成烟霞。

原　文

诗思在灞陵桥上[1]，微吟处，林岫便已浩然；野趣在镜湖曲边[2]，独往时，山川自相映发[3]。

注　释

①诗思在灞陵桥上：据宋代孙光宪《北梦琐言》记载，相国郑綮擅诗，有人问："相国近有新诗否？"郑綮回答："诗思在灞陵桥风雪中驴子上，此处何以得之？"

②镜湖：即鉴湖，在今浙江绍兴境内。

③山川自相映发：语出《世说新语·言语》："王子敬云：'从山阴道上行，山川自相映发，使人应接不暇，若秋冬之际，尤难为怀。'"

译　文

诗思在灞陵桥上，轻声吟咏就觉得山林之间充满浩然之气；野趣在镜湖边，独自一人前去时，山川之情趣自相映发，一片生机。

原　文

至音不合众听，故伯牙绝弦[1]；至宝不同众好，故卞和泣玉[2]。

注　释

①伯牙绝弦：俞伯牙、钟子期彼此是知己，《吕氏春秋·本味》载："伯牙鼓琴，钟子期听之，方鼓琴而志在太山，钟子期曰：'善哉乎鼓琴，巍巍乎若太山。'志在流水，钟子期又曰：'善哉乎鼓琴，汤汤乎若流水。'钟子期死，伯牙破琴绝弦，终身不复鼓琴，以为世无足复为鼓琴者。"

②卞和泣玉：卞和得到一块美玉，向楚王进献，先后向楚厉王、楚武王进献，不仅没能得到奖励，反而以欺君之罪被截去双脚，这块玉便是闻名于世的和氏璧。

译　文

最高格调的音乐难以让众人接受，所以，伯牙在钟子期死后便不再继续弹琴。最为珍贵的宝物非常难以让众人喜爱，因此，卞和才会抱玉在荆山脚下哭泣。

原　文

看文字，须如猛将用兵，直是鏖战一阵；亦如酷吏治狱，直是推勘到底[1]，决不恕他。

注释

①**推勘到底**：一直查到底，探寻究竟。

译文

看文章，应当如同猛将用兵打仗一样，必须鏖战一场；又要像严酷的官吏处理狱案一般，必须探查究竟，绝对不宽恕。

原文

名山乏侣，不解壁上芒鞋[1]；好景无诗，虚怀囊中锦字。

注释

①**芒鞋**：草鞋。

译文

山水名胜，假如缺乏知心伴侣同游，那就无须解下挂在墙壁上的草鞋穿上出门旅行。面对美好风景，却无法写出好诗，就算带着锦囊也是枉然。

原文

辽水无极，雁山参云，闺中风暖，陌上草薰[1]。

注释

①**"辽水无极"四句**：见江淹的《别赋》。无极，没有边际。雁山，雁门山。

译文

辽河水宽阔横无际涯，雁门山直入云霄，闺房中的风和煦温暖，乡间小道上的青草散发出清香。

原文

秋露如珠，秋月如珪；明月白露，光阴往来；与子之别，思心徘徊[1]。

注释

①**"秋露如珠"六句**：见江淹的《别赋》。珪，一种美玉。光阴往来，忽明忽暗。

译文

秋天的露水晶莹如珍珠，秋天的月亮皎洁如玉石；明月白露，交相辉映，忽明忽暗；与你分别，心中极为思念，来回徘徊。

原文

声应气求之夫，决不在于寻行数墨之士；风行水上之文[1]，决不在于一字一句之奇。

注释

①**风行水上之文**：自然天成，没有丝毫雕琢痕迹的文章。

译　文

志趣相投的朋友，不必经由文字斟酌才可以了解。自然天成的文章，不在于一字或一句的奇特。

原　文

借他人之酒杯，浇自己之块垒[1]。

注　释

①**块垒**：激愤、不平。

译　文

借用他人的杯中之酒，浇灭积郁在自己心中的激愤与不平。

原　文

春至不知湘水深，日暮忘却巴陵道。

译　文

春天来到，一片碧绿，无法清楚湘水的深浅，日暮降临，漆黑苍茫，忘记巴陵道有多长。

原　文

奇曲雅乐，所以禁淫也；锦绣黼黻（fǔ fú）[1]，所以御暴也。缛则太过，是以檀卿刺郑声[2]，周人伤北里。

注　释

①**锦绣黼黻**：织出的彩纹是“锦”，刺绣的彩纹是“绣”；古代衣服上面黑白相间的花纹为“黼”，黑青相间的花纹是“黻”。

②**檀卿**：一说应为“檀弓”，春秋时期的鲁国人。

译　文

奇妙的舞曲、高雅的音乐用来陶冶心灵，所以应当禁止低俗的音乐；丝织刺绣精美华丽，所以应预防奢侈。然而如果琐碎过度就会超过极限，因此鲁人檀弓讥刺郑国的靡靡之音，周人抨击《北里》这种糜烂舞曲。

原　文

静若清夜之列宿，动若流彗之互奔[1]。

注　释

①**流彗**：流星。

译　文

静就要像清凉的夜色当中的那些星宿一样，动就要像流星那样奔驰而过。

原　文

振骏气以摆雷，飞雄光以倒电[1]。

注　释

①**倒电**：压倒闪电。

译　文

振奋士气以操纵雷，飞出雄光来压倒闪电。

原　文

停之如栖鹄，挥之如惊鸿，飘缨蕤于轩幌[1]，发晖曜于群龙。

注　释

①**缨蕤**：本指帽子上面的饰品，这里指旗帜的饰物。

译　文

停下来要犹如栖息的天鹅般平静，挥舞时要像受惊的鸿雁般充满力量，辕车上旗帜的饰物随风飘动，旗帜上的群龙发出耀眼的光芒。

原　文

始缘甍而冒栋，终开帘而入隙；初便娟于墀庑[1]，末萦盈于帷席。

注　释

①**墀庑**：庭院。

译　文

雪花刚开始时，沿屋脊覆盖了房屋的栋梁，最终从打开的帘子的缝隙当中进入室内；雪花最初飘落在院落当中，后来就飘舞到床帷与床席之间。

原　文

云气荫于丛蓍[1]，金精养于秋菊；落叶半床，狂花满屋。

注　释

①**丛蓍**：蓍草丛。

译　文

云气荫蔽在丛生的蓍草之中，金精生养在秋菊当中；半床都是落叶，满屋都是被狂风吹落的花瓣。

原　文

雨送添砚之水[1]，竹供扫榻之风。

注　释

①**添砚之水**：砚台中需要添加的水。

译 文

细雨送来砚台当中需要予以添加的水，竹林提供打扫床榻的风。

原 文

血三年而藏碧[①]，魂一变而成红[②]。

注 释

①血三年而藏碧：语出《庄子·外物》中的句子："苌弘死于蜀，藏其血，三年化而为碧。"

②魂一变而成红：相传蜀王退位隐居于西山，死后化成杜鹃。暮春鸣叫，声音极为悲戚，直到嘴角啼叫得流血后还不停止。

译 文

忠臣义士的血珍藏三年而化为碧玉，望帝的魂魄变为杜鹃，日日悲鸣直到嘴角流血依旧不止。

原 文

举黄花而乘月艳，笼黛叶而卷云翘[①]。

注 释

①黛叶：指乌黑的头发。

译 文

手举着黄花，借助明亮的月色，将鲜艳的花朵插在头上；手拢乌黑的头发，绾起如云朵般高耸的发髻。

原 文

垂纶帘外，疑钩势之重悬；透影窗中，若镜光之开照。

译 文

在帘外的池子当中垂钓，怀疑鱼钩下沉是被鱼咬钩；池水透过窗里反射过来的阳光，就像是一面镜子一样照耀着。

原 文

叠轻蕊而矜暖[①]，布重泥而讶湿；迹似连珠，形如聚粒。

注 释

①矜暖：温暖。

译 文

雪粒重重叠叠轻轻地包裹着花蕊，使花蕊看起来很温暖的样子；落在厚厚的土地上，惊讶地发现它沾湿了土地。下落的样子就像穿起来的珠子，落下来形状像是聚在一起的珠粒。

原 文

霄光分晓，出虚窦以双飞[1]；微阴合暝[2]，舞低檐而并入。

注 释

①**虚窦**：虚掩的鸟巢。

②**微阴合暝**：夜晚即将来临的时候。

译 文

天刚蒙蒙亮的时候，燕子就从虚掩着的鸟巢中成双成对地飞出；夜晚即将来临的时候，又在屋檐下飞舞着一同归巢。

原 文

任他极有见识，看得假认不得真[1]；随你极有聪明，卖得巧藏不得拙。

注 释

①**认**：辨认。

译 文

任凭一个人对事物有多少见解，却常常只看到假处，看不到真处；不管你多么机警聪明，往往只能表现出巧妙之处，而藏不住背后的笨拙。

原 文

伤心之事，即懦夫亦动怒发；快心之举[1]，虽愁人亦开笑颜。

注 释

①**快心之举**：大快人心的举动。

译 文

遇到伤心的事，即使是懦夫也会怒发冲冠；遇到大快人心的举动，即使是愁苦之人也会喜笑颜开。

原 文

傲骨、侠骨、媚骨，即枯骨可致千金[1]；冷语、隽语、韵语，即片语亦重九鼎[2]。

注 释

①**枯骨可致千金**：典出《战国策·燕策一》：古代的君王用千金求千里马，三年未能求得，又过了三年，寻得一匹死去的千里马，君王以五百金买马首，不到一年就求得三匹。

②**片语亦重九鼎**：典出《史记·平原君虞卿列传》，秦昭王十五年的时候，秦国兵围赵都邯郸，毛遂向赵国平原君自我推荐前往楚国求救并顺利获得援助，平原君称赞曰：“毛先

生一至楚而使赵重于九鼎大吕。”

译文

傲骨、侠骨、媚骨，即使是枯骨也可以价值千金；冷语、隽语、韵语，即使是只言片语也可以一言九鼎。

原文

书载茂先三十乘[1]，便可移家；囊无子美一文钱[2]，尽堪结客。

注释

①书载茂先三十乘：茂先，即晋代文学家张华，据《晋书·张华传》记载：“雅爱书籍，身死之日，家无余财，唯有文史溢于几箧。尝徙居，载书三十乘。”

②囊无子美一文钱：唐代大诗人杜甫，字子美，虽然穷困潦倒，但始终关注国家民生之事，结交了很多诗人朋友，曾自作《空囊》诗有云：“囊空恐羞涩，留得一钱看。”

译文

像张华那样藏书达三十乘，便可以搬家了；像杜甫那样囊中没有一文钱，仍然可以结交宾客。

● 藏书万卷

原文

有作用者[1]，器宇定是不凡；有受用者，才情决然不露。夫人有短，所以见长。

注释

①有作用者：有所作为的人。

译文

有所作为的人，必定是器宇不凡；名利有所受用的人，必然是心有城府，深藏不露。人有所短，必定也有所长。

原文

松枝自是幽人笔[1]，竹叶常浮野客杯。且与少年饮美酒，往来射猎西山头。

注释

①幽人：隐士。

译文

松枝自然会成为隐士的笔，竹叶酒时常注入山野之人的酒杯中。姑且与少年同饮美酒，然后到西山头狩猎。

原文

好山当户天呈画[1]，古寺为邻僧报钟。

注释

①**当户**：正对门户。

译文

青山美景正对着门户，呈现一幅美丽的画卷；与清幽的古寺相邻，每天都可以听到僧人敲钟报时。

原文

瑶草与芳兰而并茂，苍松齐古柏以增龄。

译文

瑶草与香兰都极为茂盛，苍松与古柏共生并不断增加年岁。

原文

群鸿戏海，野鹤游天[1]。

注释

①**游天**：翱翔在天空当中。

译文

一群大雁共同在大海上嬉戏，一队野鹤共同在蓝天上翱翔。

卷四 灵

原 文

天下有一言之微，而千古如新，一字之义，而百世如见者，安可泯灭之[1]？故风、雷、雨、露，天之灵；山、川、名、物，地之灵；语、言、文、字，人之灵。罴(yì)三才之用[2]，无非一灵以神其间，而又何可泯灭之？集灵第四。

注 释

①**泯灭**：消灭。

②**罴**：观察。

译 文

天下有一句话看似微小，流传千古之后，听来依旧感觉新颖精妙；有一字的意义，百世之后读到它，还仿佛如亲眼看见一样真实。像这些，怎能让它遗失呢？风、雷、雨、露代表着天的灵气；山、川、名、物代表着地的灵气；语、言、文、字则代表人的灵气。仔细观察天、地、人三才的作用和呈现出的种种现象，无非是"灵"使得它们神妙难以描述，我们岂能让这个灵性消失呢？因此将与"灵"有关的内容集为第四卷。

原 文

投刺空劳，原非生计；曳裾自屈[1]，岂是交游。

注 释

①**曳裾**：提起裙裾。

译 文

拿着自己的名帖去拜见也只是徒劳无益，没有结果，这原本也并非谋生之道；拉着裙裾卑屈地奔走于权贵门下，这怎么会是交友周游呢？

原 文

事遇快意处当转，言遇快意处当住[1]。

注 释

①**住**：打住。

译文

做事遇到舒心快乐的事应该懂得回转，说话说到快意之时就应当懂得停住。

原文

俭为贤德，不可着意求贤；贫是美称，只在难居其美[1]。

注释

①**难居**：难以保持。

译文

节俭是一种美好的品德，但是，不可因为人们称颂节俭，就刻意追求好名声；清贫往往为人所赞美，只是难以有人保持清贫。

原文

志要高华，趣要淡泊[1]。

注释

①**趣**：志趣。

译文

一个人志向应当远大而富有光辉，志趣应当淡泊恬静。

原文

眼里无点灰尘[1]，方可读书千卷；胸中没些渣滓，才能处世一番。

注释

①**灰尘**：喻指偏见。

译文

眼中没有偏见，才能广涉众籍；胸怀中对人对事能不产生偏执，处世才能圆融。

原文

眉上几分愁，且去观棋酌酒[1]；心中多少乐，只来种竹浇花。

注释

①**且**：暂且。

译文

眉上有些愁闷，就去观察人下棋，不然就浅酌几杯；心里的欢乐，在种竹浇花中就可以获得。

原文

茅屋竹窗，贫中之趣，何须脚到李侯门[1]；草帖画谱，闲里所需，直凭心游扬子宅。

注　释

①**李侯**：即汉代李膺，曾官至司隶校尉。据《后汉书·李膺传》记载，当时国家颓乱、朝纲废弛，李膺在混乱当中依旧享有好的名节，并位居高位，很多士人为其所收容与接纳，“名为登龙门”。

译　文

茅屋竹窗，贫困当中自有清趣，何须拜倒在李膺的门下去登龙门呢？看书帖读画谱，正是闲适当中所需的，只有游心于扬雄这样的书香门第之中。

原　文

好香用以熏德[1]，好纸用以垂世，好笔用以生花，好墨用以焕彩，好茶用以涤烦，好酒用以消忧。

注　释

①**熏德**：熏陶自身德行。

译　文

好香用于熏陶自己的德行，好纸用于书写不朽的文字，好笔用来写下美好的篇章，好墨用来焕发书画文章的光彩，好茶涤除烦闷，好酒能消除烦忧。

原　文

声色娱情，何若净几明窗[1]，一生息顷。利荣驰念，何若名山胜景，一登临时。

注　释

①**净几明窗**：洁净的书桌以及明亮的窗子。

译　文

纵情声色，还不如在洁净的书桌及明亮的窗户前，让自己的心获得宁静。为荣华富贵而意念纷驰，哪里能比登临名山，欣赏胜景的时候呢。

原　文

竹篱茅舍，石屋花轩，松柏群吟，藤萝翳景[1]；流水绕户，飞泉挂檐；烟霞欲栖，林壑将暝。中处野

● 毖彼泉水，亦流于淇

叟山翁四五，予以闲身，作此中主人。坐沉红烛，看遍青山，消我情肠，任他冷眼。

注　释

①翳：荫翳。

译　文

竹子做的篱笆，茅草做的屋舍，石头砌的墙壁，开满鲜花的长廊。风吹松柏，发出呼啸的声音，藤萝密密麻麻遮蔽荫翳；流水绕过门前，飞泉挂在屋檐边；烟霞似乎要在此栖息，林壑将要笼罩在晦暗当中。居住在山间的野老山翁四五个人相聚，我悠闲无事，做此山中的主人。坐看红烛燃烧，遍览青山，排遣我心中的情怀，不管别人如何冷眼。

原　文

问妇索酿[1]，瓮有新刍；呼童煮茶，门临好客。

注　释

①酿：酿酒。

译　文

向妇人索要酒喝，瓮中正好有刚酿造好的美酒；呼唤童子煮茶，家中有好友前来拜访。

原　文

花前解佩，湖上停桡，弄月放歌，采莲高醉；晴云微袅，渔笛沧浪，华句一垂[1]，江山共峙。

注　释

①句：即钩，鱼钩。

译　文

花前月下，解下玉佩送给对方，湖上泛舟，停下划动的船桨，赏月高歌，水中采莲，喝得大醉；晴朗的天空上有白云朵朵，微风袅袅，鱼笛声声，沧海碧浪，美丽的鱼钩一垂，江水与青山彼此对峙。

原　文

胸中有灵丹一粒，方能点化俗情，摆脱世故。

译　文

胸中有一颗灵明之心，才能点化心中的世俗之情，摆脱种种心机，超脱于世事。

原　文

独坐丹房，潇然无事，烹茶一壶，烧香一炷，看达摩面壁图[1]。垂帘少顷，不觉心静神清，气柔息定。蒙蒙然如混沌境界，意者揖达摩，与之乘槎(chá)

而见麻姑也②。

注释

①达摩：天竺高僧，南朝梁代时抵达中国，梁武帝在建康迎接，后又云游到北魏，止于嵩山少林寺，面壁修行，传法于慧可。

②乘槎：据《博物志》记载，一人曾乘木筏漂流于河面，后来竟然进入天河，并见到牛郎织女。**麻姑：**《太平广记》记载："（麻姑）已见东海三为桑田，向到蓬莱，水又浅于往者会时略半也，岂将复还为陵陆乎？"

● 麻姑献寿

译文

独自坐在炼丹房里，清爽而无事，煮一壶茶，燃一炷香，欣赏《达摩面壁图》。闭眼冥思，不知不觉中，心变得极为平静，神志也很清楚，气息柔和而稳定。这种感觉，仿佛回到最初的混沌境界，就如拜见达摩祖师，如乘木筏渡水，如见到麻姑似的。

原文

无端妖冶，终成泉下骷髅；有分功名，自是梦中蝴蝶①。

注释

①梦中蝴蝶：化用"庄周梦蝶"的典故，此处指虚幻之意。

译文

那些打扮艳丽妩媚的美人，终将变为九泉之下的白骨；功名纵然有分，无非为梦中之蝶，醒来终成梦幻。

原文

累月独处，一室萧条，取云霞为伴侣，引青松为心知；或稚子老翁，闲中来过，浊酒一壶，蹲鸱（chī）一盂①**，相共开笑口，所谈浮生闲话，绝不及市朝。客去关门，了无报谢，如是毕余生足矣**②。

注释

①蹲鸱：即大芋，形状与蹲伏的鸱类似，因此又称蹲鸱。

②毕：完毕，终结。

译 文

长时间的独处，尽管屋子冷清，但是，却有浮云彩霞作为我的伴侣，青松当我的知心。空闲时，老年人会带幼童前来拜访，这时，我便以一壶浊酒、一盘大芋接待客人，聊的都是一些家常话，而不谈及朝廷市井的俗事；聊得尽兴了，便告辞而去，不需要客套的起身相送。如果能这样过一辈子，我就心满意足了。

原 文

茅檐外，忽闻犬吠鸡鸣，恍似云中世界。竹窗下，唯有蝉吟鹊噪，方知静里乾坤[1]。

注 释

①**乾坤**：天地。

译 文

茅屋外面，听到几声犬吠与鸡鸣，让人感觉好像来到远离尘世的高远之处。窗外只有蝉鸣鹊唱，令人感到静谧的田地如此之大。

原 文

如今休去便休去，若觅了时了无时[1]。

注 释

①**了时**：了结之时。

译 文

如果现在就能够停止，一切便能终止；如果想要等到事情都结束才停下来，那么，永远没有了结的时候。

原 文

若能行乐，即今便好快活。身上无病，心上无事，春鸟是笙歌，春花是粉黛。闲得一刻，即为一刻之乐，何必情欲乃为乐耶。

译 文

如果能及时行乐，马上就可以获得快乐。身体不生病，心中也没有牵挂，春天的鸟啼就是美妙的乐曲，春天的花朵就是天地间最美的妆饰。能得到丝毫空闲，便能享受一刻的闲情乐趣，哪里一定要在情欲当中寻求刺激才算快乐呢？

原 文

开眼便觉天地阔，挝(zhuā)鼓非狂[1]**；林卧不知寒暑更，上床空算**[2]。

注 释

①**挝鼓**：打鼓。

②上床空算：典出《三国志·魏书·陈登传》：许汜见陈登，陈登也不和许汜说话，自己睡在大床上，让许汜睡在下床。许汜告知刘备，刘备曰："君有国士之名，今天下大乱，帝主失所，望君忧国忘家，有救世之意，而君求田问舍，言无可采，是元龙所讳也，何缘当与君语？如小人，欲卧百尺楼上，卧君于地，何但上下床之间邪？"

译　文

睁眼看世界，感到天地十分广阔，即使是像祢衡击鼓当面辱骂曹操的举动也不算张狂；卧居山林中，不知天气时节，像陈登那般忧国忘家，怀有救世之意的人也只能是白白筹算。

原　文

惟俭可以助廉[1]，惟恕可以成德。

注　释

①惟：只有。

译　文

只有节俭可以促进廉洁，只有宽恕能形成德行。

原　文

不是一番寒彻骨，怎得梅花扑鼻香。念头稍缓时，便庄诵一遍[1]。

注　释

①庄：庄重。

译　文

如果没有透骨的寒冷，怎么能有梅花的清香扑鼻而来呢？每当这种念头稍迟缓的时候，就应庄重地朗诵一遍。

原　文

梦以昨日为前身[1]，可以今夕为来世。

注　释

①前身：佛教认为人有三世，即前世、今世、来世。

译　文

如果梦中把昨天当作前身的话，那么也可以把今夕作为自己的来世。

原　文

读史要耐讹字，正如登山耐仄路[1]，踏雪耐危桥，闲居耐俗汉，看花耐恶酒，此方得力。

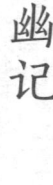

注 释

①仄路：狭窄弯曲的小路。

译 文

阅读史书要能忍受得了错字，就像登山要能忍耐山间的窄路，踏雪要能忍耐得了危桥，闲暇生活中要能忍受得了俗人，看花的时候要能忍受得了劣酒，如此才能真正领略史书的要义。

原 文

世外交情，惟山而已。须有大观眼，济胜具[1]，久住缘，方许与之莫逆。

注 释

①济胜具：出自《世说新语·栖逸》："许掾好游山水，而体便登陟。时人云：'许非徒有胜情，实有济胜之具。'"

译 文

尘世之外的交情，只有青山。必须有能够洞察一切的慧眼，能够周游山川名胜的强健体魄，能够久居山中的缘分，这样才可以与之成为莫逆之交。

原 文

九山散樵迹[1]，俗间徜徉自肆，遇佳山水处，盘礴箕踞[2]，四顾无人，则划然长啸，声振林木；有客造榻与语，对曰："余方游华胥[3]，接羲皇[4]，未暇理君语。"客之去留，萧然不以为意。

● 伏羲

注 释

①九山：一说泛指天下的名山，一说为实指的九座名山：会稽山、泰山、王屋山、首山、太华山、岐山、太行山、羊肠山、孟门山。

②盘礴箕踞：两腿叉开前伸、稳稳当当地席地而坐，这种坐姿在古代被视为不庄重、轻慢，在此以这种坐姿表明其随意、不受拘束。

③游华胥：据《列子·皇帝》记载，黄帝"昼寝，梦游华胥之国"，在此泛指梦游。

④羲皇：即上古时期的部落首领伏羲氏，相传其曾作八卦图。

译 文

天下的名山都散布着我采樵的足迹，在俗世间肆意徜徉，遇到好山好水，就两腿前伸舒服地坐下，四下张望，没人的话就会对天长啸，声音在树林间回荡；每当有客人登门拜访与我谈事，我就会说："我正在周游华胥之国，与伏羲氏畅谈，没有时间理会你的话。"客人的去留，全淡然对待。

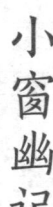

原文

择池纳凉，不若先除热恼[1]；执鞭求富，何如急遣穷愁。

注释

①**除**：涤除。

译文

选择在池塘边的树荫下纳凉，不如先清除心中的极度苦恼，手拿长鞭驾车到处寻求致富之方，怎能比得上先排遣由于贫穷而产生的愁苦呢？

原文

万壑疏风清，两耳闻世语，急须敲玉磬三声；九天凉月净，初心诵其经[1]，胜似撞金钟百下。

注释

①**初心**：最初的本心。

译文

在千山万壑当中吹过来清爽的微风，如果两只耳朵听见尘世的言语，需要赶快敲击几下玉磬，消除这类干扰；天上悬挂有清冷皎洁的明月，在这种境界当中怀着人最初的本心念经诵佛，其效果胜似敲金钟百下。

原文

无事而忧，对景不乐，即自家亦不知是何缘故[1]，这便是一座活地狱，更说什么铜床铁柱，剑树刀山也。

注释

①**自家**：自己。

译文

清闲无事却感到总是烦恼，对着良辰美景丝毫也不快乐，就连自己也不知道为什么会这样，这样的人犹如生活在地狱中一般，何必再说什么地狱当中的热铜床、烧铁柱以及插满剑的树及插满刀的山呢？

原文

烦恼之场，何种不有，以法眼照之[1]，奚啻蝎蹈空花[2]。

注释

①**法眼**：佛家语，"五眼"即肉眼、天眼、慧眼、法眼、佛眼。肉眼、天眼只能看到世间虚幻之象；慧眼、法眼可以看到事物的真实景象，佛眼即如来佛祖之眼，级别最高，一切都囊括在其眼中。

②**奚啻**：有什么差异。

译文

世间有很多种烦恼，但是以佛的智慧来考量，只不过像是蝎子攀附在虚幻的鲜花上面罢了！

原文

上高山①，入深林，穷回溪，幽泉怪石，无远不到。到则拂草而坐，倾壶而醉；醉则更相枕藉以卧②，意亦甚适，梦亦同趣。

注释

①**上高山**：出自唐代柳宗元《始得西山宴游记》。

②**枕藉**：枕着身体。

译文

登上高山，走进树林，探遍回旋而曲折的小溪，凡是有幽美的泉水及奇形怪状的岩石之处，无论多远，我们都要前去。到了目的地，就坐在草地上，倒出壶里的酒，尽情地喝；醉了之后，就互相以身体为枕头一起睡觉，心里所想要得到的，梦里就全都实现了。

原文

闭门阅佛书，开门接佳客，出门寻山水，此人生三乐。

译文

关门起来去阅读佛经，开门迎接志趣相合的友人，出门寻找山水圣地，这是人生的三大乐事。

原文

客散门扃，风微日落，碧月皎皎当空，花阴徐徐满地；近檐鸟宿，远寺钟鸣，茶铛初熟①，酒瓮乍开；不成八韵新诗，毕竟一团俗气。

注释

①**铛**：锅。

译文

客人散去，关闭大门，微风习习，夕阳已落，晴朗的天空当中悬挂着皎洁的明月，花儿的影子洒满一地；临近的屋檐下鸟儿已然栖息，远处传来寺院的钟声，茶炉当中清茶刚煮好，装满美酒的酒瓮刚启封；在此种情韵的景致下，不能写出八韵新诗，毕竟是一团俗气。

原　文

不作风波于世上[1]，自无冰炭到胸中。

注　释

①风波：代指对于尘世间的各类欲望的追求。

译　文

如果不是无休止地追求欲望，那就没有受挫折时寒冷如冰块的感觉，也没有追求时热烈如火的心情。

原　文

秋月当天，纤云都净[1]，露坐空阔去处，清光冷浸，此身如在水晶宫里，令人心胆澄澈。

注　释

①纤云都净：没有一片云彩。

译　文

寂寥的秋月悬挂在空中，没有一片云彩，十分澄净，迎着露水坐在空阔的地方，清凉的月色侵入骨髓，带来丝丝寒意，就犹如身处水晶宫中一样，使人的心胆都变得澄澈通明。

原　文

遗子黄金满籝[1]，不如教子一经。

注　释

①籝：箱笼一类的竹制容器。

译　文

给子孙们留下满筐的黄金，还不如教给子孙们一部经书。

原　文

凡醉各有所宜[1]。醉花宜昼，袭其光也；醉雪宜夜，清其思也；醉得意宜唱，宣其和也；醉将离宜击钵，壮其神也；醉文人宜谨节奏，畏其侮也；醉俊人宜益觥盂加旗帜，助其烈也；醉楼宜暑，资其清也；醉水宜秋，泛其爽也。此皆审其宜，考其景，反此则失饮矣。

注　释

①宜：适宜。

译文

凡是醉酒也都有各自适宜的情形。赏花而醉适宜在白昼，可以借助白昼的光线；赏雪而醉适宜在深夜，可以整理思绪；得意而醉适宜高歌，可以宣泄兴奋之情做到和谐；离别而醉适宜击钵，可以增强气势；吟诗而醉对节奏格外谨慎，可以避免不必要的侮辱；俊杰之醉适宜增多酒杯旗帜，可以增强豪放之气氛；远眺之醉适宜在酷暑，可以使清爽之感越发强烈；观赏湖水而醉适宜在秋季，可以更凉爽。这些都是审时度势，依据具体情况，考虑到具体情景而提出的，与此背道而驰，就会失去饮酒之道。

原文

竹风一阵，飘扬茶灶疏烟[1]；梅月半湾，掩映书窗残雪。

注释

①**疏**：稀疏。

译文

竹林当中的清风吹过，飘来茶灶的几缕青烟；弯月照在寒梅之上，与书窗之外的残雪彼此掩映。

原文

厨冷分山翠，楼空入水烟。

译文

厨房冷冷清清，使得青山越发苍翠；楼阁空空落落，掩映在水面之上的烟雾当中。

原文

闲疏滞叶通邻水，拟典荒居作小山[1]。

注释

①**小山**：淮南小山，汉淮南王刘安门客，有《招隐士》。

译文

悠闲的时候疏通相邻的水流，除掉漂浮着的阻碍水流的落叶；打算典卖荒居像淮南小山一样归隐。

原文

聪明而修洁，上帝固录清虚；文墨而贪残，冥官不受辞赋[1]。

注释

①**冥官**：阴间官员。

译文

聪明且操守高洁的人，上天自然就会录用他前往清虚之所；负责刑律却又贪婪凶残的人，就算是阴曹地府的判官也不会接受其辞赋。

原文

破除烦恼，二更山寺木鱼声；见彻性灵，一点云堂优钵影[1]。

注释

①**云堂**：禅宗僧侣们坐禅修行之所。**优钵**：梵语，指青色莲花。

译文

要让烦恼彻底消失，就去聆听二更时山中寺庙里传来的木鱼声。要透彻地参透智慧，就去佛堂看看青莲花。

原文

兴来醉倒落花前，天地即为衾枕[1]；机息坐忘磐石上，古今尽属蜉蝣[2]。

注释

①**衾枕**：棉被与枕头。

②**蜉蝣**：一种昆虫，生命极为短暂，成熟后常常只能活几个小时。

译文

兴致来时，醉倒在落花之前，天地就是我的棉被与枕头；放下心机，坐在大石上将一切忘怀，古今的所有纷扰，看来都像蜉蝣的生命，转瞬即逝。

原文

老树着花，更觉生机郁勃；秋禽弄舌，转令幽兴萧疏[1]。

注释

①**萧疏**：稀疏。

译文

老树上盛开鲜花，更感到富有生机；秋天的禽鸟鸣叫，反而让幽静之意趣稀疏。

原文

完得心上之本来，方可言了心；尽得世间之常道[1]，才堪论出世。

注释

①**常道**：不发生改变的道理。

译文

完全认清自己本来的面目，才算是明了内心的本性。能够透彻世间不变的道理，才足以谈论出世。

原　文

雪后寻梅，霜前访菊，雨际护兰，风外听竹；固野客之闲情[1]，实文人之深趣。

注　释

①**野客：** 幽居于山野之中的人。

译　文

在大雪后寻找梅花，在秋霜来临前寻找菊花，在大雨降临之际保护兰花，在大风之外聆听风吹竹叶的声音。这些固然是山野之人的闲情逸致，实际也是文人墨客的雅趣。

原　文

结一草堂，南洞庭月，北峨眉雪，东泰岱松，西潇湘竹；中具晋高僧支法八尺沉香床。浴罢温泉，投床鼾睡，以此避暑，讵不乐也[1]？

注　释

①**讵：** 怎能，表反问。

译　文

建一座草堂，能观赏南面的洞庭月色，北面峨眉山的雪景，东面泰山的青松，西面的潇湘之竹；中间像晋代高僧支法那样，摆放一张八尺长的沉香床。在温泉当中洗浴后，躺在床上酣睡。这样避暑，岂不是很快乐？

原　文

人有一字不识，而多诗意；一偈不参，而多禅意；一勺不濡[1]，而多酒意；一石不晓，而多画意。淡宕故也。

注　释

①**一勺不濡：** 一滴酒不沾。

译　文

有的人一个字都不认识，却很有诗意；一句佛偈都不会参悟，却富有禅意；一滴酒也不会沾，却满怀酒趣；一块石头也不去观察，却满眼画意。这是因为他淡泊无拘束的缘故。

原　文

以看世人青白眼转而看书，则圣贤之真见识；以议论人雌黄口转而论史，则左狐之真是非[1]。

注　释

①**左狐：** 即左丘明、董狐　二人分别为春秋时期鲁国与晋国的史官，记载史实秉笔直书，是难得的优秀史官。

译 文

以阮籍看世人的青眼与白眼去看书，就会具有圣人贤士的真知灼见；用议论他人是非的雌黄之口去评价历史，就会像左丘明、董狐那样是非分明。

原 文

事到全美处，怨我者不能开指摘之端；行到至污处，爱我者不能施掩护之法[1]。

注 释

①**施**：采用。

译 文

事情做到尽善尽美，即使是怨恨我的人，也无法找到指责我的借口；行事极为污秽，就算是喜爱的人也无法实施掩护的方法。

原 文

必出世者方能入世，不则世缘易堕。必入世者方能出世，不则空趣难持[1]。

注 释

①**持**：保持。

译 文

一定要有出世的胸襟，才可以深入世间，否则，就容易坠入尘世的羁绊当中。一定深入世间，才能真正出世，否则，就不容易长久地待在空寂的境界当中。

原 文

调性之法，急则佩韦[1]**，缓则佩弦**[2]。**谐情之法，水则从舟，陆则从车**。

注 释

①**韦**：熟牛皮，比较富有柔韧性。《韩非子·观行》记载，西门豹性格极为急躁，常佩带韦以便调节性情。

②**弦**：弓弦，时常处于紧张状态。《韩非子·观行》记载，董安于性情舒缓，常佩带弓弦来自我勉励。

译 文

调整个性的方法，性急的人就佩带熟韦，警惕自己不要太过急躁；性缓的人就在身上佩带弓弦，警惕自己应当积极行事。调适性情的方法，犹如在水上坐船、在陆地乘车一样自然，才能适才适性。

原 文

才人之行多放，当以正敛之；正人之行多板[1]，当以趣通之。

注 释

①**板**：死板，不懂得变通。

译 文

有才气的人行为多狂放而不受约束，应当以正直去收敛他。太过正直的人多数不知变通，应当以趣味让他的个性融通些。

原 文

人有不及，可以情恕；非义相干，可以理遣[1]。佩此两言，足以游世。

注 释

①**遣**：通“谴”，谴责。

译 文

人有做得不到位的地方，从情理上来说可以宽恕；倘若不是关系到大是大非的道义，可以通过道理去谴责他。记住这两句话，就足以在人世间行走。

原 文

冬起欲迟[1]，夏起欲早；春睡欲足，午睡欲少。

注 释

①**起**：起床。

译 文

冬天的早晨要晚起，夏天则要早起；春天时应当睡眠充足，午后应要小睡。

原 文

无事当学白乐天之嗒然[1]，有客宜仿李建勋之击磬[2]。

注 释

①**白乐天**：即唐代诗人白居易，字乐天。

②**李建勋之击磬**：李建勋，唐末五代时期人，《玉壶清话》载：李建勋有一个玉磬，用沉香节安柄，敲击声极为清亮。每当有客人谈到猥俗之事时，他就在耳边敲击几下玉磬，有人问他原因，他回答是要以玉磬声洗耳。

译 文

没事时应当学白乐天那样物我两忘，有客人来访时应该仿效李建勋以击磬声来洗耳。

原 文

郊居，诛茅结屋，云霞栖梁栋之间，竹树在汀洲之外；与二三之同调，

望衡对宇，联接巷陌；风天雪夜，买酒相呼；此时觉曲生气味[1]，十倍市饮。

注 释

①曲生：即酒，据唐代郑綮《开天传信记》载：叶法善宴饮宾客，有人自称“曲秀才”，与众多宾客进行论辩，话语极为犀利。叶法善怀疑他是鬼蜮，就用剑行刺，结果“曲秀才”竟化为一瓶浓酒，味道很好。叶法善对酒瓶作揖，说道：“曲生风味，不可忘也。”之后“曲生”就成为酒的代称。

译 文

在郊外居住，修剪茅草来搭建茅屋，栋梁之间云霞缭绕，在汀洲之外栽种竹林；与两三位志趣相投的朋友，门户房屋相对，小道巷陌相连；在狂风大雪的天气当中，买来美酒，呼喊朋友，共同畅饮；此时就会感觉香醇的酒味要比市井酒肆当中的好上十倍。

原 文

万事皆易满足，惟读书终身无尽[1]；人何不以不知足一念加之书。又云：读书如服药，药多力自行。

注 释

①尽：尽头。

译 文

万事都容易被满足，只有读书苦读一生也没有止境；人为什么不以不懂得满足的念头来读书呢？又有人说：“读书就犹如喝药一样，药喝多了药力自然就增强了。”

原 文

醉后辄作草书十数行，便觉酒气拂拂[1]，从十指出去也。

注 释

①拂拂：上涌升腾的样子。

译 文

喝醉酒后写下数十行的草书，就会感到酒气上涌升腾，从十指当中透出，融合于书法中。

原 文

书引藤为架，人将薜作衣[1]。

注 释

①薜：薜萝，又叫女萝，一种植物。据屈原《楚辞·远游》：“使湘灵鼓瑟兮，被薜荔兮带女萝。”

译 文

书应当放在用藤条编制的架子上，隐士应当穿薜萝制成的衣服。

原　文

从江干溪畔，箕踞石上[①]，听水声浩浩潺潺，粼粼泠泠，恰似一部天然之乐韵，疑有湘灵[②]在水中鼓瑟也。

注　释

①**箕踞**：两腿叉开前伸，席地而坐，姿态与簸箕类似，在古人看来，这是一种非常不雅的表现，在这里指很惬意，没有约束地坐着。

②**湘灵**：湘水之神，又称湘君。据屈原《楚辞·远游》："使湘灵鼓瑟兮，令海若舞冯夷"，"使湘灵鼓瑟兮，被薜荔兮带女萝"。

译　文

在江边溪畔，坐在石头上，聆听着水声，时而声势浩大，时而低如耳语；有时声音显得清澈，有时却感到沉默寂静，就好像一首大自然的乐曲，不禁令我怀疑，是否有湘水的女神在水里弹奏。

原　文

鸿中叠石[①]，未论高下，但有木阴水气，便自超绝。

注　释

①**叠石**：层层叠叠。

译　文

水中的石头，层层叠叠，不论高低，有树木成荫、水汽缭绕，其景致自然就显得卓尔不凡。

原　文

段由夫携瑟，就松风涧响之间曰，三者皆自然之声，正合类聚[①]。

注　释

①**类聚**：同类相聚。

译　文

段由夫携带着琴瑟，在临近松涛阵阵、水流潺潺的所在鼓瑟，并感叹道："风声、水声、瑟声都是自然之音，正符合物以类聚的道理。"

原　文

高卧闲窗，绿阴清昼，天地何其寥廓也[①]。

注　释

①**寥廓**：广阔。

译文

在窗下高卧，窗前有一片绿荫，虽然是在白昼，依旧感觉很清凉，天地间是多么辽阔呀。

原文

少学琴书，偶爱清净，开卷有得，便欣然忘食；见树木交映，时鸟变声，亦复欢然有喜。常言五六月，卧北窗下，遇凉风暂至，自谓羲皇上人[1]。

注释

①羲皇上人：即伏羲氏以前的人。

译文

少年时学习琴瑟，练习书法，偶尔喜欢清闲，看书有所收获时，就会非常高兴，以至于沉迷在当中而忘记吃饭；看到树木交错成荫，与周围景色彼此辉映，还时时听到鸟儿各种的鸣叫，也会快乐欢喜。常言说：五六月时，高卧于北窗下，吹来习习凉风，舒适惬意，此时自己就能够与伏羲氏以前的上古之人一样，无忧无虑。

原文

空山听雨，是人生如意事。听雨必于空山破寺中，寒雨围炉，可以烧败叶，烹鲜笋。

译文

在幽静的山里聆听雨声，是人生当中的一大乐事。听雨一定要在空静的青山、破旧的寺院中，在透着丝丝寒意的雨天里围着炉火，燃烧山里的枯枝败叶，煮着新鲜的竹笋。

原文

鸟啼花落，欣然有会于心，遣小奴，挈瘿樽[1]，酤白酒，釂一梨花瓷盏，急取诗卷，快读一过以咽之，萧然不知其在尘埃间也。

注释

①瘿樽：有瘿瘤的木质盛酒容器。

译文

听到鸟儿在鸣叫，看到花儿落下，心中感到极为欢喜，立刻叫小童带着酒瓮购回白酒，以梨花酒杯饮下一杯，并马上拿来诗卷，迅速读过，当作下酒的美味，这时胸中清爽快意，仿佛已经置身于尘世之外。

原文

闭门即是深山，读书随处净土。

译文

关起门来，犹如住在深山中一样；能读书，则到处都是净土。

原文

千岩竞秀[1]，万壑争流，草木蒙笼其上，若云兴霞蔚。

注释

①**竞**：竞争。

译文

众多高山争相展现秀姿，成千上万的沟壑溪流竞相流淌，草木繁茂，朦朦胧胧，犹如白云彩霞升腾飘荡一般。

原文

从山阴道上行，山川自相映发，使人应接不暇；若秋冬之际，犹难为怀[1]。

注释

①**犹**：尤其。

译文

在山阴的小路上行走，会发现青山与河川彼此辉映，让人感觉到美景应接不暇；倘若是在秋冬季节，更是让人无法忘怀。

原文

箕踞于斑竹林中，徙倚于青矶石上[1]；所有道笈梵书[2]，或校雠四五字[3]，或参讽一两章[4]。茶不甚精，壶亦不燥，香不甚良，灰亦不死；短琴无曲而有弦，长讴无腔而有音。激气发于林樾，好风逆之水涯，若非羲皇以上，定亦嵇阮之间。

注释

①**徙**：迁徙。

②**道笈梵书**：道家与佛家的经书。

③**雠**：错误。

④**参讽**：参悟、评议。

译文

伸开两脚，恣意舒展地坐在斑竹林当中，然后走过去靠在青矶石上面；随意翻阅一些道家佛家的经书，或者校对几个错字，或者参悟评议其中的几章经文。所饮的茶不需要多么好，茶壶也不一定很烫；所焚的香无须太好，只要香火不断，香灰不冷便好；短琴不需要按照固定的曲调，只要显得优美就好；放声高歌无须规范的腔调，只要是心灵之音就行。树林当中激荡着意气，和煦的清风吹拂水面，若不是上古之人，便是魏晋时代的嵇康、阮籍之类。

原文

闻人善，则疑之；闻人恶，则信之。此满腔杀机也。

译文

听到别人做出善事，就表示怀疑；听到他人干了坏事，却深信不疑。心中充满恨意及不平的人才会这样。

原文

士君子尽心利济[1]，使海内少他不得，则天亦自然少他不得，即此便是立命。

注释

①**利济**：造福接济。

译文

士君子尽自己的心意去帮助他人，使一国之内缺少不了他，那么，上天自然也需要他，这便是为自己的生命所创造的意义和价值。

原文

读书不独变气质，且能养精神，盖理义收摄故也[1]。

注释

①**盖**：表示推测，可能。

译文

读书不但可以改变一个人的气质，还能培养人的精神修养，是由于读书可以让人以理义来收摄心志，消除杂念的缘故。

原文

周旋人事后，当诵一部《清静经》[1]；吊丧问疾后[2]，当念一通《扯淡歌》[3]。

注释

①**《清静经》**：道家经典。

②**吊丧问疾**：悼念丧事，探问病人。

③**《扯淡歌》**：传为明人刘基所作，《山中一夕话》等有载。

译文

周旋于人事应酬间，应诵读一部让人的心灵变得清净的《清静经》，使自己的情绪得以松弛；悼念丧事，探问病人后，应念一通《扯淡歌》，使自己的心情得以缓和。

原文

卧石不嫌于斜，立石不嫌于细，倚石不嫌于薄，盆石不嫌于巧，山石不

嫌于拙。

译　文

平放着的石头不嫌倾斜，竖立的石头不嫌细小，依靠着的石头不嫌太薄，盆中的石头不嫌小巧，山中的石头不嫌拙劣。

原　文

雨过生凉境，闲情适邻家[1]。笛韵与晴云断雨逐，听之，声声入肺肠。

注　释

①**适**：适逢。

译　文

雨过之后生出层层凉意，环境清幽闲适，情趣盎然。适逢邻家牧童笛儿声声，与初晴后天空飘浮的云彩、断断续续的雨相应和，细细听来，声声使人断肠。

原　文

不惜费，必至于空乏而求人；不受享，无怪乎守财而遗诮[1]。

注　释

①**诮**：讥诮。

译　文

如果不节俭费用，必定会落到穷困不堪，求人施舍帮助的地步；如果生活富裕而不会享受，会成为守财奴，而留下被人讥笑的笑柄。

原　文

园亭若无一段山林景况[1]，只以壮丽相炫，便觉俗气扑人。

注　释

①**景况**：景致。

译　文

修建园林亭台，假如没有一段山林景致，只依靠壮丽相炫耀，就会使人觉得俗气扑面而来。

原　文

餐霞吸露，聊驻红颜[1]；弄月嘲风，闲销白日。

注　释

①**驻**：驻足。

译　文

食云霞，喝甘露，以此来维持艳丽的容貌，使青春驻足；玩赏吟咏风月，以此消磨时光。

原文

清之品有五：睹标致，发厌俗之心，见精洁，动出尘之想，名曰清兴；知蓄书史，能亲笔砚，布景物有趣，种花木有方，名曰清致；纸裹中窥钱，瓦瓶中藏粟，困顿于荒野，摈弃乎血属[1]，名曰清苦；指幽僻之耽，夸以为高，好言动之异，标以为放，名曰清狂；博极今古，适情泉石，文韵带烟霞，行事绝尘俗，名曰清奇。

注释

①**血属**：亲属、亲人。

译文

“清”这种境界包含五种：目睹标致美丽的事物，产生厌恶世俗的心理，看到景致简洁之物，萌生出世的想法，这叫作“清兴”；知道收藏经书与史书，可以亲近笔砚，景物的设置富有情趣，栽种花木有非常好的方法，这叫作“清致”；在废纸当中窥探钱币，在碎瓦旧瓶后储藏米粟，困顿地生活于荒野之中，被亲人摒弃，这叫作“清苦”；把爱好清幽僻静这种癖好夸称为高雅，把说话做事喜欢标新立异的癖好，标榜为狂放不羁，这叫作“清狂”；博古通今，适情于泉水幽石，诗词有着烟霞之韵致，行事超凡脱俗，这叫作“清奇”。

原文

对棋不若观棋，观棋不若弹瑟，弹瑟不若听琴。古云：“但识琴中趣，何劳弦上音。”斯言信然[1]。

注释

①**斯**：这。

译文

与人下棋不如看人下棋，看人下棋不如自己去弹瑟，自己弹瑟不如听人来弹琴。古人说：“但凡能辨识琴中趣味的，何劳自己弹奏弦上之音。”这种言论让人们信服。

原文

弈秋往矣[1]，伯牙往矣，千百世之下，止存遗谱，似不能尽有益于人。唯诗文字画，足为传世之珍，垂名不朽。总之，身后名不若生前酒耳。

注释

①**弈秋**：相传为古时弈棋高手。《孟子·告子上》称其为“通国之善弈者”。

译　文

弈棋高手弈秋已然去世了，善于弹琴的俞伯牙也已作古，千百年后的如今只保存了他们遗留下来的棋谱及琴谱，似乎也已不能完全被世人所利用了。只有诗文和字画，足以成为传世之宝，名垂千古。总之，身后的名声还不如生前的一杯美酒。

原　文

君子虽不过信人，君子断不过疑人[1]。

注　释

①**断**：绝对。

译　文

正人君子虽然不会轻易过于相信别人，但君子也断然不会轻易过分地怀疑别人。

原　文

鸟栖高枝，弹射难加[1]；鱼潜深渊，网钓不及；士隐岩穴，祸患焉至。

注　释

①**弹**：弹弓。

译　文

鸟栖在最高的树枝上，弹弓难以射得到它；鱼潜在水深的地方，渔网难以捕获它；士大夫隐居在岩窟里，祸害哪里会降临在他身上呢？

原　文

于射而得揖让[1]，于棋而得征诛；于忙而得伊周[2]，于闲而得巢许；于醉而得瞿昙[3]，于病而得老庄，于饮食衣服、出作入息而得孔子。

注　释

①**射**：射礼。

②**伊周**：商代的伊尹和周朝的周公旦。两人都曾摄政，尽心尽力辅弼，儒家誉之为尽忠国政大臣的典范。

③**瞿昙**：梵语音译，佛教创始者乔达摩。此处单指佛教。

● 周公居东

译文

从射礼之中学会揖让的礼节，在下棋中学会讨伐之道；在繁忙之中懂得了商朝的伊尹和周代的周公；在闲适中理解了巢父、许由；在醉酒之后懂得了佛祖释迦牟尼的学说，在生病之时懂得了老庄哲学，在饮食穿衣、劳作休息中品味到了孔子学说的真正意义。

原文

前人云："昼短苦夜长，何不秉烛游？"①不当草草看过。

注释

①**"昼短苦夜"二句**：此句出自《古诗十九首·生年不满百》。

译文

古人说："白天短夜晚漫长，何不秉烛夜游呢？"这句话意味深长，不应草草看过就得了。

原文

优人代古人语①，代古人笑，代古人愤，今文人为文似之。优人登台肖古人，下台还优人，今文人为文又似之。假令古人见今文人，当何如愤，何如笑，何如语。

注释

①**优人**：古时唱戏的艺人。

译文

演员装扮成古人，替古人来讲话，替古人笑，甚至去替古人生气，现在的读书人写文章就这样。唱戏的在戏台上犹如古人，但是下了戏台，又恢复优人的身份了，现在的读书人写文章又与这一点相似。假使让古人见到如今读书人，真不知他们该如何愤怒，如何欢笑，如何讲话呢？

原文

看书只要理路通透，不可拘泥旧说，更不可附会新说。

译文

读书只要把书中的道理都理解贯通透彻，不要受旧有学说的限制而不懂得变通，更不要对新学说还没有十分了解时就盲目信从。

原文

简傲不可谓高，谄谀不可谓谦①，刻薄不可谓严明，阘(tà)茸不可谓宽大②。

注释

①**谄谀**：谄媚奉承。

②**阘茸**：卑微，低劣。

译　文

不要将恃才傲物当作清高，也不要将阿谀谄媚当作谦让，诗人刻薄不能称之为严明，也不可视人格卑贱为心胸宽大。

原　文

作诗能把眼前光景，胸中情趣，一笔写出，便是作手[1]，不必说唐说宋。

注　释

①**作手**：擅长写诗的人。

译　文

作诗能把眼前所见到的情景，还有胸中的情意趣味表现出来，便算是好的诗人，不必拘泥于唐诗与宋诗差异。

原　文

少年休笑老年颠[1]，及到老时颠一般；只怕不到颠时老，老年何暇笑少年。

注　释

①**休笑**：不必嘲笑。

译　文

年轻人不要嘲笑老年人的疯癫与糊涂，待自己年老时也会同样糊涂，只怕是还没有变糊涂就已年迈体衰了，哪里还有时间去嘲笑年轻人呢？

原　文

打透生死关[1]，生来也罢，死来也罢。参破名利场，得了也好，失了也好。

注　释

①**打透**：打通。

译　文

超越生与死的界限，活也活得自在，死也死得自在。看破名利争逐的虚妄，就会觉得，得到了也好，失去了也好。

原　文

混迹尘中，高视物外[1]；陶情杯酒，寄兴篇咏；藏名一时，尚友千古。

注　释

①**高视物外**：超脱于世间的所有牵累。

译　文

混迹于尘世之中，却能超然物外；在一杯酒中得到乐趣，在诗篇歌咏中寄托自己的意兴，暂且隐匿自己的声名吧！重视与千古之上的先贤交友。

原　文

痴矣狂客，酷好宾朋；贤哉细君[①]，无违夫子。醉人盈座，簪裾半尽[②]；酒家食客满堂，瓶瓮不离米肆。灯烛荧荧，且耽夜酌；爨烟寂寂，安问晨炊。生来不解攒眉，老去弥堪鼓腹[③]。

注　释

①细君：古代诸侯妻特称，可以泛指妻子。

②簪裾：头饰与衣衫。

③鼓腹：鼓起肚子，指生活非常安逸。典出《庄子·马蹄》："夫赫胥氏之时，民居不知所为，行不知所之，含哺而熙，鼓腹而游。"

译　文

有些痴性的狂放之人，都喜欢结交宾客；贤惠的妇人，从来不会违背丈夫。满座全是喝醉酒的人，头饰衣襟都半开；酒家食客满堂，装米的瓶瓮始终没有离开过米肆。在昏暗的烛光下，依然暂时沉醉于夜饮之中。炊烟没有升起一丝一毫，为何一定要询问早餐呢？生来就不懂攒眉发愁是何种滋味，老了更应当饱食无事。

原　文

皮囊速坏，神识常存[①]，杀万命以养皮囊，罪卒归于神识。佛性无边，经书有限，穷万卷以求佛性，得不属于经书。

注　释

①神识：佛家所说的第八识即阿赖耶识，又称能藏识，能够在人死之后保存人的躯体、言语、意念，使人在转世轮回当中接受前生的因果报应。

译　文

人的肉体很快就朽坏，但是，神识当中的业债却始终还不清。宰杀万物来养活臭皮囊所产生的业债，将全部藏纳在我们的神识中，使我们将来接受果报。我们的觉悟本性是无边无际的，而经书当中只是一些有限的文字而已。苦读万卷的经书，一旦得到了佛性，就会发现，经书仅仅是方法，而不是佛性的本身。

原　文

人胜我无害[①]，彼无蓄怨之心；我胜人非福，恐有不测之祸。

注 释

①**胜**：超过。

译 文

别人胜过我没有害处；因为，他不会在心里对我积攒下什么忌恨。我胜过他人，未必就是福气；倘若遇见心胸狭窄的人，恐怕会有祸事降临。

原 文

书屋前，列曲槛栽花[1]，凿方池浸月，引活水养鱼；小窗下，焚清香读书，设净几鼓琴，卷疏帘看鹤，登高楼饮酒。

注 释

①**曲槛**：即曲栏，弯曲的栏杆。

译 文

在书斋前面，设置弯曲的栅栏来培植花卉，凿出一片方形池塘，让月亮的倒影浸入这当中，引来泉水养些小鱼；坐在小窗之下，在燃着清香的房间当中读书，设置洁净的几案弹琴，卷起稀疏的竹帘望着窗外的仙鹤，登上高楼迎风饮酒。

原 文

人人爱睡，知其味者甚鲜；睡则双眼一合，百事俱忘，肢体皆适，尘劳尽消，即黄粱南柯[1]，特余事已耳。静修诗云[2]："书外论交睡最贤。"旨哉言也。

注 释

①**黄粱南柯**：黄粱梦，典出唐代沈既济的《枕中记》：贫困书生卢生没能获得功名，在邯郸遇见一位道士，就向其倾诉自己的不得志。道人就拿出一个枕头，声称可以实现心愿。卢生枕上此枕进入梦乡。当时旅店正在做黄粱饭，卢生在梦里享尽荣华富贵，醒来时旅店的黄粱饭还没有做好，故称"一枕黄粱"。南柯，典出唐代李公佐的《南柯记》：淳于棼在梦中梦见自己抵达槐安国，娶了公主，被封南柯太守，生活极度奢华，后来因作战不利，公主也死去，就被遣回，醒来不过是一场梦境。

②**静修**：元代诗人、思想家刘因，字梦吉，号静修。

译 文

人人喜欢睡觉，可是领悟到其中意蕴的人却很少。睡觉的时候，闭上双眼，忘记世间一切事情，伸展四肢使自己感到舒适，尘世的疲劳都消除了，至于做一下如黄粱、南柯这样的美梦，那倒还在其次。静修先生有诗写道："书外论交睡最贤。"这真是妙论。

原 文

过分求福，适以速祸[1]；安分远祸，将自得福。

注　释

①适：恰恰。

译　文

过分地追求幸福，恰恰会使祸事加快降临；安分守己会远离祸事，自然获得幸福。

原　文

倚势而凌人者，势败而人凌；恃财而侮人者[1]，财散而人侮。此循还之道。

注　释

①恃：依靠。

译　文

倚仗权势欺负别人，一旦丧失势力必然被人欺凌；仰仗钱财凌辱他人，钱财散尽必定会遭到人们的凌辱。这是自然循环之道。

原　文

我争者，人必争，虽极力争之，未必得；我让者[1]，人必让，虽极力让之，未必失。

注　释

①让：谦让。

译　文

我争夺的东西，别人必定也会想要去争取，虽然尽力争取它，最终却未必能得到；我谦让的东西，别人必定也会谦让，虽然竭力谦让，未必就会失去。

原　文

贫不能享客，而好结客；老不能徇世[1]，而好维世；穷不能买书，而好读奇书。

注　释

①徇：顺从。

译　文

贫穷而不能够招待朋友，但喜好结交朋友；年老不能依顺世俗，却喜好维持世间原有秩序；穷得买不起书，却喜欢阅读奇书。

原　文

沧海日，赤城霞[1]，峨眉雪，巫峡云，洞庭月，潇湘雨，彭蠡烟[2]，广陵涛，庐山瀑布，合宇宙奇观，绘吾斋壁。少陵诗，摩诘画[3]，左传文，马迁史，

薛涛笺，右军帖[4]，南华经[5]，相如赋，屈子离骚，收古今绝艺，置我山窗。

注　释

①**赤城**：山名，因土为赤色，因此得名，位于今浙江天台山南门。

②**彭蠡**：即鄱阳湖。

③**摩诘**：唐代诗人王维。

④**右军**：晋代书法家王羲之，曾担任右军将军，在此以官职代指其人。

⑤**南华经**：《庄子》一书又名《南华经》。

译　文

沧海日出，赤城红霞，峨眉山的积雪，巫峡的云，洞庭湖当中的明月，潇湘的雨，彭蠡的烟雾，广陵的波涛，庐山的瀑布，集合宇宙的全部美景奇观，来美化我书斋的墙壁。杜甫的诗、王维的画；左丘明的《左传》，司马迁的史书，薛涛的纸笺，王羲之的书帖，庄子的《南华经》，司马相如的赋，屈原的《离骚》，把这些古今绝妙的艺术作品，放在我山居的窗前。

原　文

偶饭淮阴[1]，定万古英雄之眼，自有一段真趣，纷扰不宁者，何能得此？醉题便殿[2]，生千秋风雅之光，自有一番奇特，鞠蹐牖下者，岂易获诸？

注　释

①**淮阴**：即淮阴侯韩信。《史记·淮阴侯列传》载：韩信年少时极为贫困，有一次在城外河边遇见一位漂母，她见其饥饿，就施舍他饭食，连续几十天。韩信曾声称自己日后富贵必定回报，漂母很生气说并非为了他的回报才施舍他食物。后来韩信在刘邦处得到重用，召漂母，赐以千金。

②**醉题便殿**：事见《开元天宝遗事》：李白在偏殿为唐明皇撰写诏书，天气太冷，笔被冻上，写不成字，明皇就派

● 韩信寄食于漂母

十个宫嫔，各自拿着笔呵热气，呵热后再由李白使用。

译　文

漂母偶然施舍饭食给韩信时，已经具备慧眼识英雄的眼力，自然有一段天真之趣，那些纷扰追求名利之人，怎能得到这种没有功利的乐趣？李白醉酒后在偏殿题写诗文，散发着千年风雅的光彩，自然奇特的际遇，在家中不用功的乖戾之人，怎么会有这样的际遇。

原　文

我如为善，虽一介寒士，有人服其德；我如为恶，虽位极人臣①，有人议其过。

注　释

①**极**：顶端。

译　文

我如果做好事，尽管是一介贫寒书生，也会有人敬佩我的德行；我如果行恶的话，即使位居高位，也会有人指责我的过错。

原　文

读理义书，学法帖字；澄心静坐，益友清谈；小酌半醺，浇花种竹；听琴玩鹤，焚香煮茶；泛舟观山，寓意弈棋①。虽有他乐，吾不易矣②。

注　释

①**弈棋**：下棋。

②**易**：交换。

译　文

读讲理义的书，学习书法并临摹字帖；心地清明地静坐，与良友清谈；稍微喝几杯到了半醉的状态，在园子当中浇灌花木，栽种竹子；聆听琴声，观赏鹤舞，焚烧香木煮香茗；水上泛舟，观览青山，寄寓情思，与人对弈。世间即便有其他的乐趣，我也不会与之交换。

原　文

成名每在穷苦日①，败事多因得志时。

注　释

①**每**：往往。

译　文

一个人成名通常是在过穷苦日子时，失败则是在其志得意满的发达之时。

原　文

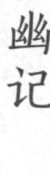

宠辱不惊，肝木自宁①；动静以敬，心火自定；饮食有节，脾土不泄；调

息寡言，肺金自全；怡神寡欲，肾水自足。

注　释

①肝木：中医理论认为，人体的五脏是与阴阳五行相对应的，肝与木相对，心与火相对，脾与土相对，肺与金相对，肾与水相对，因此提及五脏时，可以用肝木、心火、脾土、肺金、肾水表示。

译　文

遇到荣宠、屈辱不会惊慌，肝木自然就能安宁；为人处世以恭敬为本，心火自然平和；饮食有一定节制，脾土自然不会泄漏；调养气息少说话，肺金自然能够保全；怡情悦性，清心寡欲，那么肾水自然充足。

原　文

让利精于取利[1]，逃名巧于邀名[2]。

注　释

①让：推让、转让。

②巧：智慧。

译　文

让利于别人比和他人争利更加明智，逃避声名比求取声名更聪明。

原　文

彩笔描空，笔不落色，而空亦不受染[1]；利刀割水[2]，刀不损锷，而水亦不留痕。

注　释

①染：染色。

②利刀：锋利的刀。

译　文

用彩笔在空中进行描绘，笔没有失去色，空中也不会被染色；用锋利的刀切割水面，刀刃不会受到任何伤害，水面也不会留下痕迹。

原　文

唾面自干，娄师德不失为雅量[1]；睚眦必报，郭象玄未免为祸胎[2]。

注　释

①“唾面自干”两句：逆来顺受，不与人计较。典出《新唐书·娄师德传》：娄师德的弟弟将驻守于代州，辞行，娄师德教导弟弟应当学会忍耐，其弟曰：“人有唾面，絜之乃已。”娄师德却说：“未也，絜之，是违其怒；正使自干耳。”

②**“睚眦必报”两句**：汉末董卓的两位部下郭汜（字象玄）、李傕因小事而出现嫌隙，并相互攻伐。

译　文

别人吐到自己脸上唾沫，不擦掉，任其自然风干，娄师德这样做，非常有雅量；一点点的嫌隙也必定去报复，像郭象玄这样的作为不免为日后种下祸根。

原　文

天下可爱的人，都是可怜人；天下可恶的人，都是可惜人。

译　文

天下那些可爱的人，往往都很可怜；而那些让人厌恶的人，又时常让人觉得可惜。

原　文

事业文章，随身销毁，而精神万古如新；功名富贵，逐世转移，而气节千载一日。

译　文

事业与文章，随着生命的消逝而毁灭，但是人的精神却能万古如新；功名利禄、荣华富贵，随着时势的变化而不断转变，但是人的气节却能千年如一日。

原　文

滩浊作画[①]，正如隔帘看月，隔水看花，意在远近之间，亦文章法也。

注　释

①**滩浊**：滩头浊水。

译　文

取滩头浊水作画，犹如隔着窗帘看月亮，隔着水看花，意境在于远近之间，这也是书写文章的一种法则。

原　文

藏锦于心，藏绣于口[①]；藏珠玉于咳唾，藏珍奇于笔墨；得时则藏于册府，不得则藏于名山。

注　释

①**“藏锦于心”两句**：不轻易显露巧妙构思，不轻易说出华丽之语。

译　文

把锦绣的文章藏在心间、口中，珠玉珍奇的语句隐在吟咏之间，藏在笔端；如果时机成熟就会写下来收藏在册府之中，如果不合时宜，就写出来隐藏在名山之中。

原　文

读一篇轩快之书，宛见山青水白[1]；听几句透彻之语，如看岳立川行。

注　释

①**宛**：好像。

译　文

读一篇晓畅而轻快的文章，犹如见到青山绿水一般，使人感到心情愉悦；听到几句伶俐精辟的言语，就犹如看到静立的山岳、流淌的溪水一般，畅快淋漓。

原　文

读书如竹外溪流，洒然而往；咏诗如苹末风起，勃焉而扬[1]。

注　释

①**勃**：勃发。

译　文

读书犹如竹林之外的溪流一般，洒脱地前行；吟咏诗歌就犹如青萍之末的风一般，瞬间勃发，飞扬起来。

原　文

子弟排场，有举止而谢飞扬，难博缠头之锦[1]；主宾御席，务廉隅而少蕴藉[2]，终成泥塑之人。

注　释

①**缠头之锦**：旧时歌舞演员都要使用锦包缠头部，表演得到赞赏之时，宾客往往会以罗锦赠送。

②**廉隅**：神情庄重、行为端庄。

译　文

演员们开场演出，行为举止表现平平，没有出色之处，那就很难赢得赏识；主客入席，一定要神情庄重、行为端庄，没有和谐融洽的氛围，那就同泥偶一般。

原　文

取凉于萐(shà)[1]，不若清风之徐来[2]；汲水于槔[3]，不若甘雨之时降。

注　释

①**萐**：一种植物，叶大，可作扇子。

②**徐来**：慢慢吹来。

③**槔**：井上取水的工具。

译文

以扇子扇风取凉，不如清风缓缓吹来；在井中汲水浇田，不如上天及时降雨。

原文

有快捷之才而无所建用，势必乘愤激之处，一逞雄风；有纵横之论[1]而无所发明，势必乘簧鼓之场[2]，一恣余力。

注释

①纵横之论：指经世治国的宏论。

②簧鼓：喻指搬弄是非。

译文

有快捷之才，无用武之地，势必会借愤激之处，一逞雄风；怀有经世纵横之才，却没有施展宏论的地方，势必会乘借时机场合竭尽全力巧言惑众、搬弄是非。

原文

月榭凭栏，飞凌缥缈；云房启户，坐看氤氲[1]。

注释

①氤氲：形容云烟缭绕。

译文

倚靠月榭的栏杆，心思已飞向那片缥缈的云霄；打开山居的门扉，坐看山间弥漫云烟不住的变幻。

原文

竹里登楼，远窥韵士[1]，聆其谈名理于坐上，而人我之相可忘；花间扫石，时候棋师[2]，观其应危劫于枰间[3]，而胜负之机早决。

注释

①韵士：高雅之士。

②时候：不时地等候。

③应：应对。**劫**：围棋术语。**枰间**：棋盘上。

译文

在竹林中登上高楼，远远地窥测风雅的士人，在坐上聆听他们谈论名理，很可能就会忘记了他人和自己的存在；在花丛中打扫石板，不时等待着棋师的到来，观看他们在棋盘上的危险劫棋的应对，其胜负早已决定。

原文

六经为庖厨[1]，百家为异馔；三坟为瑚琏[2]，诸子为鼓吹；自奉得无大

奢，请客未必能享。

注　释

①**六经**：儒家的六部经书，即《诗经》《尚书》《礼记》《易经》《春秋》《乐经》。

②**三坟**：指上古伏羲、神农、黄帝时代的书。**瑚琏**：古代宗庙祭祀的礼仪中盛放黍稷的重器。

译　文

把儒家的“六经”当作厨师，把百家的学说当作佳肴；把上古伏羲、神农、黄帝时代的书当作祭祀中的重器，把先秦时期诸子的学说当作鼓吹演奏；自己也许觉得不是很奢侈，但是请客人前来享用，客人未必能够享受得了。

原　文

说得一句好言，此怀庶几才好[1]。揽了一分闲事，此身永不得闲。

注　释

①**庶几**：大概，表示推测。

译　文

说了一句好话，内心或许才会舒适一些；揽了一件闲事，一生都不得安逸。

原　文

古人特爱松风，庭院皆植松，每闻其响，欣然往其下，曰：“此可浣尽十年尘胃[1]。”

注　释

①**浣**：清洗。

译　文

古人特别喜爱松风，庭院中种上松树，每当听到松风声，就欣然地来到松树之下，说：“这可以洗掉数十年中脾胃上沾染的所有尘埃。”

原　文

凡名易居[1]，只有清名难居；凡福易享，只有清福难享。

注　释

①**凡名**：尘世间的声名。

译　文

世俗的声名容易获取，唯有清雅之名难以获取；世间的福气容易享受到，只有清福很难享受到。

原 文

贺兰山外虚兮怨[1]，无定河边破镜愁[2]。

注 释

①**贺兰山**：山名，主峰位于今宁夏贺兰县境内。

②**无定河**：水名，出自内蒙古伊克昭盟乌审旗，后入黄河。

译 文

戍边到了贺兰山以外，往往生死难料，留下空怨；到了无定河岸边，夫妻离别之后，破镜很难重圆。

原 文

有书癖而无剪裁，徒号书厨[1]；惟名饮而少蕴藉，终非名饮。

注 释

①**号**：称作。

译 文

有爱好看书的癖好，却不加以选择，这种人不过像藏书的书橱罢了。只喜欢喝酒，却不懂饮酒时含蓄不尽的意味，终不能算是懂得饮酒之人。

原 文

飞泉数点雨非雨[1]，空翠几重山又山。

注 释

①**飞泉**：飞流直下的瀑布。

译 文

瀑布飞流直下，飘荡着水滴数点，却又不是雨；放眼遥望，几重苍翠的青山，山外有山。

原 文

夜者日之余，雨者月之余，冬者岁之余，当此三余，人事稍疏，正可一意问学[1]。

注 释

①**一意问学**：专心读书。

译 文

夜晚是一日之中的剩余时间，下雨天是一月的剩余时间，冬天则是一年的剩余时间，在这三种剩余的时间里，人事来往较不频繁，正好能用来专心地读书。

原文

树影横床，诗思平凌枕外；云华满纸[1]，字意隐跃行间。

注释

①云华：美妙的文字。

译文

树影横斜在床上，诗兴大发，写下满纸精妙的文字，字里行间渗透着诗意。

原文

事有急之不白者，宽之或自明，毋躁急以速其忿[1]。人有操之不从者，纵之或自化，毋操切以益其顽。

注释

①忿：愤恨。

译文

事情有紧急情况不能明白的，不妨先缓下来，听其自然，也许事情就会水落石出。不要急于辩解，否则，会使对方更加气愤。有的人，你愈指挥他，他愈是不听，这时，放纵他，让他随意，也许他自己会逐渐改正过来；不要太急切强迫他遵从，因为这样只能起到反作用。

原文

士君子贫不能济物者[1]，遇人痴迷处，出一言提醒之，遇人急难处，出一言解救之，亦是无量功德。

注释

①济：周济。

译文

读书人如果贫穷不能在物质上周济他人，那就在遇到他人迷惑时，能够用言语来点醒他；或是遇到他人有危难时，用言语来解救他，这样也是功德无量的。

原文

处父兄骨肉之变，宜从容，不宜激烈；遇朋友交游之失，宜剀(kǎi)切[1]，不宜优游[2]。问祖宗之德泽，吾身所享者，是当念其积累之难；问子孙之福祉，吾身所贻者，是要思其倾覆之易。

注释

①剀切：恳切规劝。

②优游：优柔寡断。

译 文

处理骨肉至亲的变故之中，应当从容应对，不应该过于激烈；遇到朋友在交游中出现过失，应当及时恳切规劝，不应当优柔寡断，犹豫不决。想要知道列祖列宗的阴德恩泽何在，我们自身所享用的就是，应当时时记住他们家业累积的艰难；想要知道子孙的福祉，我们能够给他们遗留的，就是让他们明白倒塌覆灭的容易。

原 文

韶光去矣，叹眼前岁月无多，可惜年华如疾马；长啸归与，知身外功名是假，好将姓字任呼牛[1]。

注 释

①呼牛：毁誉随人去，不必在意。语出《庄子·天道》："昔者子呼我牛也，而谓之牛；呼我马也，而谓之马。"

译 文

青春岁月已经逝去，感叹眼前剩下的时光不多了，叹息时光年华如同骏马疾驰；仰天长啸归隐之后，才知道身外的功名利禄都是假的，别人对自己的评价是毁是誉，都由它去，不必在意。

原 文

意摹古[1]，先存古，未敢反古；心持世，外厌世，未能离世。

注 释

①摹：模仿。

译 文

如果要模仿古人，就应先保存古人的特点，不敢反对古制；心中想要保持当世之道，外表却表现出对世间的厌弃，就会无法超脱尘世。

原 文

苦恼世上，度不尽许多痴迷汉[1]，人对之肠热，我对之心冷；嗜欲场中，唤不醒许多伶俐人，人对之心冷，我对之肠热。

注 释

①度：普度。

译 文

在这个苦恼的人世间，普度不完那么多痴迷的人，人们以一副热心肠相待，我却心灰意冷；利欲场中，唤不醒那么多怀有小聪明的糊涂人，人们冷血相待，我却以热心相待。

原　文

自古及今山之胜[1]，多妙于天成，每坏于人造。

注　释

①**胜**：美景。

译　文

从古至今，名山胜景，其绝妙之处大多在于天然生成，却往往被人为造景破坏。

原　文

画家之妙，皆在运笔之先；运思之际，一经点染，便减机神[1]。

注　释

①**机神**：神韵。

译　文

画家的绝妙之处，全在下笔前的构思；经过人为过度的修饰，就会减少很多自然天成的神韵。

原　文

长于笔者，文章即如言语；长于舌者，言语即成文章。昔人谓“丹青乃无言之诗[1]，诗句乃有言之画”；余则欲丹青似诗，诗句无言，方许各臻妙境。

注　释

①**丹青**：绘画。

译　文

擅长写作的人，写文章就像说话一样自然；擅长说话的人，说话就像写文章一样讲究。古人说“画是没有吟咏的诗句，诗句是言说的画境”，我却以为画应当像吟咏的诗，诗应该像没有言说的画，这样才能各自都达到奇妙的境界。

原　文

舞蝶游蜂，忙中之闲，闲中之忙。落花飞絮，景中之情，情中之景。

译　文

飞舞的蝴蝶，忙碌的蜜蜂，它们在忙碌中有着闲情，在闲情中又显得十分忙碌。花落了，柳絮也随风飞扬，在这样的景色中有着难言的情意，这难言的情意便寄托在自然景色之中。

原　文

五夜鸡鸣[1]，唤起窗前明月；一觉睡醒，看破梦里当年。

注　释

①**五夜**：即五更。

译　文

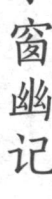

五更的鸡啼声，把睡梦当中的人唤醒，只见一轮明月高挂窗外。我从睡梦里醒来，似乎对当年的事情有所醒悟。

原　文

想到非非想[1]，茫然天际白云；明至无无明[2]，浑矣台中明月。

注　释

①**非非想**：佛教语，指无欲无望。

②**无无明**：佛教语，指大彻大悟。

译　文

想到没有欲望只剩下想的时候，心境澄明，犹如茫茫宇宙间飘浮不定的白云；达到参透生死大彻大悟，心境澄明的境界，心灵空明，浑然一体，宛如高台上的明月一样皎洁。

原　文

逃暑深林，南风逗树；脱帽露顶，沉李浮瓜[1]；火宅炎宫[2]，莲花忽迸；较之陶潜卧北窗下，自称羲皇上人，此乐过半矣。

注　释

①**沉李浮瓜**：语出三国曹丕《与朝歌令吴质书》："浮甘瓜于清泉，沉朱李于寒水。"泛指夏日景象。

②**火宅炎宫**：佛教通常用以比喻凡俗之世。

译　文

在深林中避暑，南风拂面，挑逗着树木；摘下帽子露出头发，井水中漂浮有瓜果；这种感觉犹如在烦恼的俗世中突然看到佛境一般；比陶渊明倒卧在北窗之下，自称上古之人，这乐趣已经超过其半了。

原　文

霜飞空而浸雾，雁照月而猜弦。

译　文

冷霜在空中飘落浸满雾气，大雁看见弯月，怀疑那是弓弦而惊恐。

原　文

既景华而凋彩，亦密照而疏明；若春隰之扬葩[1]，似秋汉之含星。

注　释

①**春隰**：湿润的春天。**蘤**：古代“花”字。

译　文

不仅景色华丽，色彩绚烂，阳光密集也会让光线变得疏朗；就好像温润的春天盛开鲜艳的花朵，又像秋夜天空当中的星星。

卷五　素

原　文

袁石公云[1]："长安风雪夜，古庙冷铺中，乞儿丐僧，齁齁如雷吼，而白髭老贵人，拥锦下帷，求一合眼不得。呜呼！松间明月，槛外青山，未尝拒人，而人人自拒者何哉？"集素第五。

注　释

①袁石公： 即袁宏道，明代文学家，字中郎，号石公。

译　文

袁宏道说："长安的风雪之夜，古老的寺庙与寒冷的店铺，乞丐僧人依旧能够睡得香甜，鼾声大作；而富贵之家的白胡子老头，尽管有华丽的棉被，有悬挂的床帏，连小睡一会儿都做不到。哎，松林间的明月，栅栏外的青山没有拒绝人享受这样的美景，人为什么要自寻烦恼将自己拒于如此美景之外呢？"将与"素"有关的内容集为第五部分。

原　文

田园有真乐，不潇洒终为忙人；诵读有真趣，不玩味终为鄙夫[1]；山水有真赏，不领会终为漫游；吟咏有真得，不解脱终为套语。

注　释

①玩味： 把玩与欣赏。**鄙夫：** 庸俗粗鄙的人。

译　文

田园生活当中有真正的乐趣，如果不能潇洒地释怀世间的事情，终究只是庸碌之人。诵读诗书时才能领略真正的趣味，但是不会把玩欣赏的人，终究只是粗鄙之夫；山水中有真正可供欣赏的景色，但不能领会终究只能是随意游荡。吟咏之中有真正的心得，不能从世俗的烦恼中解脱，终究会落入俗套。

原　文

居处寄吾生，但得其地，不在高广；衣服被吾体，但顺其时，不在纨绮；饮食充吾腹，但适其可，不在膏粱[1]；宴乐修吾好，但致其诚，不在浮靡。

注释

①**膏粱**：山珍海味。

译文

居处是我的生命中的居住之处，只要求舒适、惬意，不必高大宽广；衣服是用来遮蔽我的身体的，只要合乎季节气候就可以，不必华丽漂亮；饮食是我用于充饥的，只要合适就好，不必是山珍海味；宴饮娱乐是为了与我的朋友交流，只要心诚就可以，不必排场豪华奢靡。

原文

披卷有余闲，留客坐残良夜月；褰帷无别务[1]，呼童耕破远山云。

注释

①**褰帷**：撩起帷帐。

译文

阅读书卷有闲暇时就留客人小坐畅谈，直到良宵更残，夜月西坠；早晨撩开帷帐，没有其他事的话，就呼喊童仆，到云雾缭绕的山间耕田。

● 拂彼白石，弹吾素琴

原文

琴觞自对[1]，鹿豕为群；任彼世态之炎凉，从他人情之反复[2]。

注释

①**觞**：古人喝酒的酒杯。

②**从**：即纵，任意。

译文

独自把酒弹琴，与鹿豕为伍；人情反复无常，随他世态炎凉。

原文

家居苦事物之扰，唯田舍园亭，别是一番活计，焚香煮茗，把酒吟诗，不许胸中生冰炭；客寓多风雨之怀，独禅林道院，转添几种生机；染翰挥毫[1]，翻经问偈，肯教眼底逐风尘。

注释

①**染翰挥毫**：指写作。

译文

在家居住就会被各种琐事打扰，只有田舍园亭，别有一番滋味；焚烧名香，烹煮清茶，把酒吟诗，心中就不会生出犹如冰炭般的世间炎凉；在外面居住，时常会有被世间风雨所触动的忧思，只有禅林道院，能增添几分生机；挥笔写作，翻阅经书，探问偈语，怎能让眼睛去追逐世间风尘。

原文

茅斋独坐茶频煮，七碗后气爽神清[①]；竹榻斜眠书漫抛，一枕余心闲梦稳。

注释

①**七碗**：语出唐代卢仝《走笔谢孟谏议寄新茶》，形容茶水极佳。

译文

在茅屋当中独自静坐，茶炉上频频烹煮香茗，七碗之后，自然会感到神清气爽；躺在竹榻上面蜷缩着侧卧而眠，书卷随意一放，入睡后，心情闲适，梦境安稳。

原文

带雨有时种竹，关门无事锄花；拈笔闲删旧句，汲泉几试新茶[①]。

注释

①**汲泉**：汲取泉水。

译文

雨中有时间就栽种竹子，关上门无事时就给花锄草；闲暇时拿起笔删改几句诗句，汲来清泉，烹制新茶。

原文

余尝净一室，置一几，陈几种快意书，放一本旧法帖；古鼎焚香，素麈挥尘[①]，意思小倦，暂休竹榻。饷时而起，则啜苦茗，信手写汉书几行，随意观古画数幅。心目间，觉洒洒灵空，面上俗尘，当亦扑去三寸。

注释

①**素麈**：白色麈尾。

译文

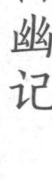

我曾经打扫出一间干净的屋子，放上一条长几，摆上几本使得我心情愉悦的书，再放上一本旧书帖；用古代的鼎焚烧名香，以素白的麈尾扫去灰尘，稍有疲倦时，就暂时躺在

竹榻上面休息。休息一会儿后起来，喝点稍带苦味的茗茶，信手写下几行汉隶书法，随意看几幅古画。心中眼前都感觉极为空灵洒脱，脸上的俗气灰尘，也似乎被拂去很多。

原　文

但看花开落[①]，不言人是非。

注　释

①**但**：只。

译　文

只看花开花落，不谈论人的是非。

原　文

莫恋浮名[①]，梦幻泡影有限；且寻乐事，风花雪月无穷。

注　释

①**莫**：不要。

译　文

不要贪恋浮华的虚名，它就犹如梦幻泡影，时间有限；暂且找一些乐事，风花雪月般的美景乐趣无穷。

原　文

白云在天，明月在地；焚香煮茗，阅偈翻经；俗念都捐[①]，尘心顿洗。

注　释

①**捐**：摒却。

译　文

白云飘浮在蓝天中，月光普照在大地上；焚烧薰香，烹煮茗茶，阅读偈语，翻看经书；俗世间的杂念全被忘却，尘世的私心都清洗干净。

原　文

三月茶笋初肥，梅风未困；九月莼鲈正美[①]，秫酒新香[②]；胜友晴窗，出古人法书名画，焚香评赏，无过此时。

注　释

①**莼鲈**：莼菜与鲈鱼。

②**秫酒**：以高粱酿造的酒。

译　文

三月时茶芽吐露，竹笋刚长肥，梅雨季节的风还没有疲困；九月莼菜、鲈鱼正是鲜美之时，高粱新酒飘香；在晴朗的天气邀请几位有名望的好友坐在小窗下，拿出古人有名的字画，点上名香，共同观赏品评，没有什么能比此时更加惬意的了。

原　文

高枕丘中，逃名世外，耕稼以输王税，采樵以奉亲颜；新谷既升，田家大洽，肥羜烹以享神[①]，枯鱼燔而召友；蓑笠在户[②]，桔槔空悬[③]，浊酒相命，击缶长歌，野人之乐足矣。

注　释

①肥羜：肥嫩的小羊。

②蓑笠：以草编制的蓑衣、斗篷。

③桔槔：古时灌溉田地所使用的一种农具。

译　文

高枕无忧于丘壑之中，逃避虚名在尘世之外，耕种稼穑来缴纳国家税收，打柴来侍奉亲人；新谷成熟入仓时，农家就会极为融洽快乐，把肥嫩的羊羔烹熟去祭神，用烤制的干鱼片招待朋友；蓑笠被挂在屋里，桔槔空悬。在农闲时，开怀畅饮，击缶长歌，山野之人的乐趣达到了极点。

原　文

为市井草莽之臣，早输国课；作泉石烟霞之主，日远俗情。

译　文

身为市井草莽当中的人臣，应当及时缴纳国税；身为幽居在泉石烟霞当中的人，就要日益远离俗世的情感。

原　文

春初玉树参差，冰花错落，琼台奇望，恍坐玄圃罗浮[①]，若非；黄昏月下，携琴吟赏，杯酒留连，则暗香浮动，疏影横斜之趣[②]，何能有实际。

注　释

①玄圃：相传在昆仑山顶，有金台五所、玉楼十二座，为神仙所居。**罗浮**：山名，位于今广东省，相传此山当中有一洞，道家将其列为第七洞天。

②暗香浮动，疏影横斜：出自宋代诗人林逋《山园小梅》，原句为“疏影横斜水清浅，暗香浮动月黄昏”。

译　文

初春时节，白雪覆盖的树木参差不齐，冰花错落，在被白雪妆砌的高台上望向远方，恍惚间就似乎坐在仙人谪居的玄圃与罗浮山里一样；黄昏时分明月高照，携琴吟诗赏月，美酒连饮，那种暗香浮动、疏影横斜的情趣，怎样才能达到呢？

原 文

性不堪虚，天渊亦受鸢鱼之扰[1]；心能会境，风尘还结烟霞之娱。

注 释

①**鸢鱼**：鸢鸟与鱼。

译 文

如果天性不能忍受虚静，即使在蓝天深渊也会遭到鸢鸟和鱼的干扰；如果心可以与境相合，即使在风尘中也有结识烟霞的愉悦。

● 梅花照眼，依然旧风味

原 文

身外有身，捉麈尾矢口闲谈，真如画饼；窍中有窍，向蒲团回心究竟[1]，方是力田。

注 释

①**回心**：反思。

译 文

身外有身，手拿拂尘却闭口或仅是闲谈，那就犹如画饼充饥一样；窍中有窍，坐在蒲团上冥思静想，参悟佛法的究竟，这才是真正的在心里下功夫。

原 文

山中有三乐。薜荔可衣，不羡绣裳；蕨薇可食[1]，不贪粱肉；箕踞散发，可以逍遥。

注 释

①**蕨薇**：蕨菜与薇菜。

译 文

山中有三种乐趣，薜荔能做衣服，不必羡慕别人刺绣出来的衣裳；蕨薇可以吃，不必贪恋粱肉佳肴；肆意叉开双腿向前伸坐下，披散着头发，可以极为逍遥，自由自在。

原 文

终南当户[1]，鸡峰如碧笋左簇，退食时秀色纷纷堕盘[2]，山泉绕窗入厨，孤枕梦回，惊闻雨声也。

注释

①**终南**：又称南山，秦岭主峰之一，位于陕西西安以南地区。

②**退食时**：返回吃饭的时候。

译文

终南山正对门前，鸡峰就如碧绿的竹笋般在左边簇拥着；回来吃饭时就感到秀美的景色似乎纷纷落入我的盘中一样，使饭菜更加可口；清澈的山泉从窗下绕过，从厨房旁边经过，很方便使用；夜晚孤枕从睡梦当中醒来，惊闻雨声淅淅沥沥，令人感到十分清爽。

原文

世上有一种痴人，所食闲茶冷饭，何名高致[1]。

注释

①**高致**：高雅兴致。

译文

世间有一种痴人，做事总是跟随在别人的后面，吃的全是闲茶冷饭，如何能称得上情致高雅呢？

原文

桑林麦陇，高下竞秀；风摇碧浪层层，雨过绿云绕绕。雉雊春阳[1]，鸠呼朝雨，竹篱茅舍，间以红桃白李，燕紫莺黄，寓目色相，自多村家闲逸之想，令人便忘艳俗。

注释

①**雊**：雉鸡叫。

译文

桑林和麦田，尽管有高下之别，却竞相呈现出清秀之色；风吹拂着桑树、麦苗，掀起层层的碧浪，雨过后，远观犹如碧绿的云彩。野鸡在春天温暖的阳光下啼叫，斑鸠在清晨的雨中惊呼，竹篱笆，茅草屋，之间点缀着粉红的桃花、雪白的梨花，还配有紫燕黄莺的啼叫声，世间万象尽收眼底，很多农家闲适生活的特色，使人忘记了俗气的生活。

原文

云生满谷，月照长空，洗足收衣，正是宴安时节。

译文

白云笼罩着山谷，月亮照耀着天空，洗完脚，收拾好衣服，这正是设宴欢乐的闲适时间。

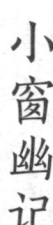

原文

嗜酒好睡，往往闭门；俯仰进趋，随意所在。

译文

喜欢美酒、喜欢睡觉，家中往往关闭着门；俯还是仰，进还是退，事事恣意随心。

原文

霜水澄定，凡悬崖峭壁，古木垂萝，与片云纤月，一山映在波中，策杖临之[①]，心境俱清绝。

注释

①**策杖**：拄着拐杖。

译文

秋天的水面澄澈平静，周围全是悬崖峭壁，古老的树木，垂下的藤萝，还有天空的白云、新月，景色都倒映在了这水波之中，拄着拐杖亲临其境，觉得心灵和环境都清爽无比。

原文

心苟无事[①]，则息自调；念苟无欲，则中自守。

注释

①**苟**：如果。

译文

心中如果无事，气息便可自行调节；内心如果没有欲望，便可坚守意志。

原文

文章之妙：语快令人舞，语悲令人泣，语幽令人冷，语怜令人惜，语险令人危，语慎令人密，语怒令人按剑[①]，语激令人投笔，语高令人入云，语低令人下石。

注释

①**按剑**：拔剑。

译文

文章的精妙之处在于：语言欢快能使人起舞，语言悲伤能使人哭泣，语言幽静能使人凉爽，语言可怜能让人怜惜，语言惊险可让人感到危机，语言谨慎能让人感到严密，语言带有怒气能使人想拔剑，语言激烈能使人投笔奋起，语言高亢能使人犹如入云一般，语言低沉可以让人想丢下石块以知其深。

原文

溪响松声，清听自远；竹冠兰佩[1]，物色俱闲。

注释

①竹冠兰佩：竹子编织的帽子，兰草制成的佩饰。

译文

小溪的流水声，林中的松涛声，环境清静，自然在非常远的地方也可以听到；头戴竹子编就的帽子，身戴兰草这类佩饰，物品与容色都安闲清逸。

原文

鄙吝一销[1]，白云亦可赠客；渣滓尽化，明月自来照人。

注释

①鄙吝：鄙俗、吝啬。

译文

鄙俗、吝啬的念头一旦消除，就算是白云也能赠予客人；杂念全除，明月自然会照耀你。

原文

存心有意无意之妙，微云淡河汉[1]；应世不即不离之法，疏雨滴梧桐。

注释

①河汉：银河。

译文

存心于有意与无意之间，犹如少许的云彩飘荡在银河中；处世要遵从保持不近不离的法则，犹如稀疏的雨点打在梧桐上。

原文

堂中设木榻四，素屏二，古琴一张，儒道佛书各数卷。乐天既来为主[1]，仰观山，俯听水，傍睨竹树云石，自辰及酉，应接不暇。俄而物诱气和[2]，外适内舒，一宿体宁，再宿心恬，三宿后，颓然嗒然，不知其然而然。

注释

①乐天：唐代诗人白居易，字乐天。

②俄而：一会儿，不久。

译文

厅堂当中摆上四张木榻，两扇白色屏风，一架古琴，儒释道经书各有几卷。风流潇洒的白乐天成为此处的主人后，抬头望山，俯首听水，环顾四周去感受竹林、白云、幽石这些美景，从早到晚，应接不暇。不久心灵就被美景所浸染，心气平和，外在的环境闲适，内在的心灵倍感舒畅。这样，第一夜就觉得身体舒适安宁，第二夜则心灵恬静，第三夜，感觉已经无法用语言表达，达到物我两忘的精神境界。

原文

偶坐蒲团，纸窗上月光渐满，树影参差，所见非空非色；此时虽名衲敲门[①]，山童且勿报也。

● 僧侣

注释

①**名衲**：著名的僧人。

译文

偶尔坐在蒲团上，月光洒满纸窗外，树影映在窗上显得参差错落，所看到的这些已并非事物本身，也不是虚像，达到非空非色的佛境；这时候，即使是高僧敲门，山童暂时也不要通报。

原文

会心处不必在远，翳然林水，便自有濠濮间想[①]，不觉鸟兽禽鱼，自来亲人。

注释

①**濠濮间想**：典出《庄子·秋水》 庄子与惠施二人共同在濠梁上游览，两人就鱼是否快乐的问题进行辩论，后常以此喻指逍遥之趣。

译文

会心处不必在远方，只要有浓密的树木以及碧绿的水，就自然会生发出一种闲适与逍遥之感，鸟兽禽鱼都会前来亲近。

原文

茶欲白，墨欲黑；茶欲重，墨欲轻；茶欲新，墨欲陈。

译文

茶色越白越好，墨色越黑越好；茶团越厚重越好，墨锭越轻巧越好；茶叶越新鲜越好，墨则越陈旧越好。

原文

馥喷五木之香[①]，色冷冰蚕之锦[②]。

注　释

①五木之香：古代香料的一种，也称青木香。

②冰蚕之锦：旧题王嘉《拾遗记·员峤山》："有冰蚕长七寸，黑色，有角，有鳞。以霜雪覆之，然后作茧，丝为五彩色，织成文锦，入水平濡。经火不燎。置于屋中则一室清凉。"

译　文

浓香喷发，犹如五木香的味道一般；色调冷艳，犹如冰蚕之锦带给人的感觉一样。

原　文

筑凤台以思避[①]，构仙阁而入圆[②]。

注　释

①筑凤台：在今陕西宝鸡东南。相传萧史擅长吹箫，引来凤凰，秦穆公女弄玉好之，公为作凤台以居之。后两人结合，升仙而去。

②入圆：升天。古人认为天圆地方，所以以圆指天界。

译　文

筑起凤台，避开尘世；建造仙阁，得道升天。

原　文

采茶欲精，藏茶欲燥，烹茶欲洁[①]。

注　释

①"采茶欲精"三句：出自明代张源的《茶录》。

译　文

采摘茶叶，越精细越好；储藏茶叶，越干燥越好；烹煮茶叶，越洁净越好。

原　文

茶见日而味夺，墨见日而色灰。

译　文

茶经过太阳的照射，味道会消减；墨经太阳曝晒，颜色就会变浅。

原　文

磨墨如病儿，把笔如壮夫。

译　文

磨墨要犹如生病的孩子一般力轻势缓，拿笔书写时应像壮汉一样强健有力。

原　文

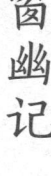

园中不能办奇花异石，唯一片树荫，半庭藓迹，差可会心忘形。友来或

促膝剧论，或鼓掌欢笑，或彼谈我听，或彼默我喧，而宾主两忘。

译　文

园中不能放置奇花异石，只要有一片树荫，半院苔藓，就可以让人心领神会、放纵忘情了。朋友到来就促膝相谈、激烈地争论，或是鼓掌欢笑，或者朋友高谈我来倾听，或者朋友沉默我来喧闹，宾客主人双方都怡然而乐。

原　文

檐前绿蕉黄葵，老少叶[1]，鸡冠花，布满阶砌。移榻对之，或枕石高眠，或捉麈清话。门外车马之尘滚滚，了不相关。

注　释

①老少叶：即老少年、雁来红。

译　文

房檐前，种上绿色的芭蕉树，黄色的葵花，老少叶，鸡冠花，布满台阶。移来竹榻与之相对，或者枕石而睡，或者一边拂去灰尘，一边进行清谈。门外车马奔驰荡起了滚滚烟尘，都与自己没有任何关系。

原　文

夜寒坐小室中，拥炉闲话。渴则敲冰煮茗，饥则拨火煨芋。

译　文

在寒冷的夜里，坐在小屋当中，围着火炉进行闲谈。渴了就要敲打一些冰块煮茶，饿了就拨开炭火来烤山芋充饥。

原　文

阿衡五就[1]，那如莘野躬耕；诸葛七擒[2]，争似南阳抱膝[3]。

注　释

①阿衡五就：典出《史记·殷本纪》："伊尹名阿衡…… 或曰，伊尹处士，汤使人聘迎之，五反然后肯往从汤。"

②诸葛七擒：用诸葛亮"七擒孟获"典。

③南阳抱膝：诸葛亮辅佐刘备之前，一直隐居于南阳，"亮每晨夜从客，常抱膝长啸。"

译　文

伊尹被商汤恭请五次最终才出任官职，辅佐贤主去安邦治国，但是这怎能像隐居山间耕田时有趣？诸葛亮七擒孟获，为蜀国鞠躬尽瘁，但怎能如隐居南阳抱膝长啸的闲适生活安逸？

原文

饭后黑甜[1]，日中薄醉，别是洞天；茶铛酒臼，轻案绳床，寻常福地。

注释

①**黑甜**：酣睡。苏轼《发广州》："三倍软饱后，一枕黑甜馀。"

译文

饭后酣睡，白天喝酒，这种生活赛过神仙；茶锅酒具，案几绳床，就是寻常的仙居福地。

原文

翠竹碧梧，高僧对弈；苍苔红叶，童子煎茶。

译文

碧绿的竹子和梧桐树之间，有高僧正在那里下棋对弈；苍翠的苔藓、红叶树下，有小童正在煎茶。

原文

久坐神疲，焚香仰卧；偶得佳句，即令毛颖君就枕掌记[1]，不则展转失去。

注释

①**毛颖君**：毛笔。唐代韩愈曾用拟人的笔法写下《毛颖传》。

译文

坐久了就会精神疲惫，焚上名香，仰卧在床；偶然间寻得佳句，用毛笔写下，不然辗转睡着后就会忘记了。

原文

和雪嚼梅花，羡道人之铁脚[1]；烧丹染香履，称先生之醉吟。

注释

①**铁脚**：草名。宋代王洙《王氏谈录·北虏风物》记载："北荒之珍，有铁脚草，采取阴乾，投之沸汤中，顷之茎叶舒卷如生。"

译文

就着雪咀嚼梅花，极为羡慕道人的铁脚草；燃烧朱砂、熏染香鞋，称赞先生醉酒吟诵的诗。

原文

灯下玩花，帘内看月，雨后观景，醉里题诗，梦中闻书声，皆有别趣[1]。

注释

①**趣**：情趣。

译 文

在灯下赏花，在帘内望月，在雨后赏景，酒醉时题诗，睡梦当中听到读书声，别有一番情趣。

原 文

王思远扫客坐留[1]，不若杜门；孙仲益浮白俗谈[2]，足当洗耳。

注 释

①王思远扫客坐留：据《南齐书·王思远传》记载："思远清修，立身简洁。衣服床筵，穷治素净。宾客来通，辄使人先密觇视。衣服垢秽，方便不前；形仪新楚，乃与促膝。虽然，既去之后，犹令二人交帚拂其坐处。"

②孙仲益：即宋代孙觌，常州晋陵人，号鸿庆居士，工诗文。

译 文

王思远清洁过度，在客人走后打扫客人曾经坐过的地方，还不如闭门不接宾客；孙仲益嗜好喝酒、谈吐粗俗，听后实在应当洗耳除垢。

原 文

铁笛吹残，长啸数声，空山答响[1]；胡麻饭罢，高眠一觉，茂树屯阴。

注 释

①空山答响：指空谷发出来的回声。

译 文

铁笛吹过，仰天长啸数声，空山传来回声；吃完胡麻饭，美美睡上一觉，繁茂的树木留下一片浓阴。

原 文

编茅为屋，叠石为阶，何处风尘可到；据梧而吟，烹茶而语，此中幽兴偏长[1]。

注 释

①幽：幽趣。

译 文

编茅草建成小屋，用石头重叠垒起台阶，哪里的风尘可以飘到这里；倚着梧桐树吟诗，一边烹煮清茶，一边进行清谈，此中富有幽趣。

原 文

皂囊白简[1]，被人描尽半生；黄帽青鞋[2]，任我逍遥一世。

注　释

①皂囊白简：机要公文。皂囊，汉代大臣们上奏机密大事，都会装于皂囊之中。白简，晋代傅玄为御史中丞之时，每当有弹劾的奏章时，都会手捧白简等候早朝。

②黄帽青鞋：山野村夫的服饰，代指平民式的生活。

译　文

官场沉浮，被别人密奏参劾，半生心血付之东流；头戴黄帽，脚穿青鞋的平民生活，能够让我逍遥一生。

原　文

清闲之人不可惰其四肢，又须以闲人做闲事：临古人帖[①]，温昔年书；拂几微尘，洗砚宿墨；灌园中花，扫林中叶。觉体少倦，放身匡床上，暂息半晌可也。

注　释

①临：临摹。

译　文

清闲的人，不能使自己手脚懒惰，必须以清闲人的心态去做一些清闲之事：描摹一下古人的法帖，温习以往的书籍；擦拭案几上面的灰尘，清洗砚台当中残留的墨迹；在园中浇灌一下花草，打扫树林当中的落叶。觉得身体稍有些疲倦了，就舒适惬意地躺到床上，暂时休息半晌也是可以的。

原　文

待客当洁不当侈，无论不能继，亦非所以惜福[①]。

注　释

①惜福：珍惜福气。

译　文

招待宾客应当讲求清洁，不需奢侈，且不论奢侈不能维持长久，仅就奢侈而言也并非珍惜福气的表现。

原　文

葆真莫如少思[①]，寡过莫如省事；善应莫如收心，解谬莫如澹志。

注　释

①葆真：永葆天真。

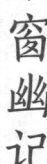

译　文

永葆天真的好方法，没有什么能比少思考更好的办法，要想少犯错误，没有什么比反省更好的办法；想要善于应对世事，没有什么比排除杂念更有用的办法，想要解除烦恼，没有什么比淡泊明志更好的方法。

原　文

世味浓，不求忙而忙自至；世味淡，不偷闲而闲自来。

译　文

入世情浓，不用寻找繁忙，繁忙也会自然到来；世情情淡，不想偷闲，闲适也会到来。

原　文

盘餐一菜，永绝腥膻，饭僧宴客，何烦六甲行厨[1]；茆屋三楹[2]，仅蔽风雨，扫地焚香，安用数童缚帚。

注　释

①**六甲行厨**：烧火做饭。

②**茆屋**：即茅屋。

译　文

吃饭只有一盘菜，永远无荤腥，招待僧人、宾客，何须烧火做饭；只有三间茅屋，仅能遮蔽风雨，扫地焚香，何须几个仆童呢？

原　文

以俭胜贫，贫忘；以施代侈[1]，侈化；以省去累，累消；以逆炼心，心定。

注　释

①**施**：施舍。

译　文

用俭省战胜贫穷，贫穷之感自然能够将其忘记；用施舍代替奢侈，奢侈自然会化解；以省事替代劳累，劳累自然得以消除；用逆境来修炼身心，心志自然能够坚定。

原　文

净几明窗，一轴画，一囊琴，一只鹤，一瓯茶，一炉香，一部法帖；小园幽径，几丛花，几群鸟，几区亭，几拳石，几池水，几片闲云。

译　文

窗明几净，房间里放着一幅画，一架琴，一只仙鹤，一杯茶，一炉香，一本字帖；精致幽静，园子里的小路旁有几丛花，几群鸟，几座小亭，几块奇石，几池碧水，几片闲云。

原　文

花前无烛，松叶堪燃[1]；石畔欲眠，琴囊可枕。

注 释

①堪：可以。

译 文

花前如果没有蜡烛，松叶也能燃烧；石畔旁边如果想睡觉，琴囊也可枕着。

原 文

流年不复记，但见花开为春，花落为秋；终岁无所营[①]，惟知日出而作，日入而息。

注 释

①终岁：整年。

译 文

幽居岁月，记不清时间的流逝，只知道花开时是春天，花落时是秋天，整年也没什么营生，只记得日出而作，日落而息。

原 文

脱巾露顶，斑文竹箨之冠[①]；倚枕焚香，半臂华山之服[②]。

注 释

①竹箨之冠：竹皮冠。汉高祖刘邦贫贱时曾以竹箨作帽子，显贵后也时常戴竹皮帽子。

②华山之服：道士或仙人的服饰。

译 文

去掉头巾，露出头顶，满头青丝，好像是带有条纹的竹皮帽子；靠着枕头焚香，闭目养神，感觉似乎自己身上穿着仙人服饰。

原 文

谷雨前后，为和凝汤社[①]，双井白茅[②]，湖州紫笋，扫臼涤铛，征泉选火。以王濛为品司[③]，卢仝为执权[④]，李赞皇为博士[⑤]，陆鸿渐为都统[⑥]。聊消渴吻，敢讳水淫，差取婴汤，以供茗战。

注 释

①和凝汤社：和凝，五代时期的人，官至左仆射。《清异录》记载："和凝在朝，率同列递日以茶相饮，味劣者有罚，号为汤社。"

②双井白茅：白茅，名茶，出产于江西双井，故名。

③王濛：东晋清谈家，诗人。爱饮茶，对茶道极为精通。

④卢仝：唐代诗人，号玉川子，有诗作《茶歌》，又名《走笔谢孟谏议寄新茶》。

⑤李赞皇：即唐代李德裕，擅长品茶鉴水。

⑥**陆鸿渐**：即唐代陆羽，好品茶，后世称作“茶圣”“茶仙”，曾著有《茶经》。

译　文

谷雨前后是采摘新茶的时节，像和凝那样举行茶会，品评双井白茅、湖州紫笋这样的茶中极品，打扫干净杵臼，洗涤好茶铛，汲取好泉水，掌握好火候。仿佛是以王濛为品司，卢仝为执权，李德裕为博士，陆鸿渐为都统。暂且以茶解渴，避讳不谈水厄，取出茶水初沸时的嫩汤，用来斗茶。

原　文

窗前落月，户外垂萝；石畔草根，桥头树影；可立可卧，可坐可吟。

译　文

窗前明月正落，门外藤萝垂下；石头边有草根蔓延，桥头上有一片树影；面对这样的美景，能够站立也能躺卧，可以静坐也可吟诗。

原　文

亵狎易契，日流于放荡；庄厉难亲[1]，日进于规矩。

注　释

①**庄厉**：庄重、严厉。

译　文

与猥亵的人更容易接近，交往时间久了，自己也会放肆；庄重、严厉不易亲近，交往的日子久了就会恪守本分。

原　文

甜苦备尝，好丢手，世味浑如嚼蜡；生死事大，急回头，年光疾如跳丸[1]。

注　释

①**跳丸**：抛出的丸弹。

译　文

人生的酸甜苦辣都应当尝一下，才好放手，世间的滋味犹如嚼蜡；关涉生死的事情很大，要赶紧回头，时光飞逝犹如抛出的弹丸。

原　文

若富贵，由我力取，则造物无权；若毁誉，随人脚跟，则谗夫得志。

译　文

如果富贵是通过努力就能够获得的，那么造物主就没有权力了；如果诋毁及美誉，是跟着人们的脚跟而加以传播的，那么进谗的人就会阴谋得逞。

原　文

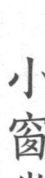

清事不可着迹。若衣冠必求奇古，器用必求精良，饮食必求异巧，此乃清中之浊，吾以为清事之一蠹。

译　文

高洁的事不可以露出痕迹，如果衣着必须追求上古的款式，生活器皿必须追求精良，饮食必须追求奇异，这便是清中之浊，看似高雅，其实低俗，在我看来这是对清雅的一种破坏。

原　文

吾之一身，常有少不同壮，壮不同老；吾之身后，焉有子能肖父[1]，孙能肖祖？如此期，必属妄想，所可尽者，惟留好样与儿孙而已。

注　释

①**焉**：哪里。

译　文

我这一生中，出现过少年与壮年不同，壮年与老年不同的地方；那么，在我身后，又哪里有儿子如父亲、孙子如祖父的呢？如果一定要期望这些，那必然属于妄想，我们所能做到的，只是为儿孙们做个好榜样罢了。

原　文

若想钱，而钱来，何故不想[1]；若愁米，而米至，人固当愁。晓起依旧贫穷，夜来徒多烦恼。

注　释

①**何故**：为什么。

译　文

如果心里想得到钱，钱就来了，那为什么不去想呢？如果为米而发愁，米就会来了，那么人原本就应当发愁。事实并非这样，早上起来依旧贫穷，夜里只是徒增烦恼。

原　文

半窗一几，远兴闲思，天地何其寥阔也；清晨端起，亭午高眠，胸襟何其洗涤也。

译　文

半窗一几，使人感到意兴盎然，产生无尽的遐思，天地多么辽阔；晨起端坐，中午睡一会儿，胸襟多么澄净。

原　文

宇宙以来，有治世法，有傲世法，有维世法，有出世法，有垂世法。唐虞垂衣[1]，商周秉钺[2]，是谓治世；巢父洗耳[3]，裘公瞋目[4]，是谓傲世；首阳轻周[5]，桐江重汉[6]，是谓维世；青牛度关[7]，白鹤翔云[8]，是谓出世；若乃鲁儒一人[9]，邹传七篇[10]，始谓垂世。

● 老子授经图

注　释

①**垂衣**：形容君王无为而治。《周易》"黄帝、尧、舜垂裳而天下治。"

②**钺**：古代兵器，"秉钺"即使用武力。

③**巢父**：典出晋代皇甫谧《高士传·巢父》："巢父者，尧时隐人也，山居不营世利，年老以树为巢而寝其上，故时人号曰巢父。"

④**裘公瞋目**：典出晋代皇甫谧《高士传·披裘公》："披裘公者，吴人也。延陵季子出游，见道中有遗金，顾披裘公曰：'取彼金。'公投镰瞋目，拂手而言曰：'何子处之高而视人之卑！五月披裘而负薪，岂取金者哉！'"

⑤**首阳轻周**：周伯夷、叔齐不食周粟，隐居首阳山。

⑥**桐江重汉**：指严光归隐桐江拒汉武帝提拔的典故。

⑦**青牛度关**：指老子骑青牛西游出关的典故。

⑧**白鹤翔云**：相传汉代辽东人丁令威曾在灵墟山当中学道，后来化为仙鹤返回辽东，落在城门的华表上。有少年看到，要以弓箭射他，丁令威飞到空中感叹道："有鸟有鸟丁令威，去家千岁今来归。城郭如故人民非，何不学仙冢累累。"

⑨**鲁儒一人**：即孔子。

⑩**邹传七篇**：指孟子及其著作《孟子》七篇。

译　文

人世间自古以来就存在治世之法，有傲世之法，有维世之法，有出世之法，有垂世之法。唐尧、虞舜无为而治，商朝和周朝以武力来治理国家，这是治世；巢父洗耳，裘公怒视延陵季子，此为傲世；隐居首阳山当中的伯夷、叔齐轻视周朝，隐居在桐江的严光拒绝做官，这是维世；老子骑青牛西游出关，丁令威变为仙鹤飞翔在云间，这是出世；而像鲁国的大儒孔子，写下《孟子》七篇的孟子，这是垂世。

原文

书室中修行法：心闲手懒，则观法帖，以其可逐字放置也；手闲心懒，则治迂事[1]，以其可作可止也；心手俱闲，则写字作诗文，以其可以兼济也；心手俱懒，则坐睡，以其不强役于神也；心不甚定，宜看诗及杂短故事，以其易于见意不滞于久也；心闲无事，宜看长篇文字，或经注，或史传，或古人文集，此又甚宜于风雨之际及寒夜也。又曰："手冗心闲则思，心冗手闲则卧，心手俱闲，则著作书字，心手俱冗，则思早毕其事，以宁吾神。"

注释

①**治迂事**：做不急的事情。

译文

书房当中修行的办法：心闲手懒，就去观察书帖，因为它是逐字写下来的；手闲心懒，就做一些不急的事，因为可以做也可以停；心手都闲，就写诗作文，因为它可以将心、手并用；心手都很懒，就坐着睡觉，因为这样可以不压迫精神；心不是很安定时，适合看诗歌还有短篇故事，因为它们容易了解而不会因此而滞留太久；心闲时，适合阅读长篇的文字，或者是经书作注，或者是史传，或者是古代人的文集，这又特别适合在风雨天或寒夜当中进行。也有人说："手忙心闲就凝心思考，心忙手闲就躺下进行休息，心手都闲就著书写字，心手都忙就思考如何早些结束此事，使自己的精神安宁。"

原文

片时清畅，即享片时；半景幽雅，即娱半景；不必更起姑待之心。

译文

能得到片刻清净畅快，就去享受片刻；能欣赏半点幽静景色，就去欣赏；不必抱着等一等的想法。

原文

一室经行，贤于九衢奔走；六时礼佛[1]，清于五夜朝天[2]。

注释

①**六时**：佛语。佛教将一天划分为六个时段，白天分成晨朝、日中、日没，晚上分为初夜、中夜、后夜。

②**五夜**：古时一夜分成五更，五夜即一整夜。

译文

在一室内来回走，胜过在大道上奔走；终日敬佛，胜过整夜朝拜上天。

原　文

会意不求多，数幅晴光摩诘画；知心能有几，百篇野趣少陵诗[①]。

注　释

①少陵： 杜甫，号杜陵野老，故又称杜少陵。

译　文

能心领神会的东西不必求多，几幅晴朗明媚的王维山水画足矣；令人知心合意的东西能有多少，上百篇富含野趣的杜甫诗就行。

原　文

醇醪百斛，不如一味太和之汤[①]；良药千包，不如一服清凉之散。

注　释

①太和之汤： 即百沸汤，据说能够起到调节阴阳之气、保养身心之功效。

译　文

百斛香醇的美酒，也不如一味太和汤；千包良药，也不如一服清凉散。

原　文

闲暇时，取古人快意文章，朗朗读之，则心神超逸，须眉开张[①]。

注　释

①须眉： 胡子、眉毛。

译　文

闲暇的时候，拿来古人的愉悦轻快的文章，大声诵读，心神就会超然安逸，喜笑颜开。

原　文

修净土者[①]，自净其心，方寸居然莲界；学禅坐者，达禅之理，大地尽作蒲团。

注　释

①净土： 即净土宗，佛教的一派。

译　文

修习佛法的人，必须让自己的内心洁净，才能身居莲花极乐的境界；学习禅宗打坐的人，只要通晓禅宗的道理，大地也能作为打坐的蒲团。

原　文

衡门之下[①]，有琴有书，载弹载咏，爰得我娱；岂无他好，乐是幽居。朝为灌园，夕偃蓬庐。

注释

①**衡门**：比喻简陋的住所。《诗经》之《衡门》云："衡门之下，可以栖迟。"

译文

简陋的小屋里面，有琴有书，一边弹奏，一边歌唱，自得其乐；难道没有别的爱好吗？我的乐趣就是幽居，早上去浇灌花园，晚上则躺在草庐之中。

原文

因葺旧庐，疏渠引泉，周以花木，日哦其间；故人过逢，瀹茗弈棋[1]，杯酒淋浪，其乐殆非尘中物也。

注释

①**瀹茗**：煮茶。

译文

于是修理破旧的房子，疏导水渠，引来泉水，在四周种上花木，整日在自然当中吟咏；有故人从此经过，煮茶下棋，尽情酣饮，这种乐趣在俗世当中几乎没有。

原文

逢人不说人间事，便是人间无事人。

译文

遇到什么人都不说尘世当中的烦心事，这就是人世间的无事人。

原文

闲居之趣，快活有五。不与交接，免拜送之礼，一也；终日可观书鼓琴，二也；睡起随意，无有拘碍，三也；不闻炎凉嚣杂，四也；能课子耕读，五也。

译文

闲居的趣味，有五种：一是不与外界进行交接应酬，免去拜访赠送的礼品；二是整天都能看书弹琴；三是睡觉起床可以随心所欲，没有拘束与羁绊；四是两耳不闻世态炎凉与喧嚣杂念；五是能够督促孩子耕种读书。

原文

虽无丝竹管弦之盛[1]，一觞一咏，亦足以畅叙幽情。

注释

①**盛**：盛大。本句出自王羲之《兰亭序》。

译文

虽然没有丝竹管弦各类乐器合奏如此盛大的场面，一边畅饮，一边赋诗，也足以畅谈幽居的情韵。

原文

独卧林泉，旷然自适，无利无营，少思寡欲，修身出世法也。

译文

独自隐居在山林当中，清泉之旁，心胸旷达，安闲自适，不贪图名利，没有杂念、欲望，这是修身处世的方法。

原文

茅屋三间，木榻一枕，烧高香，啜苦茗，读数行书，懒倦便高卧松梧之下，或科头行吟[1]。日常以苦茗代肉食，以松石代珍奇，以琴书代益友，以著述代功业，此亦乐事。

注释

①**科头：**结发不戴帽子。

译文

茅草屋三间，木榻一个，焚烧高香，喝点苦茶，读上几行书，疲倦了就高卧于松树和梧桐树下面，或者拿下帽子，一边踱步一边吟诗。日常中以苦茶取代肉食，以松石代替奇珠异宝，以琴书取代好友，以著书立说来代替功业，这才是人生中的快乐之事。

原文

挟怀朴素，不乐权荣；栖迟僻陋，忽略利名；葆守恬淡，希时安宁；宴然闲居，时抚瑶琴。

译文

胸怀朴素，不喜欢权势荣华；栖居在偏僻的简陋之地，忽视功名利禄；保持心灵的恬淡，希望能够经常安享宁静；安逸地隐居，不时抚弄瑶琴几下。

原文

人生自古七十少，前除幼年后除老。中间光景不多时，又有阴晴与烦恼。到了中秋月倍明，到了清明花更好。花前月下得高歌，急须漫把金樽倒。世上财多赚不尽，朝里官多做不了。官大钱多身转劳[1]，落得自家头白早。请君细看眼前人，年年一分埋青草。草里多多少少坟，一年一半无人扫。

注释

①**转：**反而。

译　文

人生自古能够活到七十岁的人就非常少，再除去此前的幼年，最后的老年。中间所剩下的时间不多，但是人又有伤心快乐或是烦恼忧愁。到了中秋时节，月亮特别明朗，到了清明时节，花儿愈加漂亮。花前月下时，应当放声高歌，更需金樽在手，开怀痛饮。世上的钱财很多，是绝对赚不完的，朝廷当中的官职太多做不完。官做得大，钱赚得也就多，反而会让自己的心更加劳碌，到头来只能导致自己的头发早早变白了。请你仔细看看眼前的人，埋到长满青草的黄土下的人，每年都增加一些。那些青草上的坟墓，一年中有一半时间都没人去打扫。

原　文

饥乃加餐，菜食美于珍味；倦然后睡，草蓐胜似重裀[①]。

注　释

①重裀：厚重的棉褥。

译　文

饥饿了就加餐，此时菜食要比珍馐更加美味；疲倦了就睡觉，此时草褥子比层层的棉褥更舒服。

原　文

流水相忘游鱼，游鱼相忘流水，即此便是天机；太空不碍浮云，浮云不碍太空，何处别有佛性？

译　文

流水忘记了游鱼，游鱼也忘却了流水，这就是奥妙的天机；天空阻碍不了浮云，浮云也无法阻碍天空，这就是佛性，别处哪里还能有佛性？

原　文

颇怀古人之风，愧无素屏之赐，则青山白云，何在非我枕屏。

译　文

很怀念古人的风度，惭愧没人以白色的屏障赠送给我，那么青山白云，哪里不能作为我的枕屏呢？

原　文

江山风月，本无常主，闲者便是主人。

译　文

江山风月这般美景，本来就没有固定不变的主人，闲适之人便是它的主人。

原　文

入室许清风，对饮惟明月。

译　文

入室顿感清风习习，能与我对饮的只有明月。

原　文

山房置一钟，每于清晨良宵之下，用以节歌，令人朝夕清心，动念和平。李秃谓[1]："有杂想，一击遂忘；有愁思，一撞遂扫。"知音哉！

注　释

①**李秃**：明代思想家李贽，主张"率性""童心"说。

译　文

在山间小屋中设置一口钟，每天在清晨的良宵之时，敲击打节，与歌相和，使人不管是在早晨还是晚上都能感到心清气爽，心境平和。李秃说："有私心杂念，敲击一下，杂念自然就会消失了；有郁闷愁思时，撞一下，愁思马上就扫光了。"真是知音啊。

● 秦时乐府钟

原　文

潭涧之间，清流注泻，千岩竞秀，万壑争流，却自胸无宿物[1]，漱清流，令人濯濯清虚，日来非惟使人情开涤，可谓一往有深情。

注　释

①**宿物**：旧物。

译　文

在石涧和小潭之间，清澈的流水在不断流淌，千座青岩竞相显现出秀姿，万条峡谷中的河流争相流淌，面对这样的美景，心中没有丝毫旧物与俗念；以清泉漱口，使人感到清爽虚空，每日到此不但可以陶冶人的心灵，而且可以说是一往情深。

原　文

林泉之浒，风飘万点，清露晨流，新桐初引，萧然无事，闲扫落花，足散人怀。

译文

在山泉旁的树林当中，随风而起万点花絮，晶莹的露珠，清晨的溪流，梧桐树的嫩叶，极为悠闲，没有一点事情时，闲逸地扫一下飘落的花瓣，也足以让人心胸开阔。

原文

浮云出岫[1]，绝壁天悬，日月清朗，不无微云点缀。看云飞轩轩霞举，踞胡床与友人咏谑，不复滓秽太清。

注释

①**岫**：峰峦。

译文

浮云像是从山岫之间飘出，悬崖峭壁似乎悬挂在那里，日清月朗，有几朵白云进行点缀。看白云穿梭，朝霞上升，坐在胡床上与友人共同吟咏戏谑，不可言行低俗，污染了大自然的美景。

原文

山房之磬[1]，虽非绿玉[2]，沉明轻清之韵，尽可节清歌洗俗耳。山居之乐，颇惬冷趣，煨落叶为红炉，况负暄于岩户。土鼓催梅，荻灰暖地，虽潜凛以萧索，见素柯之凌岁。同云不流，舞雪如醉，野因旷而冷舒，山以静而不晦。枯鱼在悬，浊酒已注，朋徒我从，寒盟可固，不惊岁暮于天涯，即是挟纩于孤屿。

注释

①**磬**：石制的敲打乐器。

②**绿玉**：古代的名琴。

译文

山中房舍中的磬，尽管不是绿玉，但是也具有沉明的轻清之韵，尽可以为清歌而伴奏来清洗俗世的耳朵。山居的快乐，非常惬意，富有清冷的情趣，燃烧红叶化为红红的火炉，或者在山岩洞口背对太阳舒适地晒着太阳。土鼓声声，催着梅花怒放。芦苇的灰烬温暖着大地，尽管潜藏着凛冽、萧寒，但是看到大雪覆盖着的树枝，也知道一年即将结束，春天即将来临。凝聚的云雾似乎不流，飞舞的雪花似乎喝醉，山野因为空旷而寒冷，大山因宁静而显得昏暗。晒好的鱼干还悬挂在这里，美酒已经倒满了酒杯，朋友相从，寒士的盟约得以巩固，不觉间惊讶地发现这一年即将过去，在这孤岛上因为安慰而感到温暖。

原文

步障锦千层，氍毹紫万叠[1]，何似编叶成帷，聚茵为褥？绿阴流影清入

神，香气氤氲彻人骨，坐来天地一时宽，闲放风流晓清福。

注　释

①氍毹：毛或毛线等混织成的毛布或地毯。

译　文

千层锦绣织成的屏障，万叠紫色毛线织成的地毯，怎能比得上绿叶编织出来的帷帐、绿茵铺成的床褥呢？绿树成荫，斑斑流影，清心怡神，香气弥漫，烟雾弥漫，透入肌骨，坐在这里天地变得更为宽广，闲适放纵地徜徉其中，才知道安享清净之福。

原　文

送春而血泪满腮，悲秋而红颜惨目。

译　文

告别春天，令人痛惜不已，泪流满面；悲感秋色，令人顿觉凄凉，美丽的容颜也会变得苍白。

原　文

翠羽欲流，碧云为飏。

译　文

青翠的羽毛，颜色鲜亮，就像是要流动的水，又像是飘荡的碧云。

原　文

郊中野坐，固可班荆[①]；径里闲谈，最宜拂石。侵云烟而独冷，移开清啸胡床，藉草木以成幽，撤去庄严莲界。况乃枕琴夜奏，逸韵更扬；置局午敲，清声甚远；洵幽栖之胜事，野客之虚位也。

注　释

①班荆：把荆条铺在地上，坐在上面。

译　文

在郊外铺上荆条坐下，老友叙旧，不必拘礼；在小径中闲谈，最适合以脚拂动幽石。云烟侵入身体而感到有些凉意，就移开胡床并清啸几声，借助草木而形成幽趣，就可以撤去庄严的佛境。更何况夜里弹奏古琴，琴声悠扬；午间对弈，落子的敲击声清脆，传得很远；这的确是幽居的胜事，山林野客的虚静趣味。

原　文

饮酒不可认真，认真则大醉，大醉则神魂昏乱。在书为沉湎[①]，在诗为童羖[②]，在礼为豢豕[③]，在史为狂药[④]。何如但取半酣，与风月为侣？

注释

①在书为沉湎:《尚书·泰誓》:“沉湎冒色，敢行暴虐。”

②在诗为童羖:《诗经·小雅·宾之初筵》:“由醉之言，俾出童羖。”

③在礼为豢豕:《礼记·乐记》有云:“夫豢豕为酒，非以为祸也。”

④在史为狂药:狂药，酒。唐代房玄龄在《晋书·裴秀传》附《裴楷传》有云:“长水校尉孙季舒尝与崇（石崇）酣宴，慢傲过度，崇欲表免之。楷闻之，谓崇曰:‘足下饮人狂药，责人正礼，不亦乖乎?’崇乃止。”

译文

饮酒时不可过于认真，认真就会大醉，大醉就会让神魂混乱。在《尚书》中这被称为“沉湎”，在《诗经》中称为“童羖”，在《礼记》中称为“豢豕”，在《晋书》里称为“狂药”。大醉怎么能比拟半酣，与风月相伴呢?

原文

家鸳鸯湖滨，饶兼葭凫鹭，水月淡荡之观。客啸渔歌，风帆烟艇[1]，虚无出没，半落几上，呼野衲而泛斜阳，无过此矣!

注释

①风帆烟艇:风吹动船帆，烟笼罩小舟。

译文

家住鸳鸯湖之滨，蒹葭、凫鸟都非常丰饶，月色洒在水面上，微波荡漾，景观极为优美。客人长啸，渔歌互答，风吹船帆，烟笼小舟，虚虚实实，缥缈迷茫，几乎落在案几上，于是呼唤野居的名僧共同泛舟于斜阳之中，世间幽趣没有什么比这更为美妙的了。

原文

雨后卷帘看霁色[1]，却疑苔影上花来。

注释

①霁色:雨后初晴的景色。

译文

雨后卷起帘子望着天气初晴的景色，青山碧水，不由得怀疑是否是翠绿的苔藓的影子映在花中。

原文

月夜焚香，古桐三弄[1]，便觉万虑都忘，妄想尽绝。试看香是何味，烟是何色，穿窗之白是何影，指下之余是何音，恬然乐之而悠然忘之者是何趣，不可思量处是何境。

注释

①**古桐**：古琴。古代的琴通常是用桐木做，所以称古琴为古桐。

译文

月夜焚香，弹奏古琴，所有的忧愁都能忘记，一切妄想都没有。试着体味一下香是何种味道，烟是何种颜色，穿过窗户照进来的白色是什么的影子，手指下的余音是什么音调，恬静喜悦而又悠然忘却的是什么乐趣，飘忽不定的，是何种境界。

原文

贝叶之歌无碍[1]，莲花之心不染[2]。

注释

①**贝叶之歌**：佛经。古印度以贝叶写经，故称。

②**莲花之心**：佛境。本指莲花胚芽，在此以莲花来象征佛境。

译文

贝叶上的经文阅读起来流畅无碍，就像莲花之心的佛境不受到任何污染。

原文

河边共指星为客，花里空瞻月是卿。

译文

在河边共同指点着星星，将星星当作客人；花丛中抬头望月，将月亮当作朋友。

原文

人之交友，不出趣味两字，有以趣胜者，有以味胜者。然宁饶于味[1]，而无饶于趣。

注释

①**饶**：丰饶。

译文

一个人结交朋友，不外乎“趣”“味”两个字，有的人以“趣”为重，有的人以“味”为重。但是宁可“味”能够多一些，不可让“趣”太多。

原文

守恬淡以养道，处卑下以养德，去嗔怒以养性，薄滋味以养气。

译文

安守恬淡以养道，身处卑微以养德，去除嗔怒以养性，淡薄滋味以保养元气。

原文

吾本薄福人，宜行惜福事[1]；吾本薄德人，宜行厚德事。

注释

①宜：应该。

译文

我原本就是福气浅薄之人，应该做惜福的事；我原本就是德行浅薄的人，应该多做积德的事。

原文

只宜于着意处写意，不可向真景处点景。

译文

只可以对想象的世界绘画写意，不可以对着真实的景色描画景色。

原文

只愁名字有人知，涧边幽草；若问清盟谁可托，沙上闲鸥。山童率草木之性，与鹤同眠；奚奴领歌咏之情，检韵而至。闭户读书，绝胜入山修道；逢人说法[①]，全输兀坐扪心。

注释

①说法：讲经论法。

译文

如果担心自己的名字有人知道，就像涧边的小草；如果问清雅之盟可以托付给谁，那就是沙滩上的闲鸥。山童都习得草木的性情，与仙鹤一起睡觉；奴仆领会歌咏之情，踩着韵律走来。关闭门户在家读书，绝对胜过入山修道；碰到人便对人讲经说法，根本比不上独自打坐，扪心自省。

原文

砚田登大有[①]，虽千仓珠粟，不输两税之征；文锦运机杼，纵万轴龙文[②]，不犯九重之禁[③]。

注释

①大有：大获所有，比喻诗文有成就。

②龙文：即龙纹，喻指精美诗文。

③九重之禁：朝廷的禁令。古代皇帝自命为真龙天子，禁止他人衣饰上带有龙的花纹。

译文

在砚田地当中耕耘而大有所获，尽管拥有千仓珠宝、米粟，却不必缴纳田赋、丁税；锦绣般的文章就想用机杼织纺，纵使有上万轴的龙纹的锦绣布匹，也不触犯朝廷颁下的禁令。

原文

步明月于天衢①，览锦云于江阁。

注释

①**天衢**：天路，喻指山上的小道。

译文

迎着明月在高山的小路上面漫步，在江上的楼阁遍览锦绣一般的云彩。

原文

幽人清课，讵但啜茗焚香；雅士高盟，不在题诗挥翰。

译文

隐士做着非常清雅之事，不仅是喝茶焚香；雅士做着高雅的事，也不只是题诗作画。

原文

以养花之情自养，则风情日闲；以调鹤之性自调，则真性自美。

译文

如果以养花的闲情进行自我修养，那么心态与情怀就会日渐变得悠闲；如果以驯养仙鹤的性情来进行自我调性，那么真性情自然会变得美好。

原文

热汤如沸，茶不胜酒；幽韵如云，酒不胜茶。茶类隐，酒类侠①。酒固道广，茶亦德素。

注释

①**侠**：侠客。

译文

热汤如沸水，所以茶不如酒；幽静之韵如白云，所以酒不如茶。茶像隐士，酒像侠客。酒的功效虽然很大，但茶自有其德行。

原文

老去自觉万缘都尽，那管人是人非；春来倘有一事关心①，只在花开花谢。

注释

①**倘**：倘若，如果。

译文

人到老年，自然会感到万种尘缘都了断，哪还管人世间的各种是是非非；春天来了，如果还有一事要去关心的话，那就是只在乎花开花落。

原 文

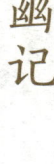

是非场里，出入逍遥；顺逆境中，纵横自在。竹密何妨水过，山高不碍云飞。

译 文

是非场里，逍遥出入；不管是顺境，还是逆境，都能率情自在，任意纵横。竹林虽密也无法制止水流经过，苍山虽高也无法阻碍白云飘飘。

原 文

口中不设雌黄，眉端不挂烦恼，可称烟火神仙；随意而栽花柳，适性以养禽鱼，此是山林经济。

译 文

口中不随便议论他人，眉间不挂有烦恼，可以称得起是食人间烟火的神仙；随意栽种鲜花柳树，按照性情去喂养禽鸟、鱼儿，这正是在山林当中经邦济世的行为。

原 文

午睡欲来，颓然自废，身世庶几浑忘[1]；晚炊既收，寂然无营，烟火听其更举。

注 释

①庶几浑忘： 几乎都忘了。

译 文

中午睡意袭来，精神萎靡，随意大睡，就连自己的身世也几乎要忘了；晚上炊烟消散，吃过晚饭后，无事可做，炊烟再起时，煮茶清谈。

原 文

花开花落春不管，拂意事休对人言[1]；水暖水寒鱼自知，会心处还期独赏。

注 释

①拂意事： 扫兴的事情。

译 文

花开花落，春天不去理会，扫兴的事，不要对别人说；水暖水寒，鱼儿自然会知道，心领神会的地方还需要独自欣赏。

原 文

心地上无风涛[1]，随在皆青山绿水；性天中有化育，触处见鱼跃鸢飞。

注　释

①**风涛**：风浪，喻指心里有妒忌、愤恨之情。

译　文

如果内心安宁没有妒忌的情绪，那么所到之处，到处是青山绿水；如果性情中天生就有长育万物的念头，那么所接触到的所有景象当中都会有勃勃生机。

原　文

宠辱不惊，闲看庭前花开花落；去留无意，漫随天外云卷云舒。斗室中万虑都捐，说甚画栋飞云，珠帘卷雨[①]；三杯后一真自得，谁知素弦横月，短笛吟风。

注　释

①**画栋飞云，珠帘卷雨**：语出唐代王勃《滕王阁序》："画栋朝飞南浦云，珠帘暮卷西山雨。"

译　文

宠辱不放在心上，悠闲地看庭院前的花开花落；无论去留都不会在意，任意地伴随天空的白云舒卷自如。身居斗室之中，什么杂念都没有了，还用说什么画栋飞云、珠帘卷雨；三杯下肚，一切都会纯真自得，还有谁知道素弦横月、风中吹笛呢？

原　文

得趣不在多，盆池拳石间，烟霞具足[①]；会景不在远，蓬窗竹屋下，风月自赊。

注　释

①**具**：具备。

译　文

获得意趣并不在于有多少，盆子一样大的池子、拳头一般大的石头，同样可以具备烟霞的意趣；观赏景色不在于有多远，茅草窗、竹屋下，这样的景色也是怡然自得的。

原　文

会得个中趣，五湖之烟月尽入寸衷[①]；破得眼前机，千古之英雄都归掌握。

注　释

①**入寸衷**：进入自己的心中。

译　文

能够领会其中的乐趣，五湖的烟雾明月都能进入心中；能够看破眼前的玄机，自古以来的所有英雄豪杰都能在自己的掌握当中。

原　文

细雨闲开卷，微风独弄琴。

译　文

蒙蒙细雨中，闲适地打开书卷；和煦的微风里，独自抚弄着琴弦。

原　文

水流任意景常静，花落虽频心自闲。

译　文

任凭水流随意自然地进行流动，景色依然恬静；虽然花儿频繁飘落，心中依然安闲。

原　文

残醺供白醉[1]，傲他附热之蛾；一枕余黑甜，输却分香之蝶。闲为水竹云山主，静得风花雪月权。

注　释

①残醺：落日余光。

译　文

面对落日余光的美景，一醉方休，傲视那些见到光与热就攀附的飞蛾；白天躺在枕上酣睡，不理会只为花香的蝴蝶。安闲的时候就做山水竹云的主人，静谧之时独揽风花雪月的观赏权利。

原　文

半幅花笺入手，剪裁就腊雪春冰；一条竹杖随身，收拾尽燕云楚水。

译　文

手中有半幅精美的花笺，可以裁剪腊冬之雪、初春之冰；随身携带竹杖，就可以览尽燕山之云、楚江之水。

原　文

心与竹俱空，问是非何处安觉；貌偕松共瘦，知忧喜无由上眉。

译　文

内心与竹子同样清空，那么人间的是非还可以在哪里安身呢？外貌与青松一样清瘦，就能知道忧愁欣喜无从爬上眉梢。

原　文

芳菲林圃看蜂忙，觑破几多尘情世态；寂寞衡茆观燕寝[1]，发起一种冷趣幽思。

注 释

①**衡茆**：衡门茅屋，比喻简陋。

译 文

在芳香的临圃中看，蜜蜂有多么忙碌，可以从中看破多少的世情百态；在寂寞简陋的小屋中观看茅檐下燕子安寝，就会发出一种空冷之趣、幽静之思。

原 文

何地非真境？何物非真机？芳园半亩，便是旧金谷[1]；流水一湾，便是小桃源[2]。林中野鸟数声，便是一部清鼓吹；溪上闲云几片，便是一幅真画图。

注 释

①**金谷**：金谷园，位于洛阳的西北方向，极为华丽。

②**桃源**：桃花源。

译 文

什么地方不是真正的境界？什么东西不真正富有玄机？半亩芬芳的花园，就是古时的金谷园；一湾幽幽的流水，就是简化版的桃花源。园林中传来几声野鸟啼鸣之声，便是一部清美的鼓吹之曲；溪流上几片白云，就是一幅真正的画卷。

原 文

人在病中，百念灰冷，虽有富贵，欲享不可，反羡贫贱而健者。是故人能于无事时常作病想。一切名利之心，自然扫去。

译 文

人在病痛的时候，常常万念俱灰，尽管拥有富贵荣华，想要享受却不能，反而羡慕那些贫贱的健康人。因此一个人如果在没病时能够有生病时的想法，争名夺利之心自然都会消除。

原 文

竹影入帘，蕉阴荫槛，故蒲团一卧，不知身在冰壶鲛室[1]。

注 释

①**鲛室**：晋代张华《博物志》中记载："南海水有鲛人，水居如鱼，不废织绩，其眼能泣珠。"比喻洁净的地方。

译 文

窗外的竹影映入帘内，芭蕉树的阴影遮蔽门槛，此时坐在蒲团上打坐，内心如同处在冰壶鲛室当中一样清醒透彻。

原 文

霜降木落时，入疏林深处，坐树根上，飘飘叶点衣袖，而野鸟从梢飞来

窥人。荒凉之地，殊有清旷之致[1]。

注　释

①**殊：**小。

译　文

秋霜降临，树叶飘落，走到稀疏的树林深处，坐在树根上面，片片树叶点缀在衣袖之间，野鸟从树梢上飞出对人进行窥探。这荒凉的境地，很少有清凉旷远的景致。

原　文

明窗之下，罗列图史琴尊以自娱[1]。有兴则泛小舟，吟啸览古于江山之间。渚茶野酿，足以消忧；莼鲈稻蟹，足以适口。又多高僧隐士，佛庙绝胜。家有园林，珍花奇石，曲沼高台，鱼鸟流连，不觉日暮。

注　释

①**“明窗之下”两句：**是宋代苏舜钦《答韩持国书》中描写他在沧浪亭的闲居生活。

译　文

明净的窗户下，罗列着图画、史书、古琴、酒杯，用来自娱。有兴致时就泛舟湖上，在江山间低吟长啸，阅览史书。小洲茶山上的茶、山野人家的酒，足以消除忧愁；莼菜、鲈鱼、稻米、螃蟹，这些东西足够我来享用了。又有很多得道高僧与隐士，佛寺道观等绝妙盛景。家中有花园树林，珍奇的花草、幽石，曲折的水泽池沼，鱼和鸟都终日流连不去，不知不觉间天色已晚。

原　文

山中莳花种草，足以自娱，而地朴人荒，泉石都无，丝竹绝响，奇士雅客，亦不复过，未免寂寞度日。然泉石以水竹代，丝竹以莺舌蛙吹代，奇士雅客以蠹简代[1]，亦略相当。

注　释

①**蠹简：**被蠹虫损毁的书简。

译　文

在山里栽种花草，足以自娱自乐，而土地荒凉，人烟稀少，既没有山泉幽石，也没有丝竹之乐，就连奇士雅客也不会从这里经过，难免要寂寞度日。然而泉石能够用竹林取代，丝竹之声能用莺啼蛙噪代替，奇士雅客可以用旧书册取代，这也大致相当吧。

原　文

闲中觅伴书为上，身外无求睡最安。

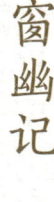

译文

闲暇时以书为伴是最好的，无欲无求，睡觉的时候才最安稳。

原文

栽花种竹，未必果出闲人；对酒当歌，难道便称侠士？

译文

栽花种竹，未必都是有闲暇的人所做的；对酒当歌，难道就都能成为侠义之士吗？

原文

虚堂留烛，抄书尚存老眼；有客到门，挥麈但说青山[1]。

注释

①**麈**：麈尾，时常用于拂扫灰尘。

译文

虚静的厅堂当中还有残留的蜡烛，灯下抄书，尚且还有一双老眼；有客人临门，挥动麈尾，只说青山美景。

原文

帝子之望巫阳[1]，远山过雨；王孙之别南浦，芳草连天。

注释

①**帝子之望巫阳**：化用楚怀王与巫山神女见面的典故，详见前注。

译文

楚怀王遥望巫山之阳，见远山中飘过的雨；王孙公子在南浦送别，见到芳草连天，美景一片。

原文

室距桃源，晨夕恒滋兰茝；门开杜径[1]，往来惟有羊裘[2]。

注释

①**杜径**：唐代杜甫《客至》："花径不曾缘客扫，蓬门今始为君开。"

②**羊裘**：隐士羊裘公，这里代指隐士。

译文

居住之室离桃源不远，不论早晨还是夜晚，都可以沉浸在兰花、茝草的香气之中；门前的小路上种着杜若，交往的仅有像兰裘这样的隐士。

原文

枕长林而披史[1]，松子为餐；入丰草以投闲，蒲根可服。

注释

①披史：批阅史书。

译文

隐居于寥廓的密林，批阅史书，可以用松子作为餐食；来到丰茂的草丛中，将闲暇投入其中，可以服食蒲根。

原文

一泓溪水柳分开，尽道清虚搅破[1]；三月林光花带去，莫言香分消残。

注释

①尽道：全都说。

译文

一泓溪水被柳树分开，大家都说一片清静被打破了；三月的春光被盛开的鲜花带走，不要感叹此后鲜花的凋谢消散。

原文

荆扉昼掩，闲庭宴然[1]，行云流水襟怀；隐不违亲，贞不绝俗，太山乔岳气象。

注释

①宴然：宁静的样子。

译文

柴门白天也关着，闲适的庭院中一片宁静，这是犹如行云流水般的襟怀；隐居而不避讳双亲，贞洁而不远离世俗，这是泰山高岭的气象。

原文

窗前独榻频移，为亲夜月；壁上一琴常挂，时拂天风。

译文

窗前的睡榻不断移动，只是为亲近夜晚当中的明月；墙壁上一张琴时常挂在那里，天空的风儿不时来抚弄一下。

原文

萧斋香炉书史[1]，酒器俱捐；北窗石枕松风[2]，茶铛将沸。

注释

①萧斋：书斋。

②松风：茶水沸腾的时候发出的声音。

译文

萧瑟的书斋中，放着香炉、书史，酒器都被扔在了一边；北窗下摆放着石枕，茶水将沸，声如松风。

原文

明月可人，清风披坐，班荆问水，天涯韵士高人；下箸佐觞，品外涧毛溪蔌[1]，主之荣也。高轩寒户，肥马嘶门，命酒呼茶，声势惊神震鬼；叠筵累几，珍奇罄地穷天，客之辱也。

注释

①涧毛：即“涧溪毛”，喻指山中野草。

译文

明月皎洁使人心情舒畅，清风徐来，披衣而坐，只谈论一些与世俗不相干的事情，来往的都是隐居的高人；佐助饮酒的是没有品级的来自山涧中的水藻、蔬菜，这正是主人的荣耀。华丽的车子挤在门前，不时有肥马在门前嘶鸣，斟满美酒奉上茗茶，气势之浩大连神仙、鬼神都能震惊；菜肴布满案几，珍奇美味，穷尽人间所有，这是客人的耻辱。

原文

贺函伯坐径山竹里，须眉皆碧；王长公龛杜鹃楼下，云母都红。

译文

贺函伯隐居在径山竹林之中，常在此打坐，眉毛胡须都变成了绿色；王长公把杜鹃关在楼下的神龛之中，神龛中的云母都变成了红色。

原文

坐茂树以终日，濯清流以自洁。采于山，美可茹；钓于水，鲜可食。

译文

终日坐在茂盛的树下，用清澈的流水濯洗以保持自我清洁。在山中采集野果野菜，十分醇美可口；在水中钓鱼，味鲜可食。

原文

年年落第，春风徒泣于迁莺[1]；处处羁游，夜雨空悲于断雁。金壶霏润，瑶管春容[2]。

注释

①迁莺：指进士及第。

②春容：舒缓悠扬。

译文

科考年年落榜，士子绝望，春风都为之哭泣；到处都是寄居做客之地，家书断绝，夜雨也在悲泣。金壶中飘出美酒的醇香，瑶管当中传出悠扬舒缓的乐曲。

原文

菜甲初长，过于酥酪。寒雨之夕，呼童摘取，佐酒夜谈，嗅其清馥之气，可涤胸中柴荆[1]，何必纯灰三斛！

注释

①胸中柴荆：喻指心里充满庸俗之气。《世说新语·轻诋》中提及："深公云：'人谓庾元规名士，胸中柴棘三斗许。'"

译文

菜叶刚刚长出来，比酥酪还美味。寒雨的夜晚，呼唤小童去摘取，用来佐酒清谈，闻到其清馥之气，就可以洗掉胸中的庸俗之气，何必一定要三斛香灰来洗呢？

原文

暖风春座酒，细雨夜窗棋。

译文

春风温暖，闲坐饮酒；绵绵细雨，窗下下棋。

原文

秋冬之交，夜静独坐，每闻风雨潇潇，既凄然可愁，亦复悠然可喜。至酒醒灯昏之际，尤难为怀。

译文

秋冬之交，夜里独自静坐，每当听见潇潇风雨声，既感到凄冷，让人忧愁，又感觉悠然可喜。等到酒醒时分、灯火昏暗时，尤其让人难忘。

原文

长亭烟柳，白发犹劳，奔走可怜名利客；野店溪云，红尘不到，逍遥时有牧樵人[1]。天之赋命实同，人之自取则异。

注释

①牧樵人：放牧砍柴之人。

译文

长亭之外，一片烟柳，满头白发的人还要不断劳碌，一生为名利奔走，实在可怜；山野小店，溪水流云，尘世红尘无法到达，时有牧羊砍柴之人过得非常逍遥自在。上天赋予人们的命运原本是同样的，只是每个人选取的道路不同而已。

原文

富贵大是能俗人之物[1]，使吾辈当之，自可不俗；然有此不俗胸襟，自可不富贵矣。

注释

①**大是**：实在是。

译文

富贵实在是不能让人变庸俗的东西，倘若使我们得到富贵，却是可以不世俗的；但是拥有这种不俗的胸襟的人，是自然得不到富贵的。

原文

风起思莼，张季鹰之胸怀落落[1]；春回到柳，陶渊明之兴致翩翩[2]。然此二人，薄宦投簪，吾犹嗟其太晚。

注释

①**"风起思莼"两句**：用张翰因秋风起思念家乡的典故。

②**"春回到柳"两句**：用陶渊明归隐的典故，陶渊明曾写过《五柳先生传》，故在此言"春回到柳"。

译文

秋风起，思念那些故乡的莼菜，张翰拥有磊落的胸怀，十分宽广。春回大地，柳树复苏，陶渊明的兴致非常高昂。但是这两个人，都是当过小官后才选择辞官归隐，我还是叹息他们的隐逸太晚。

原文

黄花红树，春不如秋；白雪青松，冬亦胜夏。春夏园林，秋冬山谷，一心无累，四季良辰。

译文

秋有黄菊、红枫，因此春不如秋；冬有白雪青松，因此冬又胜过夏。春夏美在园林，秋冬美在山谷，倘若能够心无牵挂，那么四季都是良辰。

原文

听牧唱樵歌，洗尽五年尘土肠胃；奏繁弦急管，何如一派山水清音。

译文

听牧童和樵夫唱歌，可以洗尽多年为尘世所污浊的肠胃；演奏繁杂急促的管弦之乐，怎么能比得上山水之间的自然清音呢？

原文

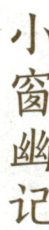

孑然一身，萧然四壁，有识者当此[1]，虽未免以冷淡成愁，断不以寂寞生悔。

注释

①**当**：遭遇。

译文

独自一人，四壁空无一物，有识之士遇到这种境遇，虽然未免会因冷淡而感到愁闷，但是断然不会由于寂寞生出懊悔。

原文

从五更枕席上参看心体[1]，心未动，情未萌，才见本来面目；向三时饮食中谙练世味，浓不欣，淡不厌，方为切实工夫。

注释

①**五更**：古时把一夜分成五更，在这里指夜晚。

译文

从夜晚沉睡的人去观看本性，心没有得到触动，情感未能萌发，这时才可以看出人的真实面目；在一天的三餐当中观察、体味世间百味，味浓不欣喜，味淡不厌弃，这才是修养的真功夫。

原文

瓦枕石榻，得趣处下界有仙[1]，木食草衣，随缘时西方无佛。

注释

①**下界**：与天上的仙界相对应，这里指人间。

译文

砖瓦为枕，青石为床，能够得到趣味的就是人世间的神仙，以果实为食，以茅草为衣，一切顺其自然，西方极乐世界就没有佛了。

原文

当乐境而不能享者，毕竟是薄福之人；当苦境而反觉甘者，方才是真修之士。

译文

身处安乐的环境却无法享受的人，毕竟是个福气浅薄的人；身处困苦之境反觉甘甜的人，这才是真正修行的人。

原文

半轮新月数竿竹，千卷藏书一盏茶。

译文

半轮新月照着数竿竹，千卷藏书伴随着一盏好茶，这对我来说已足够了。

原文

偶向水村江郭，放不系之舟[1]，还从沙岸草桥，吹无孔之笛。

注释

①舟：小船。

译文

偶尔在江水旁的渔村，放开没能用绳子系在岸边的小舟，让它顺水漂流，还在沙质的河岸草桥边，随意吹奏芦苇制作的无孔笛子。

原文

物情以常无事为欢颜，世态以善托故为巧术。

译文

万物之情，时常以没有事情为快乐，世间之态，常常以擅长找借口为巧术。

原文

善救时，若和风之消酷暑；能脱俗，似淡月之映轻云。

译文

擅长挽救时势，犹如和风可以消除夏日的酷热；能够脱俗的人，就好像淡淡的月光映照出轻云。

原文

随缘便是遣缘，似舞蝶与飞花共适；顺事自然无事，若满月偕盆水同圆。

译文

一切随缘即为操控机缘，就像飞舞的蝴蝶和飘舞的落花，都只是适应机缘；万事顺其自然就会无事，就好像十五的月亮与盛水之盆一样，都是圆的。

卷六　景

原　文

结庐松竹之间，闲云封户；徙倚青林之下[①]，花瓣沾衣。芳草盈阶，茶烟几缕；春光满眼，黄鸟一声。此时可以诗，可以画，而正恐诗不尽言，画不尽意。而高人韵士，能以片言数语尽之者，则谓之诗可，谓之画可，谓高人韵士之诗画亦无不可。集景第六。

注　释

①徙倚：徘徊。

译　文

在松竹间建造茅屋，白云悠然飘过房门；徘徊在苍翠的树林下面，花瓣沾染衣衫。芳草爬满台阶，几缕煮茶的青烟升起；放眼望去，一片春光，侧耳聆听，黄鸟鸣叫。此时可以作诗，也能画画，只担心诗无法把心中之言完全表达出来，画不能把胸中之意都描绘得淋漓尽致。而怀有高雅情韵的隐士，以只言片语就可以完全表达出心意，称之为诗也可以，称之为画也可以，称为高人韵士的诗画也同样可以。将与“景”有关的集为第六卷。

原　文

花关曲折[①]，云来不认湾头；草径幽深，落叶但敲门扇。

注　释

①关：关山。

译　文

鲜花铺满曲折的关山，白云飘来却辨认不出哪里是其停歇的港湾；萋萋芳草遮掩幽深的小径，落叶也要问路，不断敲打着柴门。

原　文

细草微风，两岸晚山迎短棹[①]；垂杨残月，一江春水送行舟。

注　释

①短棹：船只。

译文

细草平铺，微风轻拂，晚上两岸的青山都在共同迎接小船；河岸边的垂柳白杨，晓风残月，一江春水为远去的小船送行。

原文

草色伴河桥，锦缆晓牵三竺雨[1]；花阴连野寺，布帆晴挂六桥烟[2]。

注释

①三竺：浙江杭州的天竺山上面有三座寺庙，分别是上天竺、中天竺、下天竺。

②六桥：宋代苏轼所建，名为映波、锁澜、望山、压堤、东浦、跨虹六座桥。

译文

碧绿的草色伴着河上的小桥，锦绣的缆绳牵动天竺山的细雨；花阴连着山野当中的寺庙，布帆在晴日当中挂在六桥的烟水中。

原文

闲步畎亩间[1]，垂柳飘风，新秧翻浪；耕夫荷农器，长歌相应；牧童稚子，倒骑牛背，短笛无腔，吹之不休，大有野趣。

注释

①畎亩：农田。

译文

在田野当中闲适地散步，垂柳随风飘摆，新插的秧苗随风翻起波浪；农夫背起农具，唱着长歌互相回应；牧童孩子，倒骑在牛背上，听着短笛吹出不成调子的声音，乐此不疲，吹起来没完没了，野趣横生。

原文

夜阑人静，携一童立于清溪之畔，孤鹤忽唳，鱼跃有声，清入肌骨。

译文

夜阑人静时，带着一位小童站在清澈的溪水之畔，有只孤鹤忽然唳声鸣叫起来，惊动水中鱼儿使其跃出水面，那种清幽的感觉沁入肌骨。

原文

垂柳小桥，纸窗竹屋，焚香燕坐，手握道书一卷。客来则寻常茶具，本色清言，日暮乃归，不知马蹄为何物[1]。

注释

①马蹄：用《庄子·马蹄》典，比喻性情不受拘束。

译文

垂柳掩映的小桥下，在纸糊成的窗户、竹子所搭建起来的小屋内，焚香稳坐，手中拿着一卷道书。客人来了也仅仅以寻常的茶具相待，用朴实的语言进行清谈，太阳落山时就步行回去，从来不会束缚自己的性格。

原文

门内有径，径欲曲；径转有屏，屏欲小；屏进有阶，阶欲平；阶畔有花，花欲鲜；花外有墙，墙欲低；墙内有松，松欲古；松底有石，石欲怪；石面有亭，亭欲朴；亭后有竹，竹欲疏；竹尽有室，室欲幽；室旁有路，路欲分；路合有桥，桥欲危；桥边有树，树欲高；树荫有草，草欲青；草上有渠，渠欲细；渠引有泉，泉欲瀑；泉去有山，山欲深；山下有屋，屋欲方；屋角有圃，圃欲宽；圃中有鹤，鹤欲舞；鹤报有客，客不俗；客至有酒，酒欲不却；酒行有醉，醉欲不归。

译文

门里有条小路，小路要弯曲；小路弯曲回转的地方设置有屏风，屏风要小；屏风后有能够继续行进的石阶，台阶要平；台阶旁有着盛开的花朵，花朵应鲜艳；花外有一堵墙，墙应低矮；墙内栽种有松树，松树要古老；松树下面有巨石，巨石越奇越好；巨石上面要有亭子，亭子应当简朴；亭子后面有竹子，竹林应当稀疏；竹林尽头有房室，房室应清幽；幽室旁要有路，路要有非常多的分岔小路；岔路会合处有一座小桥，小桥要陡；小桥边有树，树要高；树荫下要有草，草要青；草地上有小水渠，水渠应当细而长；水渠的源头要有小泉，山泉应形成飞瀑；泉水的出处要有高山，山应当深邃；山下要有小屋，小屋应方正；屋角要有园圃，园圃内应宽阔；园圃中有鹤，鹤在起舞；鹤起舞通报有客人前来，客人要不俗；客人来了要有美酒，喝酒毫不退却；喝酒要喝到醉，醉后不归。

原文

清晨林鸟争鸣，唤醒一枕春梦。独黄鹂百舌①，抑扬高下，最可人意。

注释

①百舌：鸟名，其叫声不断反复，犹如百鸟鸣叫，因此称为“百舌”。

译文

清晨，林中百鸟争鸣，唤醒我的一枕春梦。只有黄鹂、百舌，鸣声抑扬顿挫、高低起伏，最可人意。

原文

高峰入云，清流见底。两岸石壁，五色交辉，青林翠竹，四时俱备，晓雾

将歇，猿鸟乱鸣；日夕欲颓，池鳞竞跃，实欲界之仙都。自康乐以来，未有能与其奇者。

译文

高高的山峰直入云霄，流水清澈见底。两岸石壁耸立，五彩彼此辉映，苍翠的树林，青青的竹子，这种景色四季常备，清晨的雾气即将消散，猿猴、小鸟啼声四起；夕阳颓然西下，池中鱼儿争相浮出水面，这实在是尘世当中的仙境。自南朝谢灵运以来，还没有可以真正领略这奇特之境的人。

原文

曲径烟深，路接杏花酒舍；澄江日落，门通杨柳渔家。

译文

小径弯弯被浓密的烟雾笼罩，连接起杏花酒馆；澄澈的大江被落日的余光映照，正对着杨柳之下的渔家。

原文

长松怪石，去墟落不下一二十里。鸟径缘崖[1]，涉水于草莽间数四。左右两三家相望，鸡犬之声相闻。竹篱草舍，燕处其间，兰菊艺之，霜月春风，日有余思。临水时种桃梅，儿童婢仆皆布衣短褐，以给薪水，酿村酒而饮之。案有诗书，庄周、太玄、楚辞、黄庭、阴符、楞严、圆觉，数十卷而已。杖藜蹑屐[2]，往来穷谷大川，听流水，看激湍，鉴澄潭，步危桥，坐茂树，探幽壑，升高峰，不亦乐乎！

注释

①**鸟径：**鸟飞过的山道，形容极为狭窄的小道。

②**杖藜蹑屐：**拄着杖藜，穿着木屐。

译文

高高的松树和奇异的石头，距离村落有至少一二十里。狭窄的小径沿着山崖，涉过溪流在草莽间蜿蜒前行。小径左右只有两三户人家在遥遥相望，彼此可以听到鸡犬鸣叫之声。竹篱笆，茅草屋，燕子居住在其中，兰花秋菊种植在其中。在临近水的地方种上桃树、梅树，儿童、婢仆都身穿布衣、短衫，以便去打柴汲水，自己酿酒而饮。案头摆着诗书，有《庄子》《太玄》《楚辞》《黄庭经》《阴符经》《楞严经》《圆觉经》等几十卷。拄着拐杖穿着木屐，往来于深谷大川当中，听流水，观激流，在澄澈的清潭前面照镜子，从危桥上面走过，坐在繁茂的树下，探访幽静的山壑，登上高高的山峰，这不也非常快乐嘛！

原　文

天气晴朗，步出南郊野寺，沽酒饮之。半醉半醒，携僧上雨花台[1]，看长江一线，风帆摇曳，钟山紫气[2]，掩映黄屋，景趣满前，应接不暇。

注　释

①**雨花台**：地名，今南京市南。相传在梁武帝时期，有位法师在这里谈经说法，天空中花落如雨，因此称为"雨花台"。

②**钟山**：即紫金山。

译　文

天气晴朗，步行走出南郊的野寺，买来酒畅饮。半醉半醒时，与名僧共同登上雨花台，放眼望去，长江蜿蜒流淌，如一条丝带，风帆摇曳。钟山上面有一团紫气，掩映在宫殿之上，眼前全都是美景，让人应接不暇。

原　文

净扫一室，用博山炉爇沉水香[1]，香烟缕缕，直透心窍，最令人精神凝聚。

注　释

①**博山炉**：古香炉名。**沉水香**：用沉香木的脂膏加工而制成的香，能够沉入水中。

译　文

打扫干净一间房子，用博山香炉燃烧沉香木，飘出缕缕香烟，直透人的心脾，最能让人聚精会神。

● 博山炉

原　文

每登高丘，步邃谷，延留燕坐，见悬崖瀑流，寿木垂萝，闷邃岑寂之处，终日忘返。

译　文

每次登上高丘，步入幽谷，在其间延留静坐，可以望到悬崖飞瀑，长寿的树木，垂下的藤萝，这种幽静空寂的去处，使人终日流连。

原　文

每遇胜日有好怀[1]，袖手哦古人诗足矣[2]。青山秀水，到眼即可舒啸，何必居篱落下，然后为己物？

注　释

①**胜日**：好天气。

②**哦**：吟咏。

译文

每次遇到有着好天气与好心情时，只需袖手去吟咏古人的诗句就够了。青山秀水，看到眼前的美景就能为之舒心长啸，何必非要身处自己的篱笆之中，才认为是自己欣赏的景物呢？

原文

柴门不扃[1]，筠帘半卷，梁间紫燕，呢呢喃喃，飞出飞入。山人以啸咏佐之，皆各适其性。

注释

①**扃**：关。

译文

柴门不关，竹帘半卷，梁上的紫燕，呢呢喃喃，飞出飞入。隐居山中之人能够吟啸与之相和，一切都符合自己的性情。

原文

风晨月夕，客去后，蒲团可以双跏；烟岛云林，兴来时，竹杖何妨独往。

译文

微风吹拂的清晨，在明月高悬的晚上，客人离去后，可以在蒲团上面趺跏打坐；烟雾缭绕的小岛，白云飘浮的山林，兴致高涨时，何妨拄着竹杖独行呢？

原文

三径竹间，日华澹澹，固野客之良辰；一偏窗下，风雨潇潇，亦幽人之好景。

译文

竹林间，阳光如泻，透射进竹林，固然是野客的良辰；小窗下风雨潇潇，也是幽居者的美丽景色。

原文

乔松十数株，修竹千余竿；青萝为墙垣，白石为鸟道；流水周于舍下，飞泉落于檐间；绿柳白莲，罗生池砌：时居其中，无不快心。

译文

十几株乔木松树，千余竿修长的竹子；青萝为墙垣，青白的石头为小道；流水环绕房舍，飞泉落于屋檐前；绿柳环绕于池边，白莲生于池内：时时居住在如此美景之中，没有不感到舒畅愉快的。

原　文

人冷因花寂，湖虚受雨喧。

译　文

人由于周围的鲜花寥寥而感觉清冷，湖面由于遭受雨打水面的喧闹显得清虚。

原　文

有屋数间，有田数亩。用盆为池，以瓮为牖，墙高于肩，室大于斗。布被暖余，藜藿饱后[1]。气吐胸中，充塞宇宙，笔落人间，辉映琼玖。人能知止，以退为茂。我自不出，何退之有？心无妄想，足无妄走，人无妄交，物无妄受。炎炎论之，甘处其陋。绰绰言之，无出其右。羲轩之书[2]，未尝去手，尧舜之谈，未尝离口。谈中和天，同乐易友，吟自在诗，饮欢喜酒。百年升平，不为不偶，七十康强，不为不寿。

注　释

①**藜藿**：指粗劣粮食。

②**羲轩**：伏羲氏和轩辕氏。

译　文

有房屋几间，有田地几亩。用瓦盆当作水池，用瓮制成窗牖，墙壁仅仅是高过肩膀，居室略大于斗。有布被能够取暖，有粗粮能够吃饱。倾吐心气，充斥在天地之间，下笔涉及人间，字字珠玑，与琼玖彼此辉映。人做事应当适可而止，以隐退为发达。我自己不出仕，又何言隐退呢？心中不妄想，脚下不妄走，不妄自结交朋友，不妄自收受别人的礼物。如果以华美而论，我甘愿身处简陋的屋舍。如果以旷达而论，没有可以超出它的。上古时期的书籍，手不释卷，尧舜的言论，没有离开过口。所谈论的不过是儒家的中正平和之道，共同欢乐的是敦厚平和的朋友，吟诵自在的诗篇，欢饮舒心的美酒。百年来天下升平，不能说此生不遇时，年过古稀还能安康强健，不能不算是长寿。

原　文

中庭蕙草销雪，小苑梨花梦云。

译　文

庭院当中蕙草犹如消融的白雪，小苑中梨花犹如梦中白云。

原　文

以江湖相期，烟霞相许；付同心之雅会，托意气之良游。或闭户读书，累月不出；或登山玩水，竟日忘归。斯贤达之素交，盖千秋之一遇。

译　文

以浪荡江湖、烟霞为伴彼此期许；将自己托付给志同道合、意气相投的友人，与之共同雅聚云游。有时闭门读书，数月不出屋；或是在外登山玩水，整日忘归。这种贤明豁达、淡泊如水的相交，大概是千年一遇。

原　文

荫映岩流之际，偃息琴书之侧，寄心松竹，取乐鱼鸟，则淡泊之愿，于是毕矣。

译　文

树荫洒落在山岩泉石上的时候，躺在琴瑟书本旁边小憩，寄托心志于松竹，从飞鸟游鱼处获得乐趣，就能如愿以偿。

原　文

庭前幽花时发，披览既倦，每啜茗对之。香色撩人，吟思忽起，遂歌一古诗，以适清兴。

译　文

庭院前的幽花应时开放，批阅书籍疲倦的时候，就对花品茶。花香景色撩人心脾，忽然产生吟咏的兴致，吟诗一首，以与自己清幽的兴致交相呼应。

原　文

凡静室，须前栽碧梧，后种翠竹，前檐放步[1]，北用暗窗，春冬闭之，以避风雨，夏秋可开，以通凉爽。然碧梧之趣，春冬落叶，以舒负暄融和之乐，夏秋交荫，以蔽炎烁蒸烈之气，四时得宜，莫此为胜。

注　释

①**前檐**：前面的屋檐。

译　文

凡是安静的居室，都应该在房前栽上碧绿的梧桐，屋后种上苍翠的竹子，屋室的前檐要宽一些，北面设成暗窗，春冬两季关闭北窗，以避风雨，夏天秋天的时候打开，以通风凉爽。然而栽种碧绿的梧桐的意趣在于，春冬时节树叶都掉落了，可是背对着太阳取暖，享受暖洋洋之乐；夏秋时节交织成荫，以遮蔽烈日灼热之气，四季各有所宜，没有什么比这更好的了。

原　文

家有三亩园，花木郁郁。客来煮茗，谈上都贵游、人间可喜事，或茗寒

酒冷，宾主相忘。其居与山谷相望，暇则步草径相寻。

译 文

家中有三亩花园，花木长得郁郁葱葱。游客前来就烹茶招待，谈论的都是达官贵人云游四方、人间的可喜之事，谈论得十分欢快以至于有时茶酒都凉了，宾客主人都忘记了自己的存在，物我两忘。居室与山谷相对，闲暇之时就在草径中散步探寻景胜。

原 文

良辰美景，春暖秋凉。负杖蹑履，逍遥自乐。临池观鱼，披林听鸟：酌酒一杯，弹琴一曲；求数刻之乐，庶几居常以待终。筑室数楹，编槿为篱[①]，结茅为亭。以三亩荫竹树栽花果，二亩种蔬菜，四壁清旷，空诸所有，蓄山童灌园剃草，置二三胡床着亭下，挟书剑以伴孤寂，携琴弈以迟良友，此亦可以娱老。

注 释

①**槿**：木槿树。

译 文

在美好的时光、秀丽的景色中，或是在凉爽的秋天里，拄着竹杖，穿着木履，逍遥自乐。靠近池边观赏鱼，来到林中听鸟鸣；喝上一杯酒，弹上一首曲，既可以求得片刻的欢乐，基本上也能够借此安享晚年。建筑几间居室，以木槿编成篱笆，用茅草搭建亭子。用三亩竹林余荫处去栽种花果，在两亩地上种上蔬菜，家里四壁空旷，没有什么可以储存的，蓄养几个山童灌溉拔草，置办两三个胡床放于亭子下，带着经书和宝剑打发孤寂，携带琴棋等待好友，这样也可以颐养天年。

原 文

一径阴开，势隐蛇蟺之致[①]，云到成迷；半阁孤悬，影回缥缈之观，星临可摘。

注 释

①**蟺**：即蚯蚓。

译 文

一条小道，若隐若现，蜿蜒前行，犹如蛇与蚯蚓一样，云雾升腾处则是一片迷蒙；半座亭阁，凌空孤悬，就犹如缥缈仙境当中的景观，站在那里星星都举手可摘。

原 文

几分春色，全凭狂花疏柳安排；一派秋容，总是红蓼白苹妆点。

译文

春色几分，全靠缤纷的鲜花、稀疏的柳树加以安排；秋色一派，总是要靠红蓼、白苹来装扮。

原文

南湖水落，妆台之明月犹悬；西郭烟销，绣榻之彩云不散。

译文

南湖的水已然退去，妆台前的明月依旧悬挂；西郭的烟雾已然消退，绣榻上刺绣的彩云迟迟不散。

原文

秋竹沙中淡，寒山寺里深。

译文

沙中的秋竹看起来苍白，古寺周围的寒山看起来格外幽深。

原文

野旷天低树，江清月近人[1]。

注释

① **“野旷”两句**：此二句出自唐代孟浩然诗《宿建德江》。

译文

山野空旷，使天空看起来比树梢要低；江水澄清，月亮倒映在水里，显得与人特别接近。

原文

潭水寒生月，松风夜带秋。[1]

注释

① **“潭水”二句**：此二句出自岳飞诗《题鄱阳龙居寺》。

译文

幽深的潭水，寒气逼人，升起了一轮明月；夜色清冷，松风阵阵，带来丝丝秋凉。

原文

春山艳冶如笑，夏山苍翠如滴，秋山明净如妆，冬山惨淡如睡。

译文

春天的山野妩媚含笑；夏天的山野苍翠欲滴；秋天的山野明亮澄净，如同刚被梳妆过；冬天的山野景色惨淡犹如沉睡一般。

原文

眇眇乎春山，淡冶而欲笑；翔翔乎空丝，绰约而自飞。

译文

辽阔缥缈的春山，恬淡犹如微笑，空中飘荡的青丝，姿态非常柔美，犹如飞翔一般。

原文

盛暑持蒲，榻铺竹下，卧读《骚》《经》[①]，树影筛风，浓阴蔽日，丛竹蝉声，远远相续，蘧然入梦，醒来命取榧栉发，汲石涧流泉，烹云芽一啜，觉两腋生风。徐步草玄亭，芰荷出水，风送清香，鱼戏冷泉，凌波跳掷。因涉东皋之上，四望溪山罨画[②]，平野苍翠。激气发于林瀑，好风送之水涯，手挥麈尾，清兴洒然。不待法雨凉雪，使人火宅之念都冷。

山曲小房，入园窈窕幽径，绿玉万竿。中汇涧水为曲池，环池竹树云石，其后平冈透迤，古松鳞鬣，松下皆灌丛杂木，茑萝骈织，亭榭翼然。夜半鹤唳清远，恍如宿花坞；间闻哀猿啼啸，嘹呖惊霜，初不辨其为城市为山林也。

注释

①**《骚》《经》**：《离骚》与《诗经》。

②**罨画**：杂色的图画，这里指溪山色彩繁复。

译文

炎热的夏天，手持蒲扇，将木榻放到竹林下，卧读《离骚》《诗经》。树影当中传来清风，浓荫遮蔽阳光，树丛竹林中时常传来蝉声，远远的时断时续，在朦胧当中进入了梦乡，醒来时让仆童拿来梳子便进行梳洗，汲取山间清泉，以烹煮香茗，饮后感觉两腋当中生风。慢步到草玄亭，菱角和荷花露出水面，微风送来阵阵清香，鱼儿在清凉的泉水中嬉戏，凌波跳跃。于是登上东皋，四面环望，小溪青山，犹如颜色驳杂的图画，原野一片苍翠。激越之气出现于林间瀑布之上，和煦清风吹到了水边，手里挥动着麈尾，清雅的兴致超然洒脱。不用等到甘霖般的雨滴与冰凉的雪花，就能使人世间的杂念都随之消退。

群山环绕中，有一间房屋，走入园中的曲折幽径，如玉的绿竹万竿。中间的涧水汇集形成曲折水池，环绕曲池四周的是竹树、云石，后面是平直的山冈曲折逶迤，冈上松树成林，松下的灌木丛生，蔓草、藤萝彼此交织，亭台楼榭犹如两翼。夜半时分鹤唳之声非常清远，恍惚间犹如居住在花坞里一样；又听到猿猴的哀鸣，声音凄厉惊动秋霜，最初无法分辨自己是身处城市还是在山林之间。

原文

一抹万家，烟横树色，翠树欲流，浅深间布，心目竞观，神情爽涤。

译文

一抹云霞笼罩万家，烟雾弥漫在树林当中，树木苍翠欲滴，颜色深浅间杂，心灵、眼睛争相欣赏，使人神清气爽。

原文

万里澄空，千峰开霁，山色如黛，风气如秋，浓阴如幕，烟光如缕，笛响如鹤唳，经呗如咿唔[1]，温言如春絮，冷语如寒冰，此景不应虚掷。

注释

①咿唔：指咿呀学语。

译文

天空中万里无云，山峰中云雾消散，山色苍翠如黛，清风如秋，树荫浓密犹如帷幕，炊烟缕缕，笛声犹如鹤唳，诵经声犹如咿呀学语，温馨的言语犹如春天的柳絮，冷峻的言语犹如寒冷冰霜，此般美景，不可虚度。

原文

山房置古琴一张，质虽非紫琼绿玉，响不在焦尾、号钟[1]，置之石床，快作数弄。深山无人，水流花开，清绝冷绝。

注释

①焦尾、号钟：古代的两架名琴，分别归属于蔡邕与齐桓公。

译文

山居的房间当中放上一架古琴，质地虽非紫琼绿玉，声响不如焦尾、号钟，但是将它放在石床上，心情快乐时就去弹奏几曲。无人的深山当中，在流水潺潺、春暖花开的美景当中，琴声清幽至极。

原文

密竹轶云，长林蔽日，浅翠娇青，笼烟惹湿，构数椽其间，竹树为篱，不复葺垣。中有一泓流水，清可漱齿，曲可流觞[1]，放歌其间，离披茜郁，神涤意闲。

注释

①曲可流觞：即流觞曲水。古代的风俗，每年三月初三，人们就会在水边进行宴饮，把盛酒的酒杯放在曲折的溪水中，让其顺水而流，漂到谁的面前谁就要饮酒、作诗。

译文

茂密的竹林直入云霄，高密的树林遮挡阳光，浅草娇嫩翠绿，烟雾笼罩，空气湿润而清新，在这样的景色当中搭建小屋，用竹子和树木做成篱笆，不必修葺墙垣。中间有一泓

清泉，清澈得能够漱口，曲折有致，可以流觞，在其间放歌，草木郁郁青青，然而又生长得极为散乱自然，使人心灵得到净化，悠闲自在。

原 文

抱影寒窗，霜夜不寐，徘徊松竹下。四山月白露坠，冰柯相与，咏李白《静夜思》，便觉冷然寒风。就寝复坐蒲团，从松端看月，煮茗佐谈，竟此夜乐。

译 文

抱膝对影，独坐窗下，秋霜之夜让人无法入眠，起来在松树、竹林下徘徊。青山环绕、白月皎洁，露水下坠，处处透出冰凉之感，吟咏李白的《静夜思》，顿觉一股冷气寒风。就寝后又端坐在蒲团上，透过松树的树梢望月，烹煮香茶为闲谈来助兴，通宵达旦，沉浸其中。

原 文

云晴叆叇[1]，石楚流滋[2]，狂飙忽卷，珠雨淋漓。黄昏孤灯明灭，山房清旷，意自悠然。夜半松涛惊飓，蕉园鸣琅，窾坎之声，疏密间发，愁乐交集，足写幽怀。

注 释

①**叆叇**：云彩遮住太阳的模样。

②**石楚流滋**：柱子下的石槽潮湿欲滴，这是即将下雨的征兆。

译 文

天虽然已放晴，但云彩仍然遮住太阳，石杵依旧潮湿欲滴，狂风突起，大雨淋漓。黄昏时分的孤灯忽明忽暗，山房中极为清旷，悠然惬意。夜半时分，听松涛阵阵，声音很大，雨打芭蕉之声，犹如雨滴到玉石上一般，时而密集，时而稀疏，忧愁与快乐彼此交集，足以书写幽寂的情怀。

原 文

四林皆雪，登眺时见絮起风中[1]，千峰堆玉，鸦翻城角，万壑铺银。无树飘花，片片绘子瞻之壁[2]；不妆散粉，点点糁原宪之羹[3]。飞霰入林，回风折竹，徘徊凝览，以发奇思。画冒雪出云之势，呼松醪茗饮之景。拥炉煨芋，欣然一饱，随作雪景一幅，以寄僧赏。

注 释

①**絮起风中**：典出《世说新语·言语》，当中记载："谢太傅寒雪日内集，与儿女讲论文义，俄而雪骤，公欣然曰：'白雪纷纷何所似？'兄子胡儿曰：'撒盐空中差可拟。'兄女曰：

'未若柳絮因风起。'"

②子瞻之壁：赤壁。苏轼，字子瞻，曾作《念奴娇·赤壁怀古》，其中有"乱石穿空，惊涛拍岸，卷起千堆雪"之词句。

③原宪：孔子弟子，安贫乐道。

译 文

四周的树林被积雪覆盖，登高远眺看到白雪如风中起舞的柳絮般，山峰积雪如同堆砌的白玉，寒鸦在城角里翻飞，山中万壑都被铺上一层银色。没有树木，却有花瓣飘舞，片片犹如苏子瞻所描绘的赤壁景色；不加装点，散落的粉点点犹如原宪藜羹中的糁。飞散的雪花飘入林中，强劲的回风折断竹子，徘徊其间，凝视观览，以萌生奇思异想。描绘飘着雪而冒出云彩的景致，呼唤松子酒、茶茗的情景。围着火炉，烤吃山芋，美美地吃个饱，随后画出一幅雪景图，寄给名僧品评。

原 文

孤帆落照中，见青山映带，征鸿回渚[1]，争栖竞啄，宿水鸣云，声凄夜月，秋飙萧瑟，听之黯然，遂使一夜西风，寒生露白。万山深处，一泓涧水，四周削壁，石磴崭岩，丛木蓊郁，老猿穴其中，古松屈曲，高拂云颠，鹤来时栖其顶。每晴初霜旦，林寒涧肃，高猿长啸，属引凄异，风声鹤唳，嘹呖惊霜，闻之令人凄绝。

注 释

①渚：水里的小洲。

译 文

孤帆沐浴在夕阳的余晖当中，两岸的青山交相呼应，鸿雁从远处飞回，落到水中的小洲上，争抢着栖息处和食物，在水上夜宿、在云间不断鸣叫，声音犹如夜晚的月亮般凄凉，秋风萧瑟，听到这种声音让人黯然伤神，于是一夜的西风，寒意顿生，有白露降临。万山深处，一泓清泉，周围全是悬崖峭壁，岩间有凿出的石磴，树木郁郁葱葱，山顶猿猴居住在洞穴当中，古松弯曲有致，高耸入云，仙鹤飞来就栖息于其顶端。每当天色初晴与降霜之晨，林间寒冷，水涧肃杀，高猿长啸，啼声凄厉，狂风大作，仙鹤鸣叫，凄凉的声音惊彻寒霜，听了让人感觉无比凄凉。

原 文

春雨初霁，园林如洗，开扉闲望，见绿畴麦浪层层，与湖头烟水相映带，一派苍翠之色，或从树杪流来，或自溪边吐出。支筇散步，觉数十年尘土肺肠，俱为洗净。

译　文

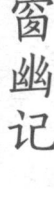

春雨过后，天气放晴，园林好像被洗过一样，翠绿鲜亮。打开柴扉，悠闲远眺，看到碧绿的田野间泛起千层麦浪，与湖边的烟水相映衬，一派苍翠的颜色，或者在树梢间流出，或者从溪流边的杂草丛中吐出。拄着竹杖散步，觉得多年来被世俗污染的肺肠都被洗得干干净净。

原　文

四月有新笋、新茶、新寒豆、新含桃，绿荫一片，黄鸟数声，乍晴乍雨，不暖不寒，坐间非雅非俗，半醉半醒，尔时如从鹤背飞下耳。

译　文

四月有新笋、新茶、新豌豆、新樱桃，到处都是绿荫，黄鹂在林间鸣叫数声，天气忽晴忽雨，气温不暖不寒，座间的客人非雅非俗，半醉半醒，这时就像是从仙鹤背上飞下来的神仙一样。

原　文

名从刻竹，源分渭亩之云[1]；倦以据梧，清梦郁林之石[2]。

注　释

①**渭亩**：即竹子，《史记·货殖列传》中有云："渭川千亩竹。"

②**郁林之石**：东汉时，吴郡人陆绩曾担任郁林太守，为官清廉，罢官后乘船渡海时，没有什么行李而导致船太轻不够沉稳，最后只好搬运石头上船才能够渡海，后人以此喻指为官清廉。

译　文

把名字刻到竹简上想流传后世，起源于云彩般繁多密集的渭川千亩竹园；疲倦了就倚靠梧桐树小睡，梦中都会有郁林太守的石头。

原　文

夕阳林际，蕉叶堕地而鹿眠；点雪炉头，茶烟飘而鹤避。

译　文

夕阳挂在树林间，芭蕉叶落地而野鹿依旧在安心睡眠；在炉火之上煮雪烹茶，茶烟飘散，仙鹤受惊，躲避到他处。

原　文

高堂客散，虚户风来，门设不关，帘钩欲下。横轩有狻猊之鼎[1]，隐几皆龙马之文，流览霄端，寓观濠上[2]。

注　释

①狻猊：狮子。

②濠上：喻指逍遥的场所。

译　文

高堂之上，宾客已散，虚掩的门吹来了清风，门上没有设置门插，帘钩也要放下。门口有刻着犹如狮子图案一般的鼎，几案上刻有龙马的纹饰，浏览云端闲适的景色，注视濠上的风光。

原　文

山经秋而转淡，秋入山而倍清。

译　文

青山经过秋天颜色变淡，秋天来到山中顿觉清净。

原　文

山居有四法：树无行次，石无位置，屋无宏肆，心无机事。

译　文

在山中居住有四个法则：树木杂生没有行列次序，石头错落没有固定的位置，房屋简陋没有高大宏伟，心中闲适没有世俗的心机。

原　文

海山微茫而隐见，江山严厉而峭卓，溪山窈窕而幽深，塞山童赪而堆阜[1]，桂林之山绵衍庞博，江南之山峻峭巧丽。山之形色，不同如此。

注　释

①童赪：没有草木的红土地。

译　文

大海中的山，时隐时现；江边的山峰，高耸陡峭；溪边的山，窈窕幽深；塞外的山，没有草木，堆积成赤色山丘；桂林的山，绵延磅礴；江南的山，峻峭俏丽。山的形态和景色，就是这般不同。

原　文

杜门避影[1]，出山一事不到梦寐间；春昼花阴，猿鹤饱卧亦五云之余荫。

注　释

①杜门：关门。

译　文

关门谢客，避开人事，出山入仕这种事从来不会入梦境；春天白日，阳光明媚，花树洒下绿荫，猿猴、仙鹤吃饱后闲卧，这也是五彩祥云的余荫。

原文

白云徘徊，终日不去。岩泉一支，潺湲斋中。春之昼，秋之夕，既清且幽，大得隐者之乐，惟恐一日移去。

译文

白云在天空徘徊，整日也不离去。山岩间有一条清泉，潺潺流淌从书斋前经过。春天的白日，秋季的傍晚，既清净又有幽趣，深受隐士们喜爱，只担心哪一天离开这里。

原文

与衲子辈坐林石上[1]，谈因果，说公案[2]。久之，松际月来，振衣而起，踏树影而归，此日便是虚度。

注释

①**衲子**：代指僧人。

②**公案**：佛教禅宗借用官府处理案件案牍的方式，用祖师的言行范例来判断是非迷误，称之为“公案”。

译文

与僧人们坐在松林之间的石头上，谈论因果报应，论说禅宗公案。不知不觉过了很长时间，松林间，明月升起，抖抖衣服站起来，踩着树影回家，这一天便不曾虚度。

原文

结庐人境，植杖山阿[1]，林壑地之所丰，烟霞性之所适，荫丹桂，藉白茅，浊酒一杯，清琴数弄，诚足乐也。

注释

①**山阿**：山脚下。

译文

在人们登山的小路上修建一个草庐，把拐杖种在山脚之下，树林沟壑，这是土地丰饶的表现，烟霞缭绕，这恰恰与我的本性适应。在丹桂的树荫下乘凉，背靠白茅，浊酒一杯，抚弄几首琴曲，足以自得其乐。

原文

辋水沦涟[1]，与月上下；寒山远火，明灭林外，深巷小犬，吠声如豹。村虚夜舂，复与疏钟相间，此时独坐，童仆静默。

注释

①**辋水**：水名，唐代王维曾经隐居在此，位于今陕西省蓝田县一带。

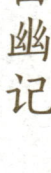

译　文

辋水泛起层层涟漪，掩映着月光上下闪动，波光粼粼；远处的寒山当中有几处灯火，在树林外忽明忽暗，深巷当中的小狗，叫声很响。虚静的村落当中传来晚上舂米的声音，伴着寺院的钟声。此时独自静坐，童仆也都毫无声响。

原　文

东风开柳眼，黄鸟骂桃奴[1]。

注　释

①**桃奴**：即桃枭，冬季都不落的桃子。

译　文

温暖的春风吹开柳树的眼睛，黄鸟在枝头叫骂那些不好的桃子。

● 园有桃，其实之肴

原　文

晴雪长松，开窗独坐，恍如身在冰壶；斜阳芳草，携杖闲吟，信是人行图画。

译　文

晴朗的雪后，松树上覆盖着很厚的积雪，打开窗户独自静坐，似乎身处冰壶中一样；斜阳外芳草萋萋，拄着拐杖能够悠闲地散步吟诗，这实在是一幅充满韵致的人行图。

原　文

小窗下修篁萧瑟，野鸟悲啼；峭壁间醉墨淋漓，山灵呵护。

译　文

小窗下，修竹萧瑟，野鸟正在悲鸣；峭壁间，岩石如墨，恣肆淋漓，似乎清楚山中神灵护佑它。

原　文

霜林之红树，秋水之白苹。

译　文

秋霜打过，绿叶变为红树；秋至水畔，白苹越发苍白。

原　文

云收便悠然共游，雨滴便冷然俱清；鸟啼便欣然有会，花落便洒然有得。

译　文

云收雾散，悠闲游赏；雨来清凉，景色越发澄清；鸟儿啼鸣，高兴地与朋友相聚；花瓣飘落，感到十分洒脱，有所收获。

原　文

千竿修竹，周遭半亩方塘；一片白云，遮蔽五株垂柳。山馆秋深，野鹤唳残清夜月；江园春暮，杜鹃啼断落花风。

译　文

千根修竹，旁边则是半亩见方的池塘；一片白云，遮蔽了五棵垂柳。山馆中秋色已深，野鹤在清凉的月夜当中唳鸣；江边园林已为暮春时分，杜鹃在落花的风中哀啼，令人肝肠寸断。

原　文

青山非僧不致，绿水无舟更幽；朱门有客方尊，缁衣绝粮益韵。

译　文

青山中如果没有名僧，就会丧失很多雅致；绿水中如果没有小舟就越发幽静；豪门中有客拜访，才能称得上是尊贵；僧人如果不食人间烟火，才更有神韵。

原　文

杏花疏雨，杨柳轻风，兴到欣然独往；村落烟横，沙滩月印，歌残倏尔言旋[①]。

注　释

①倏尔：形容很快，时间非常短。

译　文

稀疏的雨点落到杏花上，温柔的春风拂过杨柳，兴致来时就欣然独往；炊烟袅袅升起，笼罩了村落，沙滩上洒下月光，唱完歌，即刻回家。

原　文

赏花酣酒，酒浮园菊方三盏，睡醒问月，月到庭梧第二枝。此时此兴，亦复不浅。

译　文

对花饮酒，酒中漂浮着园中的菊花，共饮三盏，醒后问月，月亮已经照到庭院中的梧桐树上的第二枝。此时的意兴，实则不浅。

原　文

几点飞鸦，归来绿树；一行征雁，界破青天。

译　文

几只高空飞翔的乌鸦，落到绿树上；一行远征的大雁，直上云霄。

原　文

看山雨后，霁色一新，便觉青山倍秀；玩月江中，波光千顷，顿令明月增辉。

译　文

观赏山景，雨后更加绮丽，天色放晴，焕然一新，格外秀美；观赏江水中的月亮，波光粼粼，明月也增添了光辉。

● 望到斜阳欲尽时，不见西飞雁

原　文

楼台落日，山川出云。

译　文

夕阳从楼台之上隐去，山川当中飘出了悠悠的白云。

原　文

玉树之长廊半阴，金陵之倒景犹赤。

译　文

开满花朵的树木的余荫遮住了半个长廊，紫金山在江水中的倒影显示出赤红色。

原　文

小窗偃卧，月影到床，或逗留于梧桐，或摇乱于杨柳；翠华扑被，神骨俱仙。及从竹里流来，如自苍云吐出。

译　文

躺在小窗之下，月光照耀在床上，或者逗留在梧桐树上，或者伴随着杨柳的摇摆，影子显出一片凌乱；苍翠的树木之影，映在被上，不论是精神还是肌骨都犹如仙人一样。月光从竹林之间流出，就像从苍天的白云中飘出来似的。

原　文

清送素蛾之环佩[1]，逸移幽士之羽裳[2]。相思足慰于故人，清啸自纾于良夜。

注释

①**素娥**：指嫦娥，因月亮是白色的，故有此称。

②**羽裳**：隐士、道士或神仙所穿的衣服。

译文

嫦娥的环佩之声清脆悦耳，幽居之士的衣裳带来飘逸之风。相思足以慰藉故友，在美好的夜晚纵情长啸。

原文

山径幽深，十里长松引路，不倩金张[1]；俗态纠缠，一编残卷疗人，何须卢扁[2]。

注释

①**金张**：汉代的豪门贵族金日磾和张汤。

②**卢扁**：春秋战国时代的神医扁鹊，因为家在卢国，故有此称。

译文

山路幽深，我自有十里长松为我引路，不用依靠显贵门庭；世间百态，一编残破的书卷就可以治疗，何需神医扁鹊来治病呢？

原文

喜方外之浩荡，叹人间之窘束。逢阆苑之逸客，值蓬莱之故人。

译文

喜欢尘世之外的浩荡自由，感叹人世间的窘迫束缚。遭逢阆苑的飘逸仙客，巧遇蓬莱仙山的故友知交。

原文

忽据梧而策杖，亦披裘而负薪。

译文

忽而依靠梧桐树拄着拐杖，忽而又披着皮裘背负着柴木。

原文

出芝田而计亩[1]，入桃源而问津。菊花两岸，松声一丘。叶动猿来，花惊鸟去。阅丘壑之新趣，纵江湖之旧心。

注释

①**芝田**：仙人种植灵草的土地。

译文

走出神仙的芝田才去计算亩数，进入桃花源后才去询问渡口。河流两岸都是菊花，松声传遍山丘。树叶颤动招来猿猴，吓到花朵，惊飞乌鸦。领略丘壑之间的新趣，放纵自己飘荡江湖，以偿夙愿。

原文

篱边杖履送僧，花须列于巾角[1]；石上壶觞坐客，松子落我衣裾。

注释

①**巾角：**头巾。

译文

在篱笆边，拄着拐杖，穿着木屐，送别僧人，篱笆上的花须沾在头巾之上；在巨石上与客人饮酒，松子落在我的衣衫之上。

原文

松子为餐，蒲根可服。

译文

松子可以作为食物来充饥，蒲根可以当作饮料来解渴。

原文

烟霞润色，荃荑结芳。出涧幽而泉冽，入山户而松凉。

译文

烟霞滋润景色，荃荑散发出芬芳。泉水出自幽涧而清冽甘甜，刚进入山户就感觉到松林风凉爽。

原文

旭日始暖，蕙草可织；园桃红点，流水碧色。

译文

初升的太阳刚出现一丝暖意，蕙草已经长得能够编织饰物；园圃中的桃子显出红色，流水已经碧绿见底。

原文

玩飞花之度窗[1]，看春风之入柳，命丽人于玉席，陈宝器于纨罗，忽翔飞而暂隐，时凌空而更飏。

注释

①**玩：**欣赏。

译文

赏玩飞花穿过窗户，注视春风吹拂杨柳，命令美人躺到玉席上，罗列宝器在绫罗之上，忽而飞扬，忽而暂停，时而凌空显得更为飘扬。

原　文

竹依窗而弄影，兰因风而送香。风暂下而将飘，烟才高而不暝。

译　文

竹子靠近窗户而投下了阴影，兰花随风送来各种清香。清风暂停又即将飘起，烟雾刚刚升起不再停歇。

原　文

悠扬绿柳，讶合浦之同归[1]；燎绕青霄，环五星之一气。

注　释

①合浦：汉代郡名，用“合浦还珠”的典故。相传汉代时合浦之地不能出产稻谷，但是有很多珠宝。很多在此为官的郡守都极为贪财，竭力搜刮，致使很多珍珠都移居他处。后来孟尝出任这个郡的太守，改变弊病，珍珠重回此地。

译　文

悠扬飘荡的绿柳，在欢迎合浦郡一同归来的朋友；云烟缭绕的苍穹，环绕五大行星都连为一体。

原　文

褥绣起于缇纺[1]，烟霞生于灌莽。

注　释

①缇纺：浅色的丝绢。

译　文

华丽的刺绣源自于浅色的丝绢，烟霞产生于草木丛生的原野。

● 纺织丝绢

卷七　韵

原　文

人生斯世，不能读尽天下秘书灵笈。有目而昧，有口而哑，有耳而聋，而面上三斗俗尘，何时扫去？则韵之一字，其世人对症之药乎？虽然，今世且有焚香啜茗，清凉在口，尘俗在心，俨然自附于韵，亦何异三家村老妪，动口念阿弥，便云升天成佛也。集韵第七。

译　文

人生在世，读不完天下的奇书典籍。有眼睛却无法看见，有口却说不出，有耳朵听不到，脸上有三斗俗气何时才能扫去呢？“韵”这个字是否是世人的对症之药呢？即使是这样，如今的人焚香品茶，口清凉了，心依旧是俗的，附庸风雅，又与村里的老妇有什么区别呢？动口就念佛语，说自己升天成佛。将与“韵”有关的内容集为第七卷。

原　文

陈慥家蓄数姬[1]，每日晚藏花一枝，使诸姬射覆，中者留宿，时号“花媒”。

注　释

①陈慥：字季常，宋代文人，《容斋随笔》称其“好宾客，喜蓄声妓”。

译　文

陈慥家中养了几个美姬，每天晚上藏一枝花让她们去寻找，找到的当晚就可以留宿，时人称之为“花媒”。

原　文

清斋幽闭，时时暮雨打梨花；冷句忽来，字字秋风吹木叶。

译　文

斋房幽静，紧紧关闭，时不时传来傍晚时分雨打梨花的声音。凄冷的诗句，涌上心头，每个字全都是秋风吹树叶般的凄凉。

原　文

多方分别，是非之窦易开；一味圆融，人我之见不立。

译文

如果多方的见解不同，是非就会因此产生；一味灵活变通，就无法听到不同的意见。

原文

春云宜山，夏云宜树，秋云宜水，冬云宜野。

译文

春天的云适宜飘荡在山间，夏天的云适宜飘在树林，秋天的云适宜飘在水上，冬天的云适宜飘在田野。

原文

清疏畅快，月色最称风光；潇洒风流，花情何如柳态。

译文

月色疏朗清幽；令人畅快，与风光媲美；柳态婀娜，远胜花的情态。

原文

香令人幽，酒令人远，茶令人爽，琴令人寂，棋令人闲，剑令人侠，杖令人轻，麈令人雅，月令人清，竹令人冷，花令人韵，石令人隽，雪令人旷，僧令人淡，蒲团令人野，美人令人怜，山水令人奇，书史令人博，金石鼎彝令人古。

译文

焚香让人清幽，酒让人思远，茶让人清爽，琴使人寂静，棋让人悠闲，剑让人有侠气，竹杖使人轻便，拂尘令人优雅，月让人清朗，竹使人清冷，花让人有韵致，石让人俊秀，雪让人旷达，僧让人变得淡泊，蒲团让人纯朴，美人让人怜惜，山水让人称奇，史书使人广博，金石鼎彝增添人的神韵。

原文

吾斋之中，不尚虚礼，凡入此斋，均为知己。随分款留，忘形笑语，不言是非，不侈荣利，闲谈古今，静玩山水，清茶好酒，以适幽趣，臭味之交，如斯而已。

译文

我的书斋里，不喜欢虚礼俗套，只要进入书斋的全是知己。去留随意，开怀说笑，不说是非，不羡慕声名与利禄，闲谈古今，把玩山水，清茗美酒，优雅意趣，志趣相投的人品位一致而已。

原文

窗宜竹雨声，亭宜松风声，几宜洗砚声，榻宜翻书声，月宜琴声，雪宜

茶声，春宜筝声，秋宜笛声，夜宜砧声。

译文

窗下宜听竹雨声，亭中宜听松风声，案几可听洗砚声，床榻宜听翻书声，月下宜听弹琴声，雪中宜听煮茶声，春天宜听古筝声，秋天宜听笛声，夜晚宜听捣衣声。

原文

竹径款扉，柳阴班席。每当雄才之处，明月停辉，浮云驻影。退而与诸俊髦西湖靓媚，赖此英雄，一洗粉泽。

译文

沿着竹林当中的小路叩门，在柳树下按次序落座，每当有英雄才俊到来时，明月的光辉停止不动，浮云也不再飘动了。和各位英雄豪杰泛舟于西湖，观赏明媚春光，西湖依赖这些英雄豪杰，洗去脂粉之气。

原文

云林性嗜茶，在惠山中，用核桃、松子肉和白糖，成小块，如石子，置茶中，出以啖客，名曰清泉白石。

译文

元代画家倪云林喜欢饮茶，在惠山时，他将核桃、松子肉及白糖调配到一起，做成石子那么大的小块放到茶里让客人去品尝，称之为“清泉白石”。

原文

有花皆刺眼，无月便攒眉[1]，当场得无妒我；花归三寸管，月代五更灯，此事何可语人？

注释

①**攒眉**：皱眉。

译文

花都能吸引人们的视线，没有月亮便会皱眉不高兴，当场不会嫉妒我吧；花事由笔墨来绘制，月亮代替五更的灯火，这种幽事怎能和别人去说呢？

原文

求校书于女史，论慷慨于青楼。

译文

在读书的女子当中寻找才艺出众之妓，在妓院当中发表慷慨激昂的言论。

原文

填不满贪海，攻不破疑城。

译文

贪欲的海是无法填满的，猜疑的城是攻不破的。

原文

机息便有月到风来，不必苦海人世；心远自无车尘马迹，何须痼疾丘山？

译文

只要能够消除机巧功利之心，明月自然高照，清风自然会来，不觉得人间是苦海；心情超逸就没有了车马尘迹、世俗嘈杂，何必一定要流连于山水之间？

原文

幽心人似梅花，韵心士同杨柳。

译文

内心幽静的人犹如梅花，富有韵味的人如同柳树。

原文

情因年少，酒因境多。

译文

多情是由于年轻，喝酒是由于环境复杂。

原文

看书筑得村楼，空山曲抱，趺坐扫来花径，乱水斜穿。

译文

静心看书，最好是在山村的小楼上，周围有青山环绕；盘腿打坐，最好在花丛夹道的小路上面，清澈的溪水环绕周围纵横穿过。

原文

倦时呼鹤舞，醉后请僧扶。

译文

疲倦时让鹤前来跳舞，醉后让和尚搀扶。

原文

鸟衔幽梦远，只在数尺窗纱，蛩递秋声悄[1]，无言一龛灯火。

● 蟋蟀

注释

①**蛩**：古书上指蟋蟀。

译文

鸟衔着幽梦飞远，梦境似乎只在数尺纱窗之外，蟋蟀的叫声传递着秋天的气息，对着龛中的灯火无言无语。

原文

藉草班荆，安稳林泉之；披裘拾穗，逍遥草泽之。

译文

就在草坪上盘腿而坐，在山水环绕的林泉间安然徜徉；披着裘衣到麦收后的田间捡拾草穗，在草野沼泽中自在逍遥。

原文

万绿阴中，小亭避暑，八闼洞开，几簟皆绿。

译文

广阔的绿荫中，小亭为避暑胜地。亭中八面的门户洞开，把案几与簟席都染上诸多的绿色。

原文

雨过蝉声来，花气令人醉。

译文

雨过天晴，蝉声传来，花的香气使人沉醉。

原文

刳犀截雁之舌锋，逐日追风之脚力。

译文

言辞犀利，犹如剑与飞箭一般锋利；脚力矫健，与逐日追风的马一边快。

原文

瘦影疏而漏月，香阴气而堕风。

译文

瘦竹萧疏漏下月影，花丛的香气随着微风散开。

原文

修竹到门云里寺，流泉入袖水中人。

译文

修长的翠竹掩映到云雾缭绕的寺庙之前，潺潺的清泉在映出的人影的袖水间流淌。

原文

诗题半作逃禅偈，酒价都为买药钱。

译文

作诗的题目大半是参禅的偈语，卖酒的钱是用来买药炼丹的。

原文

流水有方能出世，名山如药可轻身。

译文

流水有脱俗的奇特方法，能让人超凡；名山像灵丹妙药，让人身体强壮。

原文

与梅同瘦，与竹同清，与柳同眠，与桃李同笑，居然花里神仙；与莺同声，与燕同语，与鹤同唳，与鹦鹉同言，如此话中知己。

译文

和梅一样瘦，和竹一样清，与柳一起睡，与桃李之花一起笑，好像是花国当中的神仙；和黄莺一同歌唱，和燕子细语，和鹤一起鸣叫，和鹦鹉言语，这就是鸟中的知己。

原文

草色遍溪桥，醉得蜻蜓春翅软；花风通驿路，迷来蝴蝶晓魂香。

译文

春回大地，草色绿遍溪边的小桥，连蜻蜓也醉得翅膀失去了力气；花香随风吹到驿站通道上，蝴蝶迷恋，早上起来，便已香满魂魄。

原文

田舍儿强作馨语，博得俗因；风月场插入伧父，便成恶趣。

译文

农家的孩子勉强说上几句温馨的话，博得的只是一团俗气；风月场当中插进来粗俗的汉子，就是一种丑恶的趣味。

原文

诗瘦到门邻病鹤，清影颇嘉；书贫经座并寒蝉，雄风顿挫。

译文

因为苦吟而消瘦的诗人赶到门前，和病中的野鹤对立，清幽的影子非常美妙；贫穷的书生经过座前，和寒风当中的知了相映成趣，让人有雄风受挫的感觉。

原文

梅花入夜影萧疏，顿令月瘦；柳絮当空晴恍忽，偏惹风狂。

译文

梅花在寒夜里萧疏冷清，使得月亮也更加消瘦。柳絮飘飞，天空恍恍惚惚，惹来狂风

呼啸。

原文

花阴流影，散为半院舞衣；水响飞音，听来一溪歌板。

译文

花荫流动的疏影，伴随着阳光散落半院；溪水流淌的声音，听起来宛如音乐的节拍声。

原文

萍花香里风清，几度渔歌；杨柳影中月冷，数声牛笛。

译文

在萍花香气当中清风徐来，几度听见渔家的歌唱；月光清冷，柳影越发冷清，传来牧童的笛声。

原文

谢将缥缈无归处，断浦沉云；行到纷纭不系时，空山挂雨。

译文

辞别亲友，流落天涯也不清楚归宿，只见水尽云沉；走到歧路不知去处的时候，只有幽静的山间细雨纷纷。

原文

浑如花醉，潦倒何妨；绝胜柳狂，风流自赏。

译文

就像鲜花沉醉，穷困潦倒又何妨；绝对胜过柳树癫狂，风流不羁，孤芳自赏。

原文

春光浓似酒，花故醉人；夜色澄如水，月来洗俗。

译文

春光犹如浓酒，花香能够让人沉醉，夜色如水般澄澈，月光可以洗去尘俗。

原文

雨打梨花深闭门，怎生消遣；分付梅花自主张，着甚牢骚？

译文

雨点打着梨花，大门紧闭，怎么排遣离愁呢？吩咐梅花自作主张，还发什么牢骚呢？

原文

对酒当歌，四座好风随月到；脱巾露顶，一楼新雨带云来。

译文

端酒而歌，清风伴随着月光一起来到座位；脱去头巾，露出头顶，一楼春雨带着彩云飘过来。

原文

浣花溪内，洗十年游子衣尘；修竹林中，定四海良朋交籍。

译文

浣花溪内，洗去游子衣服上面十年的灰尘；竹林当中，编定四海知己交往的名册。

原文

人语亦语，诋其味于钳口；人默亦默，訾其短于雌黄。

译文

人云亦云，人们就会诋毁他口风不严；人家沉默自己就跟着沉默，人们会讥讽他不擅长评论品鉴。

原文

艳阳天气，是花皆堪酿酒；绿阴深处，凡叶尽可题诗。

译文

艳阳天中，所有的花都可以采来酿酒；绿荫深处，只要是叶子就能题诗。

原文

曲沼荇香浸月，未许鱼窥；幽关松冷巢云，不劳鹤伴。

译文

曲折的池塘之中，荇花香气浸着月影不让鱼来窥探；松树清冷云归去，如此幽静时，不劳鹤来相伴。

原文

篇诗斗酒，何殊太白之丹丘[①]，扣舷吹箫，好继东坡之赤壁。

注释

①丹丘：即丹丘生，李白好友，《将进酒》云："岑夫子，丹丘生，将进酒，杯莫停。"

译文

畅饮斗酒吟诵诗篇，与李白的《将进酒》有何不同？叩响船舷吹箫应和，可以仿照苏轼续写《赤壁赋》。

原文

茶中着料，碗中着果，譬如玉貌加脂，蛾眉着黛，翻累本色。煎茶非漫浪，要须人品与茶相得，故其法往往传于高流隐逸，有烟霞泉石磊落胸次者。

译文

茶里加入作料，碗里放上果品，好比秀丽的脸上涂脂粉，好看的眉上画出青黛，反而影响了本色。煎茶并非随意之事，必须人品与茶品相适宜。因此，煎茶的方法往往流传在高人隐士与具有如烟霞泉石般的磊落胸怀的人之间。

原 文

楼前桐叶，散为一院清阴，枕上鸟声，唤起半窗红日。

译 文

楼前茂密的桐叶，散落成一院的清凉；枕边传来鸟的鸣叫声，唤起太阳映红了半个窗子。

原 文

天然文锦，浪吹花港之鱼；自在笙簧，风戛园林之竹。

译 文

风吹西湖花港的鱼，泛起层层波浪，如天然的花纹锦绣；风过竹林，发出阵阵声响，好像笙簧奏出和谐的旋律。

原 文

高士流连，花木添清疏之致；幽人剥啄，莓苔生暗淡之光。

译 文

高雅之士流连于山林花木之间，增添了清疏的韵致；隐士的手杖敲打着路边的莓苔，莓苔更添了暗淡的光景。

原 文

松涧边携杖独往，立处云生破衲；竹窗下枕书高卧，觉时月浸寒毡。

译 文

拄着拐杖独自在松涧边游赏，在站着的地方，白云从破旧的衲衣中环绕升腾；竹窗下面，头枕经书睡大觉，醒来时发现月色浸透了寒毡。

原 文

散履闲行，野鸟忘机时作伴；披襟兀坐，白云无语漫相留。

译 文

放开脚步闲逛，野鸟忘记了警惕，前来做伴；披着衣襟打坐，白云默默无语，留下供人观赏。

原 文

客到茶烟起竹下，何嫌屐破苍苔；诗成笔影弄花间，且喜歌飞白雪。

译 文

客来就提水煮茶，茶烟袅袅，何必担心木屐踏破了苍翠的苔藓；笔墨在花丛飞舞，写成诗篇，歌声随白雪飘来，令人欣喜。

原文

月有意而入窗，云无心而出岫。

译文

月光有意溜进窗来，白云似乎无心从峰峦间飘出。

原文

屏绝外慕，偃息长林，置理乱于不闻，托清闲而自佚。松轩竹坞，酒瓮茶铛，山月溪云，农蓑渔罟。

译文

摒弃和断绝对尘世贪欲的向往，隐居在山林间，不管世间的治乱兴衰，只图清闲自在。松间的竹坞，盛酒的陶瓮，烹茶的茶铛，山间的明月，溪涧的云雾，农家的蓑衣，渔民的钓网，这些都令人欣喜和流连。

原文

怪石为实友，名琴为和友，好书为益友，奇画为观友，法帖为范友，良砚为砺友，宝镜为明友，净几为方友，古瓷为虚友，旧炉为熏友，纸帐为素友，拂麈为静友。

译文

怪石是朴实的朋友，名琴是和谐的朋友，好书是益友，奇画是观赏的朋友，法帖是模仿的朋友，良砚是砥砺的朋友，宝镜是明亮的朋友，净几是方正的朋友，古瓷是清虚的朋友，旧炉是熏香的朋友，纸帐是素淡的朋友，拂尘是幽静的朋友。

原文

扫径迎清风，登台邀明月。琴觞之余，间以歌咏，止许鸟语花香，来吾几榻耳。

译文

打扫小路以便迎接清风，登上高台去邀请月亮。弹琴喝酒之间，伴着吟咏歌唱，鸟语花香传递到我的案几前。

原文

风波尘俗，不到意中；云水淡情，常来想外。

译文

是非风波，世俗之事从不萦怀；山水泉石，淡泊闲情，常思常至。

原文

纸帐梅花，休惊他三春清梦；笔床茶灶，可了我半日浮生。

译文

纸做的帐子，盛开的梅花，不要惊醒三春的清雅之梦；放笔的架子，烹茶的炉灶，能够消磨掉半日光阴。

原文

酒浇清苦月，诗慰寂寥花。

译文

借酒浇愁，面对清苦的月色；吟诗作赋，抚慰寂寥的花朵。

原文

一室十圭，寒蛩声喑，折脚铛边，敲石无火。水月在轩，灯魂未灭，揽衣独坐，如游皇古意思。

译文

一间小屋只有十圭大小，深秋的蟋蟀声音哑然，在折脚的茶铛间敲火石，却无法生出火来。水中明月照到高轩上，烛光熄灭灯花还在，揽衣独坐，仿佛神游在上古世界。

● 秋月尘埃不可犯

原文

遇月夜，露坐中庭，心爇香一炷，可号伴月香。

译文

遇到明月之夜，顶着露水在院子里打坐，在心中燃起一炷香，可以称为伴月香。

原文

襟韵洒落如晴雪，秋月尘埃不可犯。

译文

胸襟开阔，韵致磊落，如初晴的白雪，秋月清净，是世间的尘埃所无法污染的。

原文

峰峦窈窕，一拳便是名山；花竹扶疏，半亩如同金谷。

译文

峰峦秀美，即便只有拳头大小也是名山；花荫竹影斑驳稀疏，即便只有半亩也堪比金谷园。

原　文

观山水亦如读书，随其见趣高下。

译　文

观赏山水也如读书一般，会根据人的情趣见识的不同来分出高下。

原　文

深山高居，炉香不可缺，取老松柏之根枝实叶，共捣治之，研风防羼和之，每焚一丸，亦足助清苦。

译　文

在深山当中隐居，炉香是不可缺的，取老松柏的根枝、果实以及叶子一同捣碎，研磨枫脂加进去做成炉香，每焚完一丸香，足够助人清苦之气。

原　文

白日羲皇世，青山绮皓心。

译　文

日光明媚，像上古伏羲时的清闲世界；山水清秀，像汉初商山四皓那样超俗。

原　文

松声、涧声、山禽声、夜虫声、鹤声、琴声、棋子落声、雨滴阶声、雪洒窗声、煎茶声，皆声之至清，而读书声为最。

译　文

松间涛声、山涧水声、山禽叫声、夜虫鸣声、鹤声、琴声、棋子落声、雨滴阶声、雪洒窗声、煎茶声，这些声音都是至清的，以读书声数第一。

原　文

晓起入山，新流没岸；棋声未尽，石磬依然。

译　文

早晨到山上去，看到溪涧新涨的水淹没了堤岸；下棋的落子声没有断绝，石磬之声依然如昨。

原　文

松声竹韵，不浓不淡。

译　文

松涛之声，竹林之韵，不浓不淡，恰到好处，令人清爽。

原文

何必丝与竹，山水有清音。

译文

没必要有丝竹的乐声，青山绿水自有其清雅的音乐。

原文

世路中人，或图功名，或治生产，尽自正经。争奈天地间好风月、好山水、好书籍，了不相涉，岂非枉却一生！

译文

在世间之路上行走的人，有的图功名，有的经营家产，用尽才智。但对天地间的好风月、好山水、好书籍毫不涉猎，没有享受人生的乐趣，难道不是枉活了一生？

原文

李岩老好睡。众人食罢下棋，岩老辄就枕，阅数局乃一展转，云："我始一局，君几局矣？"[①]

注释

①**李岩**：宋代人，宋人《诗话总龟》卷七《评论门》收录此事。

译文

李岩老喜欢睡觉，别人吃完饭在下棋，他却去睡觉，经过几局棋的工夫，他翻个身问："我睡了一局，你们下了几局了？"

原文

晚登秀江亭，澄波古木，使人得意于尘埃之外，盖人闲景幽，两相奇绝耳。

译文

傍晚登上秀江亭，清波荡漾，古木森森，让人在世俗之外得到了清幽的乐趣，大概是因为人悠闲、景幽静，两者相得益彰。

原文

笔砚精良，人生一乐，徒设只觉村妆；琴瑟在御，莫不静好，才陈便得天趣。

译文

笔和砚都精致优良，是人生当中的一大乐趣，如果作为摆设，就犹如村姑的装饰般俗气；琴瑟摆在面前，静是最好的，刚摆上就拥有了自然之趣。

原文

《蔡中郎传》，情思逶迤；北《西厢记》，兴致流丽。学他描神写景，必先

细味沉吟，如曰寄趣本头，空博风流种子。

译 文

高明的《琵琶记》抒写的是情思缠绵；王实甫的《西厢记》显得风雅艳丽。要学习他们的描写及抒情的方法，应该首先品味、反复吟诵，如果仅仅是把性情寄托在文本之中，只会留得风流才子的名声罢了。

原 文

夜长无赖，徘徊蕉雨半窗；日永多闲，打叠桐阴一院。

译 文

长夜百无聊赖，徘徊于雨打芭蕉的床前；白天天长，有很多空闲，打扫梧桐掩映下的院落。

原 文

雨穿寒砌，夜来滴破愁心；雪洒虚窗，晓去散开清影。

译 文

雨点滴在寒冷的石阶上，在寂静的夜空中滴破忧愁的心绪；白雪飘落在虚掩的窗户上，在清晨散开一片清丽的景色。

原 文

春夜宜苦吟，宜焚香读书，宜与老僧说法，以销艳思。夏夜宜闲谈，宜临水枯坐，宜听松声冷韵，以涤烦襟。秋夜宜豪游，宜访快士，宜谈兵说剑，以除萧瑟。冬夜宜茗战，宜酌酒说《三国》《水浒》《金瓶梅》诸集，宜箸竹肉，以破孤岑。

译 文

春天的夜晚，适合去苦吟诗书、焚香读书，还有和老和尚谈论佛法，来消除内心当中美艳的情思；夏天的夜晚，适合闲谈，适合静坐，聆听松涛声、清冷的韵律，来消除内心当中的烦闷；秋天的夜晚，适宜开怀游玩，拜访爽快的人，谈论兵法、剑术，消除萧瑟之感；冬天的夜晚，适合斗茶，适合一面喝酒，一面谈论《三国》《水浒》《金瓶梅》等，适合吃竹菌，打破孤独及寂寞。

原 文

玉之在璞，追琢则珪璋；水之发源，疏浚则川沼。

译 文

美玉藏在璞石当中，稍加雕琢就会变为珪璋等宝玉；水的源头，稍加疏通引导就会汇成江河和湖泊。

原文

山以虚而受，水以实而流，读书当作如是观。

译文

山因空旷清虚可以容纳，水因充实而溢出、流淌，读书也应该这般虚实相兼。

原文

古之君子，行无友，则友松竹；居无友，则友云山。余无友，则友古之友松竹、友云山者。

译文

古代的君子，如果出行没朋友，就以青松、翠竹为友；闲居时没朋友，就以白云、青山为友。我没朋友，就把以古代的青松、翠竹、白云、青山为朋友的人作为自己的朋友。

原文

买舟载书，作无名钓徒。每当草衰月冷，铁笛霜清，觉张志和、陆天随去人未远。

译文

雇船载书，当一个无名的垂钓之人。每到草木凋零、月光清冷时，月光与铁笛双清共雅，觉得张志和、陆龟蒙这样的献艺之人离我们并不遥远。

原文

今日鬓丝禅榻畔，茶烟轻飏落花风。此趣惟白香山得之。

译文

“今日苍白的鬓发垂到床边，茶烟飘荡在风里。”这样的情趣唯有香山居士白居易才能体会。

原文

清姿如卧云餐雪，天地尽愧其尘污；雅致如蕴玉含珠，日月转嫌其泄露。

译文

清逸的风姿就如同躺在云朵里，吃着白雪，使天地因沾染尘俗而觉得惭愧；优雅的韵致好比蕴藏的美玉以及沉在水底的珍珠，使日月嫌自己不够含蓄。

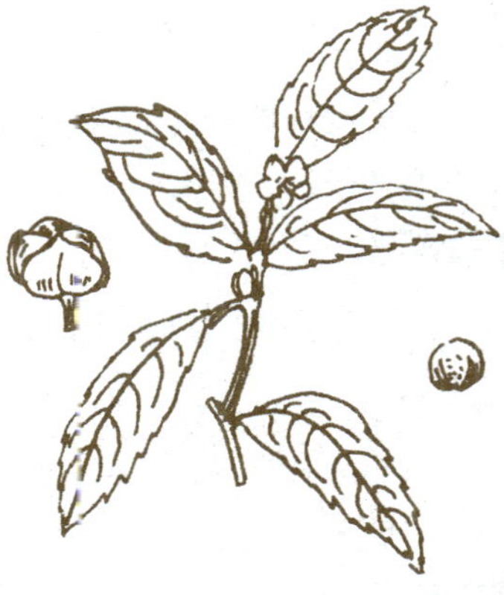

● 茶

原文

焚香啜茗，自是吴中习气，雨窗却不可少。

译文

焚香品茶，原本是吴中的习气，细雨敲窗的清闲安逸是必不可少的。

原文

茶取色臭俱佳，行家偏嫌味苦；香须冲淡为雅，幽人最忌烟浓。

译文

茶要色泽、气味兼具，精于此道的人却嫌弃味道苦涩；焚香要以清淡为主，隐士最忌讳香烟太浓。

原文

朱明之候，绿阴满林，科头散发，箕踞白眼，坐长松下，萧骚流觞，正是宜人疏散之场。

译文

盛夏时节，草木茂盛，绿荫满林，披头散发，在松树之下叉腿打坐，白眼看世界，清风徐来，曲水环绕，这是适宜人自由自在生活的场所。

原文

读书夜坐，钟声远闻，梵响相和，从林端来，洒洒窗几上，化作天籁虚无矣。

译文

深夜静坐读书，听见远处的钟声，与诵经之声相应和，从森林的一旁传来，窗口和几案都充满清冷之气，化为天籁之声，归于虚无。

原文

夏日蝉声太烦，则弄箫随其韵转；秋冬夜声寥飒，则操琴一曲咏之。

译文

夏天的蝉声令人厌烦，吹起箫来，随其声韵自然婉转；冬夜寂寥，拿出古琴，奏一首喧闹的曲子。

原文

心清鉴底潇湘月，骨冷禅中太华秋。

译文

潇湘的月光，让人的心底变得清澈可见；华山的秋色，让人在禅坐当中感到清冷之气透入肌肤。

原文

扫石烹泉，舌底朝朝茶味，开窗染翰，眼前处处诗题。

译文

打扫石阶，煮香烹茶，舌底泛起一股茶香；开窗远望，饱蘸浓墨，眼前四处都是作诗的题材。

原文

权轻势去，何妨张雀罗于门前；位高金多，自当效蛇行于郊外。盖炎凉世态，本是常情，故人所浩叹，惟宜付之冷笑耳。

译文

权力变小，势力没了，在门前张开罗网去捕鸟雀又能怎样呢？职位显要，财富显赫就应如蛇一样小心地在地面爬行。因为世态炎凉本是人之常情，所以那些令人长吁短叹的事，最好付之一笑，不必挂在心上。

原文

溪畔轻风，沙汀印月，独往闲行，尝喜见渔家笑傲；松花酿酒，春水煎茶，甘心藏拙，不复问人世兴衰。

译文

溪水旁边，微风吹拂，小沙洲上，洒满月光，悠闲地散着步，看到渔家笑傲江湖；以松花酿酒，取春水煎茶，心甘情愿地藏起见解，不过问世间的兴衰成败。

原文

手抚长松，仰视白云，庭空鸟语，悠然自欣。

译文

手摸长松，抬头仰视白云，鸟雀在庭院的上空不断鸣叫，让人感到悠闲自在，欣慰不已。

原文

或夕阳篱落，或明月帘栊，或雨夜联榻，或竹下传觞，或青山当户，或白云可庭，于斯时也，把臂促膝，相知几人，谑语雄谈，快心千古。

译文

或者夕阳洒到篱笆上，或月光洒到竹帘上，或在雨夜连床睡眠，或在竹下传觞畅饮，或面对着青山，或白云环绕。在如此的情景下，找几个朋友共同促膝而谈，欢笑嬉戏，高谈阔论，实在是一大快意之事。

原文

疏帘清簟销白昼，唯有棋声；幽径柴门印苍苔，只容屐齿。

译文

稀疏的竹子，清凉的竹席，消磨白日时光，只听见围棋落子的声音；幽深的小路，简陋的柴门，印在苍苔上面的唯有木屐的印痕。

原文

落花慵扫，留衬苍苔；村酿新刍，取烧红叶。

译文

懒得打扫落花，留下衬托苍苔；家酿新酒，取来红叶焚烧暖酒。

原文

幽径苍苔，杜门谢客；绿阴清昼，脱帽观诗。

译文

幽静的小路布满苍苔，关上门谢绝客人的来访；绿荫覆盖的小院白天时非常清凉，脱帽露顶，独自赏鉴诗词。

原文

烟萝挂月，静听猿啼；瀑布飞虹，闲观鹤浴。

译文

烟雾笼罩的藤萝仿佛挂着月亮，静听猿猴的叫声；飞流的瀑布仿佛是横贯天空的长虹，闲的时候还可以观看仙鹤沐浴。

原文

帘卷八窗，面面云峰送碧；塘开半亩，潇潇烟水涵清。

译文

把八面窗户的帘子都卷起来，每面都有山峰放出的碧绿；挖开半亩方塘，潇潇烟水蕴含着阵阵清凉。

原文

云衲高僧，泛水登山，或可藉以点缀；如必莲座说法，则诗酒之间，自有禅趣，不敢学苦行头陀，以作死灰。

译文

穿着衲衣的僧人或泛舟水上，或登高山，有时可以作为点缀；如果一定要坐在莲花宝座上进行说法，那么吟诗喝酒之间自然存在禅趣，不必像头陀那样苦行，如死灰一般无趣。

原文

遨游仙子，寒云几片束行妆；高卧幽人，明月半床供枕簟。

译文

四方遨游的仙子，以几片寒云来装束行妆，高卧无忧的隐士，以铺地的月光为枕席。

原文

落落者难合，一合便不可分；欣欣者易亲，乍亲忽然成怨。故君子之处世也，宁风霜自挟，无鱼鸟亲人。

译文

性格孤僻的人难以合群，只要合群就难以分开；乐观的人容易被亲近，忽然亲近就会结怨。所以君子生存在世上，宁愿自己接受风霜做知己，也不愿像鱼鸟一样亲附于他人。

原文

生平愿无恙者四：一曰青山，一曰故人，一曰藏书，一曰名草。

译文

平生希望有四样东西不会遭到厄运：一是青山，二是老友，三是藏书，四是名草。

原文

旦起理花，午窗剪茶，或截草作字，夜卧忏罪，令一日风流萧散之过，不致堕落。

译文

早晨起来收拾花草，中午修剪茶树，或者截断草来写字，晚上躺在床上忏悔白天所做的事情，让一天都过得潇洒而不会堕落。

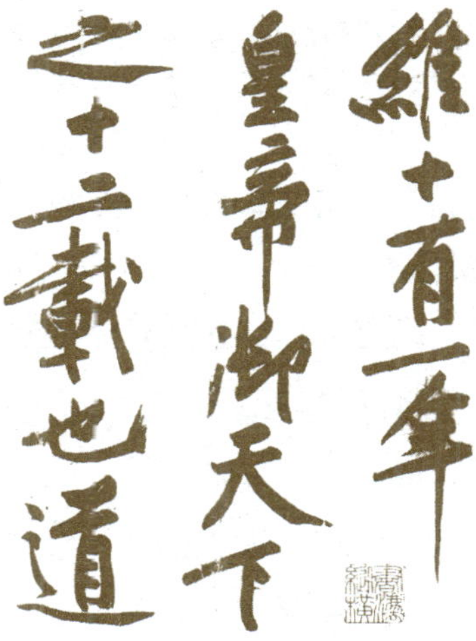

● 书法怡情

原文

快欲之事，无如饥餐；适情之时，莫过甘寝。求多于清欲，即侈汰亦茫然也。

译文

人生中最痛快的事情，就要数饥饿时的一顿饭；情志安逸时最令人高兴的事是美美地睡一觉。如果欲求过多，达到奢侈的程度，心里便会茫茫然地不满足。

原文

云随羽客，在琼台双关之间；鹤唳芝田，正桐阴灵虚之上。

译文

云跟随着隐士的脚步，在琼台双关间飘荡；鹤在芝田上面鸣叫，正处于仙境之上。

卷八　奇

原　文

我辈寂处窗下，视一切人世，俱若蠛蠓婴媿[1]，不堪寓目。而有一奇文怪说，目数行下，便狂呼叫绝，令人喜，令人怒，更令人悲，低徊数过，床头短剑亦呜呜作龙虎吟，便觉人世一切不平，俱付烟水。集奇第八。

注　释

①**蠛蠓**：蠓虫，比蚊子小，褐色或者黑色，雌的吸人畜血。

译　文

我们静静地坐在窗下，冷眼旁观世上的一切，犹如争着吸血的蠓虫一样，不忍去看。有一段奇怪的谈论，我一目数行看完，认为非常好，内容令人叫绝，也令人喜悦、愤怒、悲伤。数次回味，连挂在床头的短剑都发出了龙吟虎啸一般的声音，让人觉得世间的恩怨情仇犹如过眼云烟一般。将与“奇”有关的内容集为第八卷。

原　文

吕圣公之不问朝士名[1]，张师亮之不发窃器奴[2]，韩稚圭之不易持烛兵[3]，不独雅量过人，正是用世高手。

注　释

①**吕圣公**：即吕蒙正，字圣公，北宋人。太平兴国二年进士第一，官至中书侍郎、平章事，监修国史。

②**张师亮**：即张奇贤，字师亮，北宋人。太平兴国进士。

③**韩稚圭**：即韩琦，字稚圭，北宋著名政治家，一代名将。

译　文

吕蒙正不追问嘲笑他的那个朝士的姓名叫什么，张齐贤不揭发偷盗银器的奴仆，韩琦不换掉举蜡烛烧掉其胡子的士兵。这些人不仅有度量，更是处世的高手。

原　文

佞佛若可忏罪，则刑官无权；寻仙若可延年，则上帝无主。达士尽其

在我，至诚贵于自然。

译　文

沉迷于佛教，如果可以改过忏悔，那么执刑官就无权去施加刑罚；寻求成仙如果能延年益寿，那么上天就没有主管的事务了。通达之人的言行都发自内心的真诚，而且至诚的心贵在顺其自然。

原　文

以货财害子孙，不必操戈入室；以学校杀后世，有如按剑伏兵。

译　文

把钱财留给子孙会带来祸害，不必自家人相互争斗；通过学校教育去扼杀后辈，就像拿着剑埋伏下甲兵。

原　文

君子不傲人以不如，不疑人以不肖。

译　文

君子不会因为别人不如自己就感到骄傲，也不会怀疑别人的品行。

原　文

读诸葛武侯《出师表》而不堕泪者，其人必不忠；读韩退之《祭十二郎文》而不堕泪者，其人必不友。

译　文

如果读诸葛亮的《出师表》，不被文中的忠诚打动，肯定不是忠贞之人；读韩愈的《祭十二郎文》而不因深情而流泪，这个人肯定没有友情。

● 诸葛亮痛陈《出师表》

原　文

世味非不浓艳，可以淡然处之。独天下之伟人与奇物，幸一见之，自不觉魄动心惊。

译　文

人情不可以说不浓，但我们可以淡泊之心对待。只有看到伟大的人物及奇异的事情，内心才会不由得魂魄悸动，暗自惊喜。

原　文

道上红尘，江中白浪，饶他南面百城[1]**；**

花间明月，松下凉风，输我北窗一枕[2]。

注　释

①南面百城：比喻荣华富贵至极。

②北窗一枕：出自晋代陶渊明《与子俨等疏》："常言五、六月中，北窗下卧，遇凉风暂至，自谓是羲皇上人。"取高卧林泉之意。

译　文

路上尘土飞扬，江中有白浪翻腾，这情景比君临天下、坐拥百城更加富有；花间有明月照耀，松下凉风徐来，哪里有比我在北窗下大睡更自在呢！

原　文

石怪常疑虎，云闲却类僧。

译　文

石头奇形怪状，让人常当成老虎；云彩悠闲飘荡，犹如僧人远游。

原　文

大豪杰，舍己为人；小丈夫，因人利己。

译　文

大豪杰常常可以舍己救人，小丈夫往往损人利己。

原　文

一段世情，全凭冷眼觑破；几番幽趣，半从热肠换来。

译　文

一段人情世态，全靠冷眼旁观才可以看破；几番幽韵雅趣，多半要以热心肠才能换来。

原　文

识尽世间好人，读尽世间好书，看尽世间好山水。

译　文

认遍全天下的所有好人，读完全天下的好书，看尽全天下的好山好水。

原　文

舌头无骨，得言句之总持；眼里有筋，具游戏之三昧。

译　文

舌头没有骨，但说话要依靠它来把持；眼里有筋，能看明白人间游戏的真谛。

原　文

群居闭口，独坐防心。

译文

与人共处时要闭口不言，独坐时要避免胡思乱想。

原文

棋能避世，睡能忘世。棋类耦耕之沮溺，去一不可；睡同御风之列子，独往独来。

● 列子御风

译文

下棋可以逃避尘世，睡觉能让人忘却尘世。下棋要两个人对着下，就像长沮与桀溺并肩耕作一样，缺一不可；睡觉犹如乘风而行的列子一样，可以独来独往。

原文

以一石一树与人者，非佳子弟。

译文

把一块石头、一棵树木给别人的人，不是好后生。

原文

一勺水，便具四海水味，世法不必尽尝；千江月，总是一轮月光，心珠宜当独朗。

译文

一勺水当中，便有四海的味道，所以世间的人情世事未必都要经历；千江上的明月其实都是同一轮，所以人的心应当纯净如珠，透彻明亮。

原文

面上扫开十层甲，眉目才无可憎；胸中涤去数斗尘，语言方觉有味。

译文

只有揭开脸上的层层面具，才可以露出真相，眉目也不至于让人感到可憎；只有涤除内心的种种欲念，语言才会让人感到有味与可亲。

原 文

愁非一种，春愁则天愁地愁；怨有千般，闺怨则人怨鬼怨。天懒云沉，雨昏花蹙，法界岂少愁云；石颓山瘦，水枯木落，大地觉多窘况。

译 文

忧愁并不是一种，要是春愁，那么天也愁地也愁；怨恨有很多种，如果是闺中之怨，那么会怨天、怨鬼。天色慵懒，浮云低沉，阴雨昏暗，花就皱眉，宇宙难道会没有忧愁吗？岩石剥落，泉水枯竭，树木凋落，大地就感觉多了窘迫的境况。

原 文

笋含禅味，喜坡仙玉版之参；石结清盟，受米颠袍笏之辱。文如临画，曾至诮于昔人；诗类书抄[①]，竟沿流于今日。

注 释

①书抄：也作“书钞”，古人辑录名家资料而成的书籍，如《北堂书钞》等。

译 文

竹笋中蕴含着禅的味道，很喜欢苏轼拜访玉版和尚所玩的游戏；巨石连接成清雅的会盟，反而遭受米芾锦袍象笏参拜的羞辱。写文章要是像临摹画那样，就会让人讥笑；作诗像书抄那样，竟然流传于今日。

原 文

缃绨递满而改头换面[①]，兹律既湮；缥帙动盈而活剥生吞，斯风亦坠。

注 释

①缃绨：书套的一种。

译 文

书架上放着浅黄色的书套，书却变了，书的真谛已经没了；淡青色的书套有几尺厚，内容却生吞活剥，传统的读书风气已经消失殆尽。

原 文

先读经，后可读史；非作文，未可作诗。

译 文

只有先读经书，才可以读史书；要是不练习做文章，就没法作好诗。

原 文

俗气入骨，即吞刀刮肠，饮灰洗胃，觉俗态之益呈；正气效灵，即刀锯在前，鼎镬具后，见英风之益露。

译文

骨子里透着俗气，就算吞刀刮肠、喝灰洗胃，依旧觉得神态庸俗得要命；如果灵魂中存在正气，即使刀锯在前，鼎镬在后，反而更能彰显英雄的豪气。

原文

于琴得道机，于棋得兵机，于卦得神机，于兰得仙机。

译文

从琴中醒悟到自然的玄机，从下棋里可以领悟兵法战略，从占卜当中可以得到莫测的神机，从丹药当中悟得成仙的机缘。

原文

世界极于大千，不知大千之外更有何物；天宫极于非想，不知非想之上毕竟何穷。

译文

世界非常广大，不知道大千世界以外还存在什么东西；天宫在非想的地方无限大，不知道非想之上究竟还会有多少无穷胜景。

原文

千载奇逢，无如好书良友；一生清福，只在茗碗炉烟。

译文

千载难逢的好机会没有能比得上遇到好书和良友的；一生的清福，只在品茶的过程中。

原文

作梦则天地亦不醒，何论文章；为客则洪蒙无主人，何有章句？

译文

进入梦境，就算天地也会处在沉醉的状态中，哪里谈得上文章的清醒？人如果作为世上的匆匆过客，那么自从天地开辟以来，就没有过主人，哪里还会存在诗文章句？

原文

艳出浦之轻莲，丽穿波之半月。

译文

娇艳的花朵，没有能比生长在水边的清丽荷花越发动人的；美丽的景色，没有比散发出粼粼波光的半圆月更加美丽的。

原文

云气恍堆窗里岫，绝胜看山；泉声疑泻竹间樽，贤于对酒。杖底唯云，囊中唯月，不劳关市之讥；石笥藏书，池塘洗墨，岂供山泽之税。

译 文

云蒸霞蔚的景象，犹如堆积在窗子前面的山峦，其中的绝妙比观赏山景越发美妙；泉水叮咚作响，仿佛打开了倾泻在竹子之间的酒樽，这种美感比对酒当歌更美。竹杖之下只有云雾，行囊当中只装有月光，不用关市的稽查；石匣中藏有书籍，在池塘里洗笔，哪里用得着交山泽当中的税呢？

原 文

有此世界，必不可无此传奇；有此传奇，乃可维此世界。则传奇所关非小，正可借口《西厢》一卷，以为风流谈资。

译 文

有如此的世界，一定不会缺少这样的戏曲；正是有了这类戏曲，才会维系这样的世界。由此看来，戏曲是非同小可的，一部《西厢记》可以作为风流谈资。

原 文

非穷愁不能著书，当孤愤不宜说剑。

译 文

一个人，不是到了穷困悲愁时，不能著书立说；如果自己孤傲激愤时，不应当谈刀论剑。

原 文

湖山之佳，无如清晓春时。当乘月至馆，景生残夜，水映岑楼，而翠黛临阶，吹流衣袂，莺声鸟韵，催起哄然。披衣步林中，则曙光薄户，明霞射几，轻风微散，海旭乍来。见沿堤春草霏霏，明媚如织，远岫朗润出林，长江浩渺无涯，岚光晴气，舒展不一，大是奇绝。

译 文

湖光山色的美景，没有能够比春天的清晨更好的。当伴着残月来到馆舍，眼前出现另一番景致，平静的水面上倒映着小楼，淡青色的晨光照耀在台阶上，微风吹着衣襟，黄莺的叫声应和着鸟鸣，让梦中之人惊醒。披上衣衫来到树林之中，只见曙光照耀在门上，明朗的朝霞照在几案上，微风散去，太阳随后升起，堤岸上芳草菲菲，春光犹如锦缎，远方的山峦就像刚洗完澡一般，江面浩渺无边，晨雾在空中舒展开来，千姿百态，显得奇特而美妙。

原 文

心无机事，案有好书，饱食晏眠，时清体健，此是上界真人。

译 文

内心没有算计别人的事，案头有好书，吃得饱，睡得好，遭逢清平时节，身体强健心态好，这样的情景就宛如天上的神仙一样。

原　文

读《春秋》，在人事上见天理；读《周易》，在天理上见人事。

译　文

读《春秋》，在人情世事上可以看出天理；读《周易》，在天理上能够洞察人情世事。

原　文

则何益矣，茗战有如酒兵；试妄言之，谈空不若说鬼。

译　文

有什么好处，斗茶就犹如斗酒一般；终日空谈又有什么用，还不如去谈狐说鬼！

原　文

镜花水月，若使慧眼看透；笔彩剑光，肯教壮志销磨。

译　文

镜中花，水中月，假如有慧眼就可以看透；笔中彩，剑上花，怎能让壮志就这样消磨殆尽呢！

原　文

委形无寄，但教鹿豕为群；壮志有怀，莫遣草木同朽。

译　文

此身无所寄托，只求与猪鹿共同居住；胸怀壮志，思想超绝，不可以与草木一起腐朽。

原　文

哄日吐霞，吞河漱月，气开地震，声动天发。

译　文

烘托太阳，焕发彩霞，包容山河，漱洗月光；气势已开，大地为之震动，声势一动，上天都要为其叫喊。

原　文

论名节，则缓急之事小；较生死，则名节之论微。但知为饿夫以采南山之薇，不必为枯鱼以需西江之水。

译　文

谈论名节，急迫困难的事情就会小得多；谈论生

● 伯夷

死，名誉和节操之论已经不重要了。人们只要得知伯夷、叔齐不吃周朝的粮食，最后饿死在首阳山的事，就不会为救活快要窒息的鱼来引西江的水了。

原文

儒有一亩之宫，自不妨草茅下贱；士无三寸之舌，何用此土木形骸。

译文

儒生只需要有一亩那样大小的房屋即可，这样可以做到自然，以至甘于居住在茅舍当中，并处在贫贱之中；谋士没有三寸不烂之舌，如果这样，土木一样的身体又有什么作用呢？

卷九　绮

原　文

朱楼绿幕，笑语勾别座之春，越舞吴歌，巧舌吐莲花之艳。此身如在怨脸愁眉、红妆翠袖之间，若远若近，为之黯然。嗟乎！又何怪乎身当其际者，拥玉床之翠而心迷，听伶人之奏而陨涕乎？集绮第九。

译　文

华丽的红楼垂下绿色的帷幕，楼上传来的笑语让在别处坐着的宾客为之心动。舞女舞起吴越地区的舞蹈，唱起吴越地区的歌，灵巧的舌头吐出歌词，就犹如艳丽的莲花一般美丽。此身好像回到当时的那些一脸愁容的、眉头紧锁、化着红妆舞动翠袖的女子之间，她们有时离我们非常近，有时又好像很远，让人不禁黯然神伤。唉！对于身临其境的人，拥有翠绿的玉床，心完全沉迷在其间，听到伶人的演奏悄悄地落下泪来，又有什么奇怪的呢？将与“绮”有关的内容集为第九卷。

原　文

天台花好，阮郎却无计再来；巫峡云深，宋玉只有情空赋。瞻碧云之黯黯，觅神女其何踪；睹明月之娟娟，问嫦娥而不应。

译　文

天台山上的花开得非常美艳，阮郎却再也无法来欣赏这些花了；浓密的乌云笼罩住巫峡，宋玉只能空赋《高唐》。远远地看到天上飘舞着的碧绿云彩，只能去黯然神伤，到哪里去寻觅神女的踪迹呢？看着娟秀的明月，遥问月亮之上的嫦娥，嫦娥却不予回答。

原　文

妆台正对书楼，隔池有影；绣户相通绮户，望眼多情。

译　文

用以梳妆的楼宇正对读书楼，两座楼宇间有一个水池，倒影都投到水池中；绣户和绮户相互交通，有情人从彼此的窗户里相互隔窗相望。

原　文

莲开并蒂，影怜池上鸳鸯；缕结同心，日丽屏间孔雀。

译　文

池塘里的莲花开出并蒂之花，惹得池上的鸳鸯在花间嬉戏，流连忘返，不肯离去。以丝线编织出的同心结，惹得孔雀整天开屏。

● 鸳鸯

原　文

堂上鸣琴操，久弹乎孤凤；邑中制锦纹，重织于双鸾。

译　文

厅堂之上弹奏《琴操》曲，弹久了就成了《孤凤》；城里刺绣织锦，终于织成鸾凤，齐飞共鸣。

原　文

镜想分鸾，琴悲别鹤。

译　文

对着镜子想到分手的鸾凤，弹琴悲叹离散的夫妇。

原　文

春透水波明，寒峭花枝瘦。极目烟中百尺楼，人在楼中否？

译　文

春光明媚，透过水波分外明朗，寒风料峭，梅花的枝干越发瘦削。望远处雾霭中的百尺高楼，不知道思念的人是否在楼中？

原　文

明月当楼，高眠如避，惜哉夜光暗投；芳树交窗，把玩无主，嗟矣红颜薄命。

译　文

明月照耀着高楼，躲进高楼里面睡觉，可惜这暗投的月光；芬芳的树枝映在窗户之上，主人却没有前来欣赏把玩，可悲这薄命的红颜。

原　文

鸟语听其涩时，怜娇情之未啭；蝉声听已断处，愁孤节之渐消。

译　文

鸟在鸣叫时要听不圆润的地方，可怜其娇情无法发出婉转之声；听蝉叫，要听中断的地方，忧愁其孤直的节操已渐渐消退。

原 文

断雨断云，惊魄三春蝶梦；花开花落，悲歌一夜鹃啼。

译 文

截断云雨，春天的鸳鸯蝴蝶梦让人惊心动魄；花开花落，一夜的杜鹃悲啼犹如在唱一首悲歌。

原 文

衲子飞觞历乱，解脱于樽罍之间；钗行挥翰淋漓，风神在笔墨之外。

译 文

僧侣推杯换盏，放浪形骸，在酒杯间寻求解脱；美女挥毫泼墨，淋漓尽致，风采神韵似乎在笔墨之外。

原 文

养纸芙蓉粉，薰衣豆蔻香。

译 文

保养纸，最好使用芙蓉粉；熏衣服，最好使用豆蔻香。

原 文

流苏帐底，披之而夜月窥人；玉镜台前，讽之而朝烟萦树。风流夸坠髻，时世闻啼眉。

译 文

卷起流苏帷帐，皎洁的月亮也前来偷看人；对着明月吟诗，朦胧的朝雾萦绕树枝。坠马髻风流一时，世人都对其夸赞；啼眉妆在当时非常流行，妇女都会画。

原 文

新垒桃花红粉薄，隔楼芳草雪衣凉。

译 文

新垒边桃花非常娇艳，即使美人也感到相形见绌；阁楼下芳草萋萋，使鹦鹉也倍感凄凉。

原 文

李后主宫人秋水，喜簪异花芳草，芳拂髻鬟，尝有粉蝶聚其间，扑之不去。

译 文

李后主的宫女秋水，喜欢在头上面插奇花异草，芳香飘拂，头发与鬓角曾招来彩蝶在身边纷飞，赶都赶不走。

原　文

濯足清流，芹香飞涧；浣花新水，蝶粉迷波。

译　文

在清凉的溪水当中洗脚，水芹（楚葵）的芳香溢满整个山涧；在洁净的水当中洗鲜花，蝴蝶的粉弥漫于清波当中。

原　文

昔人有花中十友：桂为仙友，莲为净友，梅为清友，菊为逸友，海棠名友，荼蘼韵友，瑞香殊友，芝兰芳友，腊梅奇友，栀子禅友。昔人有禽中五客：鸥为闲客，鹤为仙客，鹭为雪客，孔雀南客，鹦鹉陇客。会花鸟之情，真是天趣活泼。

译　文

古人有花中十友的说法：桂花是仙友，莲花是净友，梅花是清友，菊花是逸友，海棠是名友，荼蘼是韵友，瑞香是殊友，芝兰是芳友，蜡梅是奇友，栀子花是禅友。古人又有禽中五客的说法：鸥为闲客，鹤为仙客，鹭为雪客，孔雀为南客，鹦鹉为陇客。这两种说法都可以领会与切合花鸟的性情，堪称自然情趣、活泼可爱。

● 黛玉戏鹦鹉

原　文

凤笙龙管，蜀锦齐纨。

译　文

凤笙龙管，乐律动人；蜀锦齐纨，称得上是精彩绝伦。

原　文

木香盛开，把杯独坐其下，遥令青奴吹笛，止留一小奚侍酒，才少斟酌便退，立迎春架后。花看半开，酒饮微醉。

译　文

坐在盛开的木香花下，端着酒杯自斟自饮，让青衣女奴远远吹笛，只留下一个年少的男仆在身边伺候，斟满酒后马上退回到迎春花架的后面。赏花要看半开的花，饮酒要喝到微有醉意。

原　文

夜来月下卧醒，花影零乱，满人襟袖，疑如濯魄于冰壶。

译　文

夜间在皎洁的月光下面睡觉，忽然醒来，花影凌乱，洒满了襟袖，让人神清气爽，好像整个魂魄都在盛冰的玉壶当中浸过一样。

原　文

看花步，男子当作女人；寻花步，女人当作男子。

译　文

观赏花卉时的脚步，男人应该如女人般轻缓；寻访花卉的脚步，女子应该如男人般轻快。

原　文

窗前俊石冷然，可代高人把臂；槛外名花绰约，无烦美女分香。

译　文

窗前有美石冷然竖立，可以代替主人与宾客交游；门外有名花风姿绰约，没有必要让美女前来分香。

原　文

新调初裁，歌儿持板待的；阄题方启，佳人捧砚濡毫。绝世风流，当场豪举。

译　文

新曲刚刚写完，歌童拿着牙板等待点歌；抓阄的诗题刚刚打开，美人已经手捧砚台等待进行挥毫泼墨了。这样的情景，堪称绝世风流，当场豪举。

原　文

石鼓池边，小草无名可斗；板桥柳外，飞花有阵堪题。

译　文

在石鼓和水池旁边，小草虽然叫不出名字，也可以进行斗草的游戏；在石板桥和柳树之间飞着柳絮，这也可以作为吟咏的对象。

原　文

桃红李白，疏篱细雨初来；燕紫莺黄，老树斜风乍透。

译　文

桃花儿红，李花儿白，蒙蒙的细雨透过稀疏的篱笆飘洒过来；紫色的燕子，黄色的莺儿，一阵斜风透过苍老的古树吹拂而去。

原文

窗外梅开，喜有骚人弄笛；石边雪积，还须小妓烹茶。

译文

窗外梅花盛开，令人惊喜的是诗人吹笛歌唱；石边堆积着积雪，还需要小妓焚香烹茶。

原文

高楼对月，邻女秋砧；古寺闻钟，山僧晓梵。

译文

在高楼上面对着明月，不时传来邻家女孩秋夜的捣衣声；古寺中听到钟声，原来是山僧在做早课。

原文

佳人病怯，不耐春寒；豪客多情，尤怜夜饮。李太白之宝花宜障，孟光祖之狗窦堪呼。

译文

美人病后虚弱，耐不住春寒料峭；豪客情感丰富，尤其喜欢夜间饮酒。李白相见宠妃，应该设七宝花帐相隔；孟光祖从狗洞看见朋友大叫，急得呼入相见痛饮。

原文

古人养笔以硫黄酒，养纸以芙蓉粉，养砚以文绫盖，养墨以豹皮囊。小斋何暇及此！唯有时书以养笔，时磨以养墨，时洗以养砚，时舒卷以养纸。

译文

古人用硫黄酒来保养笔，用芙蓉粉来保养纸，用文绫盖保养砚，用豹皮囊保养墨。我这小小的书斋哪里有条件做这些，只好时常写字来保养笔，常研墨来保养墨，常清洗来保养砚，时常舒展来保养纸。

原文

芭蕉近日则易枯，迎风则易破。小院背阴，半掩竹窗，分外青翠。

译文

芭蕉在炙热的阳光下容易枯萎，在迎风的地方容易被风损伤。小院处于背阴的地方，芭蕉叶掩着竹窗，显得非常青翠。

原文

欧公香饼，吾其熟火无烟；颜氏隐囊[1]，我则斗花以布。

注　释

①隐囊：靠枕。

译　文

欧阳修所记载的是香饼石炭，我用的则是无烟的深红火炭；颜之推记载的是斑丝隐囊，我用的却是以碎花布拼凑出来的靠枕。

原　文

梅额生香，已堪饮爵；草堂飞雪，更可题诗。七种之羹，呼起袁生之卧；六生之饼，敢迎王子之舟。豪饮竟日，赋诗而散。佳人半醉，美女新妆。月下弹瑟，石边侍酒。烹雪之茶，果然剩有寒香；争春之馆，自是堪来花叹。

译　文

梅额生香，足以将其作为饮酒的谈资；草堂飞雪，足以作为吟咏的诗题。七宝的菜羹，可以唤起僵卧的袁安；六瓣的雪花，敢迎王子猷的小舟。豪饮一天，赋诗即散。佳人半醉，美女刚梳妆，或在月下弹瑟，或在石边奉酒。用雪水点的茶，带有寒冽的香气；百花盛开的馆舍，肯定会为落花流水惋惜。

原　文

黄鸟让其声歌，青山学其眉黛。

译　文

佳人唱歌婉转，连黄莺都要学习她的歌；美女画眉像山黛，连青山也跟着效仿。

原　文

浅翠娇青，笼烟惹湿。清可漱齿，曲可流觞。

译　文

小溪浅翠清澈，笼罩在湿润的雾霭当中；清香能够漱口，曲折可以流觞。

原　文

风开柳眼，露浥桃腮，黄鹂呼春，青鸟送雨，海棠嫩紫，芍药嫣红，宜其春也。碧荷铸钱，绿柳缫丝，龙孙脱壳，鸠妇唤晴，雨骤黄梅，日蒸绿李，宜其夏也。槐阴未断，雁信初来，秋英无言，晓露欲结，蓐收避席，青女办妆[1]，宜其秋也。桂子风高，芦花月老，溪毛碧瘦，山骨苍寒，千岩见梅，一雪欲腊，宜其冬也。

注　释

①青女：传说中的霜雪之神。

译　文

微风吹开了柳眼，露水打湿了桃腮，黄鹂呼唤春信，青鸟送来了细雨，海棠较嫩，泛着紫色，芍药越发鲜艳发红，这些都是春天的景象。碧绿的荷叶初生如铜钱，绿色的柳枝如丝一般软，竹笋刚破壳，斑鸠唤来了晴天，骤雨来了，梅子熟了，太阳炎热，李子发青，这是夏天的景象。槐树的阴影还存在，大雁的叫声刚传来，秋天的落花悄然落下，清晨凝结出露水，秋神马上即将离开，霜雪之神装扮着即将出场，这是秋天的景象。寒风当中桂树摇曳，月光下芦花变白，溪水的绿色减褪，山上的岩石苍茫寒冷，石峰间梅花开放，一场雪就来到了腊月，这应是冬天的景象。

原　文

风翻贝叶，绝胜北阙除书；水滴莲花，何似华清宫漏。

译　文

风翻动了佛经，绝对胜过皇宫授官的诏令；水滴在莲花上面，多么像华清宫的滴漏声。

原　文

画屋曲房，拥炉列坐；鞭车行酒，分队征歌；一笑千金，樗蒲百万；名妓持笺，玉儿捧砚；淋漓挥洒，水月流虹；我醉欲眠，鼠奔鸟窜；罗襦轻解，鼻息如雷。此一境界，亦足赏心。

译　文

在雕梁画栋的屋子与深邃的房间中，围着火炉坐着；转圈行酒，分队赛歌；一笑值千金，一博值百万；身边有一位名妓拿纸，小童捧砚；尽情加以挥洒，犹如水中明月、天上彩虹；等到酒醉快睡时都散去了；丝绸的短衣刚解开，已然鼾声如雷，进入梦乡。这样的境界可谓舒畅至极。

原　文

柳花燕子，贴地欲飞；画扇练裙，避人欲进，此春游第一风光也。

译　文

柳絮和燕子，贴着大地飞行；手拿画扇，身穿白衣的佳人，既想躲避人群，又想前去游玩，这是春游的第一风光。

原　文

花颜缥缈，欺树里之春风；银焰荧煌，却城头之晓色。

译　文

百花容颜，隐约缥缈，胜过了树间的春风；银色火焰，忽明忽暗，遮住了城头的晨曦。

原文

乌纱帽挟红袖登山，前人自多风流。

译文

身居要职还要挟美女外出登山郊游，前人多了一种风流情致。

原文

笔阵生云，词锋卷雾。

译文

挥笔成阵，顿生云气；言辞锋利，卷起雾霭。

原文

楚江巫峡半云雨，清簟疏帘看弈棋。

译文

长江巫峡之上时而阴云密布，时而细雨绵绵；坐在清凉的竹席上，隔着稀疏的帘子看下棋。

原文

美丰仪人，如三春新柳，濯濯风前[1]。

注释

①**濯濯：** 飘逸的模样。

译文

风姿俊美的人的姿态，犹如三春柳树，玉树临风，清爽飘逸。

原文

涧险无平石，山深足细泉。短松犹百尺，少鹤已千年。

译文

山涧险峻，没有平坦的石头；山峦幽深，四处全都是细细的泉水。就算是低矮的松树也有百尺高，即使年少的仙鹤也已有上千岁了。

原文

雪滚花飞，缭绕歌楼，飘扑僧舍，点点共酒旆悠扬，阵阵追燕莺飞舞，沾泥逐水，岂特可入诗料。要知色身幻影，是即风里杨花、浮生燕垒。

译文

雪花飞舞，落花飘散，在歌楼之外缭绕，飘落在僧人门前，雪花与酒旗共同飞扬，落花阵阵，追逐的燕莺，终究还是要落在地上，羽毛沾上污水，此情此景，难道只是入诗的题材吗？要记住色即是空，这样的幻影仅仅是风中的杨花、浮生的燕巢，是没有根底的。

原文

水绿霞红处，仙犬忽惊人，吠入桃花去。

译文

在绿水环绕、红霞笼罩的仙境当中，仙犬吓人一跳，吠叫着跑到桃花的深处。

原文

九重仙诏，休教丹凤衔来；一片野心，已被白云留住。

译文

九重天上玉帝的诏书，不要让丹凤衔来；一片放荡不羁的心，已被悠悠白云锁住。

原文

香吹梅渚千峰雪，清映冰壶百尺帘[1]。

注释

①**冰壶**：指月宫。

译文

清风从梅渚当中吹来，使得千峰堆雪；清光从月宫当中照下，犹如百尺巨帘。

原文

避客偶然抛竹屦，邀僧时一上花船。

译文

躲避游客掉下的竹鞋，邀请僧人悠然上了花船。

原文

到来都是泪，过去即成尘。

译文

到来的全是泪水，过往的成了烟尘。

原文

秋色生鸿雁，江声冷白苹。

译文

秋色肃杀，鸿雁悲鸣；江水滔滔，白苹清冷。

原文

斗草春风，才子愁销书带翠；采菱秋水，佳人疑动镜花香。

译文

才子在春风和煦中进行斗草游戏，把冬天的沉郁都丢弃在满眼的绿色中了；佳人在宜人的秋水上划船采摘菱角，清澈的水面上荡起层层涟漪，仿佛有人动了梳妆的镜台。

原文

竹粉映琅玕之碧[1]，胜新妆流媚，曾无掩面于花宫；花珠凝翡翠之盘，虽什袭非珍，可免探颔于龙藏。

注释

①**琅玕：**如珠子一般的美石。

译文

竹粉与美石的颜色彼此映衬，胜过新妆的妩媚，在花宫当中不曾掩面；花珠凝结在翡翠盘里，虽不是贵重的物件，也可免于探颔取珠的危险。

原文

因花整帽，借柳维船。

译文

用花卉来装饰帽子，以柳树系住船。

原文

绕梦落花消雨色，一尊芳草送晴曛。

译文

梦中萦绕的落花失去了雨色，一片芳草送来晴天落日的余晖。

原文

争春开宴，罢来花有欢声；水国谈经，听去鱼多乐意。

译文

在竞相开放的花丛当中开宴，宴席散后花也传来欢乐的声音；在水乡当中谈经，仔细听的鱼也其乐融融。

原文

无端泪下，三更山月老猿啼；蓦地娇来，一月泥香新燕语。

译文

无端地流泪，因为是三更时，山中的老猿开始凄凉地啼叫；忽然有娇声传来，原来是燕子衔着泥土正在低语。

原文

燕子刚来，春光惹恨；雁臣甫聚，秋思惨人。

译文

燕子刚飞回，满眼的春光让人眼花缭乱；大雁刚南飞，秋天的肃杀令人悲凉。

原　文

韩嫣金弹，误了饥寒人多少奔驰；潘岳果车，增了少年人多少颜色。

译　文

韩嫣用金丸弹雀，耽误了多少奔波在长安的少年的抱负；潘岳每次都掷果满车，增添多少洛阳少年的风采和颜色。

原　文

微风醒酒，好雨催诗，生韵生情，怀颇不恶。

译　文

微风能够醒酒，好雨能催发诗情，从而生发韵味及情趣，使人胸怀美好的情感。

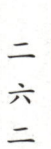

卷十　豪

原　文

今世矩视尺步之辈，与夫守株待兔之流，是不束缚而阱者也。宇宙寥寥，求一豪者，安得哉？家徒四壁[1]，一掷千金，豪之胆；兴酣落笔，泼墨千言，豪之才；我才必用，黄金复来[2]，豪之语。夫豪既不可得，而后世倜傥之士，或以一言一字写其不平，又安与沉沉故纸同为销没乎！集豪第十。

注　释

①**家徒四壁：**这里化用司马相如典，卓文君随相如回成都，“家居徒四壁立”。

②**我才必用，黄金复来：**化用李白《将进酒》中的诗句：“天生我材必有用，千金散尽还复来。”

译　文

当今社会中，那些墨守成规的人，那些守株待兔的人，他们是不必受到任何束缚就可以自落陷阱的。宇宙浩渺，要想找到一个不受到任何束缚的洒脱的人，哪里能够找到呢？家里穷得只剩四壁，一贫如洗，但是还能一掷千金的，这就是洒脱豪放之人的胆略；在兴头上挥毫泼墨，书写千言，这是豪放之人的才气；天生我材必有用，千金散尽还复来，这是豪放之人的见识。既然不能来求取豪放，那么后世那些所谓的风流倜傥之人，有的人以字句来抒写心中的不平，怎能让这些人和故纸堆消磨掉人们心中的激情，终生默默无闻呢？将与“豪”有关的内容集为第十卷。

原　文

桃花马上，春衫少年侠气；贝叶斋中[1]，夜衲老去禅心[2]。

注　释

①**贝叶斋：**指佛寺。

②**老去：**指显露出老态。

译　文

在春天时，跨上桃花马，让衣衫在春风中飘逸，显示出一派少年的英姿及豪侠气魄；身居佛寺，在深夜中诵经的老衲，老态龙钟，心态淡泊，一片禅心。

原文

岳色江声，富煞胸中丘壑；松阴花影，争残局上山河[1]。

注释

①**山河**：此处指代棋局的胜负。

译文

山色苍茫，江水滔滔，使人的内心无比开阔；松树间无比清凉，各种花留下参差的影子，这样的情景下，邀请朋友下几盘棋，在残局中争夺胜负。

原文

骥虽伏枥，足能千里；鹄即垂翅[1]，志在九霄。

注释

①**鹄**：指天鹅。

译文

好马尽管被束缚在槽下，但是还能跑千里；即使让天鹅垂下翅膀，但是其志向还是在高远的天空之上。

原文

个个题诗[1]，写不尽千秋花月；人人作画，描不完大地江山。

注释

①**个个**：指每个人。

译文

每个人都写诗，也不能写尽人间风花雪月；每一个人都作画，也不能描绘完大地的江河山水。

原文

慷慨之气，龙泉知我；忧煎之思，毛颖解人[1]。

注释

①**毛颖**：指毛笔。

译文

激昂慷慨的气概，只有龙泉宝剑可以知道；忧愁煎熬的思绪，只有毛笔能够抒写。

原文

不能用世而故为玩世[1]，只恐遇着真英雄；不能经世而故为欺世[2]，只好对着假豪杰。

注 释

①**用世**：用武之地。

②**经世**：治理家国。

译 文

如果因为自己没有找到用武之地就刻意沉沦、玩世不恭的话，这样的人会害怕遇到真的英雄；如果自己不能做到经邦济世，就故意在社会当中骗取虚有的名声，这样的人只好面对着假豪杰。

原 文

绿酒但倾[1]，何妨易醉；黄金既散，何论复来。

注 释

①**绿酒**：指上等好酒。

译 文

只管向酒杯当中倒美酒，即使喝得大醉又有何妨；把千金用完又能怎么样，还用在乎何时再赚回来吗！

● 葛巾漉酒

原 文

诗酒兴将残，剩却楼头几明月；登临情不已[1]，平分江上半青山。

注 释

①**不已**：没停止。

译 文

诗兴将尽，酒席也只剩残羹冷炙了，天地间只剩下悬挂在楼头上面的一轮明月了；登上高山，下靠江水，向江山水色当中倾诉自己的情愫，平分江上的半座青山。

原 文

闲行消白日，悬李贺呕字之囊[1]；搔首问青天，携谢朓惊人之句[2]。

注 释

①**李贺呕字之囊**：事见《唐诗纪事》。唐代诗人李贺作诗极为刻苦，每次外出时都让书童背上锦囊，如果想到诗句就会将其写好放到里面。

②**谢朓**：南朝齐著名诗人。

译　文

在清闲时出来散步，消磨时光，随身带着李贺呕字苦吟出来的锦囊；登上高山摆弄着头发，对着青天进行发问，随身带着谢朓惊人的山水诗句。

原　文

假英雄专映不鸣之剑[①]，若尔锋芒，遇真人而落胆；穷豪杰惯作无米之炊，此等作用，当大计而扬眉。

注　释

①**映**：小声轻吹。

译　文

虚假的英雄专爱小声吹嘘并不能鸣响的剑，像这样的剑的锋芒如果遇到真正的英雄就会闻风丧胆；居于穷困中的豪杰能做无米之炊，如若能让他们去筹划国家大事的话，他们就会扬眉吐气。

原　文

深居远俗，尚愁移山有文[①]；纵饮达旦，犹笑醉乡无记。

注　释

①**移山有文**：南朝齐孔稚珪写的《北山移文》，讥讽周颙名为退隐山林其实内心热衷于名利的卑俗做法。

译　文

隐居深山，远离世俗，但是忧愁受到《北山移文》那样的讥讽；放开情怀，欢畅喝酒，嘲笑如此美妙的醉乡的情怀，居然没有人来给作记。

原　文

藜床半穿[①]，管宁真吾师乎；轩冕必顾，华歆询非友也。

注　释

①**藜床**：以藜条编就的床榻。

译　文

用藜条编成的床榻半边已然被坐穿，面对如此情景，管宁还专心学习，我辈要向管宁学习；一心想着看达官贵族的车马，华歆这种人不是真正的朋友。

原　文

车尘马足之下，露出丑形；深山穷谷之中[①]，剩些真影。

注　释

①**深山穷谷**：指偏僻之地。

译　文

车尘马脚下，不免会出现丑陋的形象；穷僻山谷中，还是有一些真诚身影的。

原　文

吐虹霓之气者，贵挟风霜之色；依日月之光者，毋怀雨露之私[1]。

注　释

①**怀**：拥有。

译　文

拥有霓虹气势的豪杰，贵在一份风霜凌厉的精神；依靠日月的照耀发出光芒的东西，不要整天怀着承接雨露的想法。

原　文

清襟凝远[1]，卷秋江万顷之波；妙笔纵横，挽昆仑一峰之秀。

注　释

①**清襟**：指内心当中清净。

译　文

内心清净的话，神情就会显得非常悠远，能让秋江万顷的波浪卷起；用生花的妙笔来描绘世间的万物，就能得到昆仑一峰的秀丽景色。

原　文

闻鸡起舞，刘琨其壮士之雄心乎；闻筝起舞，迦叶其开士之素心乎[1]？

注　释

①**“闻筝起舞”两句**：佛教故事。香山大树紧那罗能妙音鼓琴，头陀第一之迦叶，不堪于座，起而舞。

译　文

刘琨听到鸡叫就开始练习武术，他所展现出来的是壮士雄心；迦叶闻筝起舞，展现出来的是菩萨的素心。

● 闻鸡起舞

原　文

友遍天下英杰人士[1]，读尽人间未见之书。

注　释

①**友**：和……交朋友。

译　文

结交整个天下的英雄豪杰，读遍全天下的人没看过的书籍。

原　文

交友须带三分侠气，作人要存一点素心[1]。

注　释

①**素心**：纯洁思想。

译　文

在交友时，要带有三分豪侠之气，做人必然要存有一点纯洁的心。

原　文

栖守道德者[1]，寂寞一时；依阿权变者，凄凉万古。

注　释

①**栖守**：恪守。

译　文

一心一意去遵守道德规则的人，他们的寂寞仅仅是一时的寂寞；至于那些依附权势、阿谀奉承的人，他们的凄凉是无限的。

原　文

深山穷谷，能老经济才猷[1]；绝壑断崖，难隐灵文奇字。

注　释

①**老**：消磨。

译　文

深山穷谷当中，可以将人的治国才华消磨殆尽，使其变为无用之人；但是山谷里的绝崖断壁间，却难以隐藏人心当中奇妙的、富有灵感的神思及优美的句子。

原　文

献策金门苦未收[1]，归心日夜水东流。扁舟载得愁千斛，闻说君王不税愁。

注　释

①**献策金门**：即向皇帝进言。金门指金马门，为汉代宫门，是士人献策之地。

译文

想向金门献策，但是却没有得到认可，因此感到苦恼，打算回去的心思就犹如日夜奔腾不息的江水般一刻都没停止。一叶扁舟可以载动千斛愁绪，听说君王不对忧愁征收赋税。

原文

世事不堪评，卷神游千古上；尘氛应可却[1]，闭门心在万山中。

注释

①**却**：谢绝。

译文

世间事已是不堪评论的了，只有批阅书卷，在千古文化当中神游；至于世俗间的风气是可以谢绝的，可以采取闭门谢客的方法，让自己的心沉浸于万山之间。

原文

英雄未转之雄图，假糟丘为霸业[1]；风流不尽之余韵，托花谷为深山。

注释

①**糟丘**：指酒乡。

译文

英雄豪杰的宏伟壮志无法实现，就将自己完全沉浸于酒乡之中了；风流才子的才智还得不到施展，就流连于声色当中了。

原文

红润口脂[1]，花蕊乍过微雨；翠匀眉黛，柳条徐拂轻风。

注释

①**口脂**：口红。

译文

鲜红滋润的嘴唇，犹如刚经过春雨滋润的花蕊般鲜嫩；眉毛青翠均匀的颜色，犹如被春风吹拂的柳枝般美妙。

原文

满腹有文难骂鬼，措身无地反忧天[1]。

注释

①**措**：放置。

译文

满腹文章，难以咒骂鬼神，自己还没有一个能够安身立命的地方，却还心忧天下。

原　文

大丈夫居世，生当封侯，死当庙食[1]。不然，闲居可以养志，诗书足以自娱。

注　释

①**庙食**：享受供奉。

译　文

大丈夫立身于世，要想做出一番真正的事业，活着时应当封侯拜相，死时还要人们建庙树碑来加以供奉。要是做不到这些的话，可以闲居以便颐养天年，培养自己的志趣，读点诗书自我娱乐。

原　文

丈夫须有远图，眼孔如轮，可怪处堂燕雀；豪杰宁无壮志，风棱似铁[1]，不忧当道豺狼。

注　释

①**风棱**：性格。

译　文

大丈夫应当有长远的计划，眼睛睁大如车轮，对那些整天躲在屋檐下不懂得祸患快要来的燕雀的行为感到奇怪；真正的豪杰怎能没有雄心壮志呢，一定要让自己铁骨铮铮，威风凛凛，不必担忧豺狼当道、奸邪的小人掌握政权。

● 关羽水淹七军

原　文

云长香火，千载遍于华夷；坡老姓字[1]，至今口于妇孺。意气精神，不可磨灭。

注　释

①**坡老**：指北宋文人苏东坡。

译　文

关公的香火，千百年来都在华夏大地上不曾断绝过，备受尊敬；苏轼的名字，从古到今都是妇孺皆知，他的事迹大家口耳传颂。由此可见，人的意志和精神是不可磨灭的。

原　文

据床嗒尔[1]，听豪士之谈锋；把盏惺

然，看酒人之醉态。

注　释

①**嗒尔**：聚精会神。

译　文

坐在榻上聚精会神，倾听豪杰滔滔不绝地高谈阔论；即使不断斟酒，不断喝着，内心依旧是清醒的，正好可以观察喝酒的人各自不同的醉态。

原　文

登高远眺，吊古寻幽[1]，广胸中之丘壑，游物外之文章。

注　释

①**吊**：凭吊。

译　文

登高远望，凭吊古代名胜，寻找幽深之处当中的胜景。胸中的山河自然宽广，置身物外，所写下的文章让人读后越发酣畅。

原　文

雪霁清境[1]，发于梦想。此间但有荒山大江，修竹古木。

注　释

①**霁**：停止。

译　文

雪停放晴，此时的环境显得如此优雅，让人不由得生出许多梦想。这种境界中只有空旷的荒山、奔流的大江、修长的翠竹、参天的大树。

原　文

每饮村酒后，曳杖放脚[1]，不知远近，亦旷然天真。

注　释

①**曳**：拖着。

译　文

每次喝过山村当中的佳酿之后，就开始拄着拐杖，慢慢走在山间的小路上，并不管路的远近，这种情形也能称得上旷达天真。

原　文

须眉之士，在世宁使乡里小儿怒骂，不当使乡里小儿见怜[1]。

注　释

①**当**：应该。

译　文

男子汉大丈夫生活在这个世界上，宁愿让乡野当中的无赖怒骂，也不愿让乡野里的无赖给予其半点怜惜之心。

● 《汉书》作者班固

原　文

胡宗宪读《汉书》[1]，至终军请缨事，乃起拍案曰："男儿双脚当从此处插入，其他皆狼藉[2]耳！"

注　释

①**胡宗宪**：明代大臣，嘉靖十七年进士，官至兵部尚书。

②**狼藉**：胡说八道。

译　文

胡宗宪读《汉书》，读到终军请缨的事时，就拍桌子站起来，大声说："好男儿的双脚就应当从这个地方插进来，其他的都是胡说八道！"

原　文

宋海翁才高嗜酒，睥睨当世[1]。忽乘醉泛舟海上，仰天大笑，曰："吾七尺之躯，岂世间凡土所能贮？合以大海葬之耳！"遂按波而入。

注　释

①**睥睨**：傲视的样子。

译　文

宋海翁非常有才华，却喜欢喝酒，非常狂傲。忽然乘着酒兴，来到海上泛舟，对着苍天大笑："我这堂堂七尺男儿，难道是世间平凡的土地可以容纳下的吗？应该让一望无际的大海来埋葬我的身躯。"于是他随着波浪消失于苍茫的大海里。

原　文

王仲祖有好形仪，每览镜自照[1]，曰："王文开那生宁馨儿？"

注　释

①**览**：看。

译　文

王仲祖这个人仪表堂堂，每次对着镜子里的自己看后说："王文开怎么生下了这么个漂亮儿子呀！””

原　文

毛澄七岁善属对[1]，诸喜之者赠以金钱，归掷之曰，“吾犹薄苏秦斗大，安事此邓通靡靡！”

注　释

①**毛澄**：明代昆山人，字宪清，号白斋，晚号三江。有《毛文简公集》。

译　文

毛澄七岁时就非常擅长对对子，那些很喜爱他的人都会给予他金钱。毛澄每次回来都把钱一扔，说：“我连苏秦斗大的金印都瞧不起，哪里能看上这些小钱呢！”

原　文

梁公实荐一士于李于麟，士欲以谢梁，曰：“吾有长生术，不惜为公授[1]。”梁曰：“吾名在天地间，只恐盛着不了，安用长生！”

注　释

①**授**：传授。

译　文

梁公实曾向李攀龙推荐一位士人，这个士人想向他致以谢意，士人说：“我这里有长生不老的秘术，我如今把它传授给你吧。”梁公实说：“我的名声出于天地之间，恐怕这样的名声是天地所容不下的，哪里需要什么长生不老啊。”

原　文

吴正子穷居一室，门环流水，跨木而渡，渡毕即抽之[1]。人问故，笑曰：“土舟浅小，恐不胜富贵人来踏耳！”

注　释

①**即**：立刻。

译　文

吴正子在一间简陋的房子当中居住，门外有流水环绕，他拖来一块木板架到流水之上当作桥，过去后就将木板抽掉。有人问他为何要这样去做，他笑着回答：“这个土舟又窄又小，恐怕禁不起富贵的人前来践踏。”

原　文

吾有目有足，山川风月，吾所能到，我便是山川风月主人。

译　文

我有目可视，有足可行，山川风月这些东西我都可以看到，也能走到，那么我便是山川风月的主人了。

原 文

大丈夫当雄飞[1]，安能雌伏？

注 释

①**雄**：这里指雄鸟。

译 文

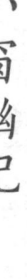

大丈夫就应当像雄鸟那样飞翔，怎么能像雌鸟那般安伏？

原 文

青莲登华山落雁峰[1]，曰："呼吸之气，想通帝座。恨不携谢朓惊人之诗来，搔首问青天耳！"

注 释

①**青莲**：指唐代著名诗人李白，号青莲居士。

译 文

李白登上华山落雁峰，说："呼吸的气息，应该能通到上帝的座前。使得我觉得遗憾的是没有带来谢朓惊人的诗句，搔首问询青天了。"

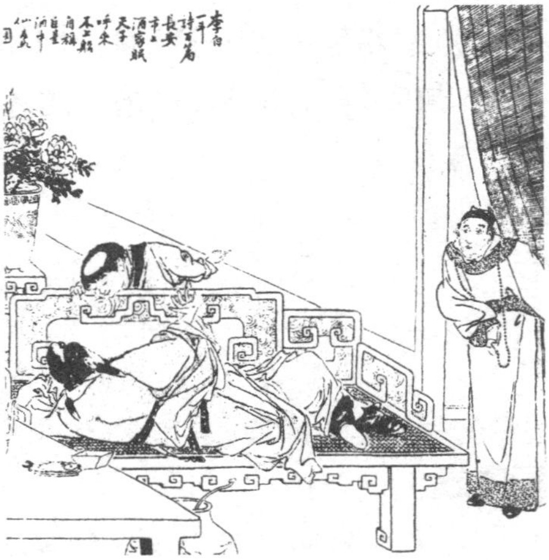

● 李白醉酒

原 文

志欲枭逆虏，枕戈待旦，常恐祖生先我着鞭[1]。

注 释

①**祖生**：指祖逖。

译 文

我立志要将叛逆与枭雄扫除干净，枕着兵器等待天亮，时常害怕祖逖比我出兵还快。

原 文

旨言不显，经济多托之工瞽刍荛[1]；高踪不落，英雄常混之渔樵耕牧。

注 释

①**工瞽**：乐官。

译 文

深刻的言论通常不显山露水，经邦济世的才子通常假托于乐官、樵夫的身份；高远飘逸的行踪往往不落于俗套，英雄豪杰时常隐藏在渔樵耕牧这些平凡的活动之中。

原文

高言成啸虎之风，豪举破涌山之浪[1]。

注释

①豪举：豪侠举动。

译文

高尚的言论通常有虎啸的威风，豪侠的举动能够打破拍山的大浪。

原文

襟怀贵疏朗[1]，不宜太逞豪华；文字要雄奇，不宜故求寂寞。

注释

①疏朗：开阔明朗。

译文

人的襟怀可贵之处在于开阔明朗，不应过于卖弄豪华；作文写字需要雄伟气魄，不应当故意追求寂寞。

原文

悬榻待贤士，岂曰交情已乎；投辖留好宾，不过酒兴而已。

译文

将卧榻悬挂起来等候贤士到来，难道仅仅是依靠交情吗？为了挽留住好的宾客而投辖于井，不过是为饮酒尽兴罢了。

原文

才以气雄，品由心定。

译文

人的才华是由于心气称雄，人的品格是由心性而决定的。

原文

为文而欲一世之人好[1]，吾悲其为文；为人而欲一世之人好，吾悲其为人。

注释

①好：称赞。

译文

做文章一心想得到世人称赞，我为其文感到悲哀；做人老想着让世人喜欢他，我为他的为人感到悲哀。

原文

济笔海则为舟航[1]，骋文囿则为羽翼。

注释

①**济**：驾驶。

译文

沉浸在知识的海洋当中，将笔看作是一叶小舟，翰墨如波；驰骋在文学的囿苑当中，文思如缕，张开羽翼尽情翱翔。

原文

胸中无三万卷书，眼中无天下奇山川，未必能文。纵能[1]，亦无豪杰语耳。

注释

①**纵**：即使。

译文

胸中如果没有三万卷书，眼中没有天下神奇的山川，很难写出好文章。即使能写出文章，也没有英雄豪杰的语言。

原文

山厨失斧，断之以剑；客至无枕，解琴自供；盥盆溃散[1]，磬为注洗；盖不暖足，覆之以蓑。

注释

①**溃散**：破旧。

译文

山居简陋，假如砍柴的斧头丢失了，那么能够用剑来劈柴；客人来了没有枕头，可以解下琴来让他们枕着去睡觉；洗漱的盆坏了，就以石磬当作脸盆用；被子没法暖脚，就盖上蓑衣。

原文

孟宗少游学[1]，其母制十二幅被，以招贤士共卧，庶得闻君子之言。

注释

①**孟宗**：三国时期江夏人，字恭武，后避孙皓字，改名仁。

译文

孟宗少年时外出游学，他母亲为他缝制十二幅大被，这样就可以让那些贫穷的贤士和他睡到一起，希望他能听取君子的良言。

原文

张烟雾于海际，耀光景于河渚；乘天梁而浩荡，叩帝阍而延伫[1]。

注　释

①**帝阍**：指天门。语出汉代张衡《思玄赋》："叫帝阍使辟扉兮，觌天皇于琼宫。"

译　文

烟雾弥漫于海天之际，在河边的沙洲上面闪耀着光景，乘着天梁驰骋在浩荡的天宇当中，叩响天门，在外面等候天门的大开。

原　文

声誉可尽，江天不可尽；丹青可穷[1]，山色不可穷。

注　释

①**穷**：尽头。

译　文

声誉能够穷尽，但是江水和天空是毫无尽头的；丹青能够穷尽，但是山色是无法穷尽的。

原　文

闻秋空鹤唳[1]，令人逸骨仙仙；看海上龙腾，觉我壮心勃勃。

注　释

①**鹤唳**：仙鹤鸣叫。

译　文

听到秋天的空中传来鹤的鸣叫，顿时让人感觉到身体轻飘飘的，骨头也变轻了，有一种飘飘欲仙之感；见到海上波涛汹涌，就让我感到精神振奋，为此而感到雄心勃勃。

原　文

明月在天，秋声在树，珠箔卷啸倚高楼[1]；苍苔在地，春酒在壶，玉山颓醉眠芳草。

注　释

①**珠箔**：指珠帘。

译　文

明月高挂天空，秋虫在树梢上面鸣叫，将珠子穿成帘子卷起，倚在高楼上放声高唱；绿色的青苔将大地全部覆盖起来，在壶里装上春天的美酒，像玉山般醉卧于芳草丛中。

原　文

胸中自是奇，乘风破浪，平吞万顷苍茫；脚底由来阔，历险穷幽[1]，飞度千寻香霭。

注释

①**穷：**穷尽。

译文

胸中自然清奇，乘风破浪，能够将万顷苍茫的大地吞并；脚底始终都很宽阔，历尽艰辛，将幽静的地方都探索一遍，能够飞跃千寻的香霭烟霞。

原文

松风涧雨，九霄外声闻环佩，清我吟魂[1]；海市蜃楼，万水中一幅画图，供吾醉眼。

注释

①**清：**使……清醒。

译文

松间刮来的风，山涧中下起的雨，汇集成九霄云外就可以听见的环佩声，使我吟咏的魂魄顿感清爽；海市蜃楼，犹如在万水千山中看到的一幅多彩图画，使我张开蒙眬的醉眼得以大饱眼福。

原文

每从白门归，见江山逶迤[1]，草木苍郁。人常言佳，我觉是别离人肠中一段酸楚气耳。

注释

①**逶迤：**连绵不断。

译文

每次从白门返回，只见江水奔流不止，草木极为茂盛苍翠，人们对着这样的情景总是夸赞太奇妙了，但是我总觉得这是离别的人们愁肠当中的一种酸楚之气。

原文

放不出憎人面孔[1]，落在酒杯；丢不下怜世心肠，寄之诗句。

注释

①**放不出：**指表现出来。

译文

脸上从来不会显示出憎恶的表情，只好将这个面孔留在酒杯当中；内心从来放不下怜悯世俗的情怀，只能将这种心肠寄托在诗歌里。

原文

春到十千美酒，为花洗妆；夜来一片名香，与月薰魄。

译文

春天到了，以十千美酒为花朵洗掉尘妆；夜幕来时，点燃一片名香，为皎洁的月亮去浸染灵魂。

原文

忍到熟处则忧患消，淡到真时则天地赘[1]。

注释

①**赘**：多余的。

译文

忍耐到时机成熟时，忧患自然就会被消除；淡泊达到真诚时，天地也就不再存在了。

原文

醺醺熟读《离骚》[1]，孝伯外敢曰并皆名士；碌碌常承色笑，阿奴辈果然尽是佳儿。

注释

①**醺醺**：指喝得醉醺醺的模样。

译文

喝得醉醺醺时，能够熟读《离骚》，除了王孝伯外，谁能够称得起是名士；忙忙碌碌，一辈子都迎合别人而欢笑，阿奴之辈果然都是好孩子。

原文

剑雄万敌[1]，笔扫千军。

注释

①**雄**：此处指抵挡。

译文

一把剑可以抵挡一万名敌人，一杆笔能够横扫千军。

原文

缥缈孤鸿[1]，影来窗际，开户从之，明月入怀，花枝零乱，朗吟枫落吴江之句，令人凄绝。

注释

①**鸿**：指大雁。

译文

缥缈高飞的一只孤雁，影子掠过了窗边，打开房门，明月照到人怀里，花枝投下的影子显得参差不齐，极为零乱，大声吟诵唐朝诗人崔信明的“枫落吴江冷”的诗句，这样的情景让人觉得极为凄凉。

原　文

云破月窥花好处[1]，夜深花睡月明中。

注　释

①窥：偷看。

译　文

乌云错开的地方，月光露出来了，出来偷看鲜花的美丽；深夜时，花朵在皎洁的月光下沉沉睡去。

原　文

三春花鸟犹堪赏[1]，千古文章只自知。文章自是堪千古，花鸟三春只几时。

注　释

①三春：指整个春天。**堪：**可以。

译　文

春天的花香鸟语还值得欣赏，千古流传的文章唯有自己知道。文章是能够流传千古的，但是春天的花香鸟语存在的时间是极为短暂的。

原　文

士大夫胸中无三斗墨，何以运管城？然恐酝酿宿陈[1]，出之无光泽耳。

注　释

①宿陈：指酝酿过久。

译　文

如果在士大夫的胸中没有三斗墨水，何以运笔作文呢？又恐怕酝酿着墨太久，积食无法消化，表达出来也毫无文采及奇特之处。

原　文

攫金于市者，见金而不见人[1]；剖身藏珠者，爱珠而忘自爱。与夫决性命以饕富贵，纵嗜欲以戕生者何异？

注　释

①“攫金于市”两句：典出《列子·说符》：“昔齐人有欲金者，清旦衣冠而之市，适鬻金者之所，因攫其金而去。吏捕得之，问曰：‘人皆在焉，子攫人之金何？’对曰：‘去金时，不见人，徒见金。’”

译　文

在闹市当中抢金子的人，在他的眼里只有金子而没有人；剖开自己的身体去隐藏宝珠的人，只懂得宝珠是珍贵的，却忘记了自己的身体才是更珍贵的。这些人与那些拼死求得荣华富贵的人相比，与放纵私欲、残害自己生命的人相比，有什么不同呢？

原 文

说不尽山水好景，但付沉吟[1]；当不起世态炎凉，惟有闭户。

注 释

①**但**：只好。

译 文

山水风景的优美难以说尽，只好用来沉吟了；世态的炎凉让人受不了，只好关起门来。

原 文

杀得人者，方能生人。有恩者，必然有怨。若使不阴不阳，随世披靡[1]，肉菩萨出世，于世何补？此生何用？

注 释

①**披靡**：指随波逐流。

译 文

能杀人的人才能够救人。要是对人有恩惠，那么一定会与某些人结仇怨。如果真有这么一个人不阴不阳，不好又不坏，仅仅是随波逐流，即使是肉身菩萨出世，那么这样的人对人世间究竟有什么好处呢？这个人的一生又有什么用处呢？

原 文

词人半肩行李，收拾秋水春云；深宫一世梳妆，恼乱晚花新柳[1]。

注 释

①**新柳**：指新画的眉毛。

译 文

词人肩上背着行李，可以做到逍遥自在，将秋山云水都收入自己的行李里；一生身居宫中，整天除了梳妆打扮外，没有什么事可干，满心的烦恼将晚间的笑脸及新画上的眉黛都扰乱了。

原 文

得意不必人知，兴来书自圣[1]；纵口何关世议，醉后语犹颠。

注 释

①**书**：指挥毫泼墨。

译 文

得意时，没必要让每一个人都知道，兴致来时能够挥毫泼墨，这时候写就的书法自己可以称为圣人之作；信口开河不涉及世俗，喝醉酒后说的话自然会癫狂不已。

原 文

英雄尚不肯以一身受天公之颠倒，吾辈奈何以一身受世人之提掇[①]？是堪指发，未可低眉。

注 释

①**提掇**：指责。

译 文

英雄还不愿意由于自己的一己之名接受上天安排的黑白颠倒，我们这一代为何一定要让自己清白的声名受到世人的指责呢？对于这种情况，我们只好怒发冲冠，一定不可以低眉卑屈，委曲求全。

原 文

能为世必不可少之人，能为人必不可及之事，则庶几此生不虚[①]。

注 释

①**庶几**：差不多。

译 文

能够做世上必不可少的人，能够做出世人无法干出的事业，那么差不多可以说这一辈子就没有虚度。

原 文

儿女情，英雄气，并行不悖[①]；或柔肠，或侠骨，总是吾徒。

注 释

①**并行不悖**：这里指没有矛盾。

译 文

儿女柔情，英雄豪气，这两者是彼此依存的，并非是相互矛盾的；有时要柔肠百结，有时要铁骨铮铮，只要能够互为表里，那么就是我的门徒。

原 文

上马横槊，下马作赋，自是英雄本色；熟读《离骚》，痛饮浊酒，果然名士风流。

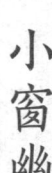

译 文

跨上马，横着槊，能在疆场上驰骋战斗，下马会吟诗作赋，能够做到风流儒雅，这才是真正的英雄本色；熟读《离骚》，痛快地饮下浊酒，果然是名士风流。

原　文

诗狂空古今[1]，酒狂空天地。

注　释

①**空**：没有。

译　文

诗人的狂放不羁，会目空古今；酒徒的癫狂不已，则目空天地。

卷十一 法

原 文

自方袍幅巾之态[1]，遍满天下，而超脱颖绝之士，遂以同污合流矫之，而世道不古矣。夫迂腐者，既泥于法，而超脱者，又越于法，然则士君子亦不偏不倚，期无所泥越则已矣，何必方袍幅巾，作此迂态耶！集法第十一。

注 释

①**方袍**：本指僧袍。**幅巾**：古代男子以整幅绢制成的束发方巾。

译 文

自从那些穿上僧袍、束着方巾的道学先生的打扮在社会当中流行之后，那些超凡脱俗、聪明绝顶的士人，就逐渐同流合污了。世道日渐衰微，人心发生巨大的改变。那些迂腐的人还是被传统的礼法所束缚，而那些超脱的人又反过来将这礼法破坏，既然这样，那些真正的有道德的人也能做到不偏不倚，期望着无所拘束，不要逾越礼法的束缚就够了，为什么还要穿上僧袍、束着方巾做出迂腐之事呢？因此将与“法”有关的内容集为第十一卷。

原 文

一心可以交万友，二心不可以交一友。

译 文

一心一意，就能有成千上万的朋友；三心二意，那么就会连一个朋友都没法交上。

原 文

凡事，留不尽之意则机圆；凡物，留不尽之意则用裕[1]；凡情，留不尽之意则味深；凡言，留不尽之意则致远；凡兴，留不尽之意则趣多；凡才，留不尽之意则神满。

注 释

①**不尽之意**：指余地。

译文

凡是做事的时候，留有余地，那么就会机巧圆满；凡是用的东西，留下足够的余地，那就会宽裕许多；凡是面对情感，只要留下足够的余地，那么感情就会显得意味深长；凡是言语，为自己留下余地的话，就会达到长久的目标；凡是兴致，要是留下足够的余地的话，就会得到无穷的趣味；凡是才智，假如留下足够余地的话，那么精神就会永远处在饱满的状态当中。

原文

有世法，有世缘，有世情。缘非情，则易断；情非法，则易流。

世多理所难必之事，莫执宋人道学[1]；世多情所难通之事，莫说晋人风流。

注释

①执：偏执。

译文

人世间存在世俗之法，也有世事因缘，有世态人情。要是世事因缘不符合世事人情，人与人之间就会出现断交；要是世事人情不符合世俗法则的话，人就容易流于世俗，变得放纵。世界上存在着许多难以按常理去揣度的事情，所以不要被宋朝人的理学规范所束缚了；世界上有很多的事情是难以按照性情去做的，所以没有必要效仿魏晋风流。

原文

与其以衣冠误国，不若以布衣关世；与其以林下而矜冠裳[1]，不若以廊庙而标泉石。

眼界愈大，心肠愈小；地位愈高，举止愈卑。

注释

①冠裳：好的名声及显赫的身份。

译文

与其占据高位，空谈误国，倒不如去做一名百姓，以布衣的身份关心国家大事；与其归隐山林，依靠这种方式来夸耀身份并博取功名，倒不如到朝廷上去担任一个官职以便标举泉石的志向。眼界越开阔，人的心胸往往越小；地位如果越高，人的行为越卑下。

原文

少年人要心忙，忙则摄浮气；老年人要心闲，闲则乐余年[1]。

注释

①乐：以……为乐。

译　文

少年一定要忙，只有心忙起来才能让浮躁的心气得到收敛；老年人心一定要闲，只有做到内心闲适才能做到安享晚年。

原　文

晋人清谈，宋人理学，以晋人遗俗，以宋人禔躬[1]，合之双美，分之两伤也。

注　释

①禔躬：安身立命。

译　文

晋朝的人都崇尚闲谈，宋朝的人讲究理学，用晋人的清谈来排遣世俗，用宋人的理学加以安身立命的话，即把这两者有机结合在一起，那么就会收到意想不到的效果，要是分开来只谈一方面的话，就会导致两败俱伤。

原　文

莫行心上过不去事，莫存事上行不去心[1]。

注　释

①行不去：行不通。

译　文

要是在内心当中感到过意不去，那么这样的事情最好不要去做；要是想法从事理上说不过去的话，最好不要去想。

原　文

忙处事为，常向闲中先检点；动时念想，预从静里密操持。青天白日处节义，自暗室屋漏处培来；旋转乾坤的经纶[1]，自临深履薄处操出。

注　释

①经纶：治国方略。

译　文

忙碌中处世，一定要先在闲时仔细地去检点；在行动时出现的念头及想法，一定要先在清净时严格地思考。青天白日中展现出来的节操和行为，是在一个人独处时畏惧小心地培养出来的；在乾坤旋转的过程中，展现出来的治国方略，是在如临深渊、如履薄冰的小心不安的心态当中不断磨炼出来的。

原　文

以积货财之心积学问[1]，以求功名之念求道德，以爱子女之心爱父母，以保爵位之策保国家。

注　释

①**货财**：财富。

译　文

像积累财富那般去积累学问，像追求功名那样热烈地去追求道德，像对待自身妻子儿女那样去孝敬自己的父母，像为保全自己的爵位一般处心积虑地去保卫国家。

原　文

何以下达，唯有饰非；何以上达，无如改过[1]。

注　释

①**无如**：不如。

译　文

小人是怎样做到向下求得通达的呢？他们仅仅是掩饰自己的过错罢了；君子是怎么做到向上通达的呢？他们宁愿选择去改正过失。

原　文

一点不忍的念头，是生民生物之根芽；一段不为的气象[1]**，是撑天撑地之柱石**。

注　释

①**不为**：指道家清净无为的相关思想。

译　文

有一点不忍的念头，足以让人民获得教化，万物得到生长必需的根芽；至于那清净无为的气象，是能够作为顶天立地、经邦济世的柱石的。

原　文

君子对青天而惧，闻雷霆而不惊，履平地而恐[1]**，涉风波而不疑**。

注　释

①**履**：践踏。

译　文

君子面对青天心存畏惧，在听见雷霆之声时，不感到害怕。在脚踏平地时，他心中有一分畏惧；在遇到风波时，他能够做到不疑惑。

原　文

不可乘喜而轻诺，不可因醉而生嗔[1]**，不可乘快而多事，不可因倦而鲜终**。

注　释

①嗔：嗔怪。

译　文

做人不应当在高兴时轻易向别人许下承诺，不可以由于喝醉而生气，不可以因为非常欢快而滋生事端，不能因为疲倦有始无终。

原　文

意防虑如拨，口防言如遏[1]，身防染如夺，行防过如割。

注　释

①遏：洪流。

译　文

防止在意念方面的胡思乱想就犹如拨动山脉一样，防止胡乱说话就犹如防止洪流一般谨慎，防止身体不受污染就好像防止被夺去生命一般小心谨慎，对于自身行为，防止出现过失必定像从身上割肉一样小心翼翼。

原　文

白沙在泥，与之俱黑，渐染之习久矣；他山之石，可以攻玉[1]，切磋之力大焉。

注　释

①攻：打磨。

译　文

白色的沙粒掉到泥潭当中，会和泥巴一样变成黑色，这是因为白沙长期受到泥巴的浸染的缘故；他山的石头，可以用来打磨玉石，这是因为石头对玉石整天加以切磨的缘故。

原　文

后生辈胸中，落意气两字，有以趣胜者，有以味胜者。然宁饶于味[1]，而无饶于趣。

注　释

①饶：丰富。

译　文

对于那些晚辈与后生，他们的心中仅存“义气”这两个字了，有的人追求情趣，他们的情趣过人，有些人追求的是韵味，以韵味过人。然而宁愿让韵味多些，也不愿让趣味多些。

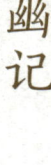

原文

芳树不用买，韶光贫可支[1]。

注释

①**支**：支取，享受。

译文

芬芳的花草树木根本无须专门去买，随处可见；美好的春光和年华，即使贫穷也能享受到。

原文

寡思虑以养神[1]，剪欲色以养精，靖言语以养气。

注释

①**寡**：减少。

译文

做人必须要少考虑问题来让自己的精神得到修炼，消除内心当中的欲望来养足自己的精力，少说话来保养自己的精气。

原文

立身高一步方超达[1]，处世退一步方安乐。

注释

①**超达**：超脱、通达。

译文

要想安身立命唯有高人一步，才能达到超脱通达的境界，为人处世只有做到退让一步，才能平安快乐。

原文

士君子贫不能济物者，遇人痴迷处，出一言提醒之，遇人急难处，出一言解救之，亦是无量功德[1]。

注释

①**无量**：佛教用语，指没有限量。

译文

士人君子如果处在贫穷的情况下，不能做到拿物品来接济别人的话，在别人遇到痴迷的情况下，说上一句提醒他们的话，在别人遭遇急难时，说一句解救别人的话，也是无量的功德。

原文

救既败之事者，如驭临崖之马，休轻策一鞭；图垂成之功者[①]，如挽上滩之舟，莫少停一棹。

注释

①**垂**：快要。

译文

对已成败局的事情进行挽救，犹如驾驭一匹快要掉入深渊的烈马，千万不要轻易去加鞭；对于那即将成功的基业，就好比是拉一只即将上岸的小船，不要停止划动的船桨。

原文

是非邪正之交，少迁就则失从违之正；利害得失之会[①]，太分明则起趋避之私。

注释

①**会**：交融。

译文

是与非、正与邪的交往，如果稍有迁就，就会顺从其中不好的一面，违背原本正确的立场；利与害、得与失的相交，假如利害过于分明的话，就会顾及利害关系，产生私心杂念。

原文

事系幽隐，要思回护他，着不得一点攻讦的念头[①]；人属寒微，要思矜礼他，着不得一毫傲睨的气象。

注释

①**攻讦**：打击、报复。

译文

要是涉及不适宜公开的隐私，就要考虑怎样才能做到维护，不要有任何对别人进行报复、揭发的念头；要是别人出身贫寒、地位较低，就要考虑怎样做才可以去体恤礼待他们，不能对他们有丝毫傲慢、藐视的意思。

原文

毋以小嫌而疏至戚[①]，勿以新怨而忘旧恩。

注释

①**小嫌**：小误会。

译文

不要由于一点小误会就疏远至亲之人，也不要由于一点怨恨就忘记往日里别人对你的恩惠。

原　文

礼义廉耻，可以律己，不可以绳人。律己则寡过[1]，绳人则寡合。

注　释

①**寡**：很少。

译　文

礼义廉耻这些东西是约束自己的，不是用于约束别人的。要是拿这些东西来约束自身的话，自己就会很少犯下错误；以此来要求别人，就无法和别人搞好团结。

原　文

凡事韬晦[1]，不独益己，抑且益人；凡事表暴，不独损人，抑且损己。

注　释

①**韬晦**：韬光养晦。

译　文

凡事都应当学会韬光养晦，不仅对自己大有好处，对别人也有好处；要是每件事都要去张狂表露，急于展现自己的话，受到伤害的不光是别人，还有自己。

原　文

觉人之诈[1]，不形于言；受人之侮，不动于色。此中有无穷意味，亦有无穷受用。

注　释

①**诈**：欺骗。

译　文

觉察到别人在欺诈自己，却不说出来；遭受别人的侮辱，却不把不满表露在脸上。这中间的意味是极多的，而且会受用不尽。

原　文

爵位不宜太盛，太盛则危[1]；能事不宜尽毕，尽毕则衰。

注　释

①**盛**：显赫。

译　文

官职不应当太过显赫，要是太显赫的话就会有危险出现；对于自己擅长的事也不应当穷尽力量去做，要是什么事情都要穷尽力量去做的话，就会走向衰落。

原 文

遇故旧之交，意气要愈新；处隐微之事，心迹宜愈显[1]；待衰朽之人，恩礼要愈隆。

注 释

①**心迹**：心思与形迹。

译 文

要是遇到自己过去的好朋友，对他的情感与意气就要越发亲近；处理隐秘微小的事情，自己的心思及形迹必须更加明显；对待那些年老衰弱的人所用的恩惠和礼仪，一定要更为隆重。

原 文

用人不宜刻，刻则思效者去；交友不宜滥，滥则贡谀者来[1]。

注 释

①**贡**：鼓励。

译 文

用人不应对他刻薄，如果对他刻薄，那么想为你效力的人也会离开的；交朋友不应当太滥，如果太滥的话，那么阿谀奉承的人也就会前来结交了。

原 文

忧勤是美德，太苦则无以适性怡情；淡泊是高风，太枯则无以济人利物[1]。

注 释

①**枯**：枯燥。

译 文

忧心勤劳是美德，但是做人太过辛苦的话，就没办法让自己的情操与性情得到陶冶；清净淡泊是一种高尚的品德，假如太过枯燥的话，就无法帮助别人，无法成就一些事情。

原 文

作人要脱俗，不可存一矫俗之心[1]；应世要随时，不可起一趋时之念。

注 释

①**矫俗**：矫正世俗。

译 文

做人必须超凡脱俗，但是不要想着去矫正世俗；为人处世必须要适应当时的潮流，不要在心中有什么趋奉时尚的念头。

原文

从师延名士，鲜垂教之实益[1]；为徒攀高第，少受诲之真心。男子有德便是才，女子无才便是德。

注释

①**垂教**：亲自加以教导。

译文

请名流来作为自己的老师，很少能得到他亲自加以教诲的益处；为了攀上高门大族而去做人家的弟子，很少有接受教育的真诚用心。对于男子来说，有着优秀的品德，那么就可以说他们是拥有才能的；对于女子来说，她们没有才能就是她们的品德。

原文

病中之趣味，不可不尝；穷途之景界[1]，不可不历。

注释

①**景界**：境界。

译文

疾病缠身的滋味，不能不亲身尝试一下；穷途末路的境界，不可不亲身经历。

原文

才人国士，既负不群之才，定负不羁之行[1]，是以才稍压众则忌心生，行稍违时则侧目至。死后声名，空誉墓中之骸骨；穷途潦倒，谁怜宫外之蛾眉。

注释

①**不羁之行**：行为豪放而不加约束。

译文

作为国家当中的栋梁之材，既然自身有很多超越一般人的优秀才能，那么他们的行为也必然是豪放不羁的。因此，只要才能超越众人，那么别人就会猜忌他们，只要其行为稍有不合世俗，那么众人必定会对他侧目而视。死后的名声，对于那些在坟墓当中已经开始腐朽的肉体来说不过是虚名；如果一旦到了穷途末路，谁还会怜惜那些年老色衰的宫女呢？

原文

贵人之交贫士也，骄色易露[1]；贫士之交贵人也，傲骨当存。

注释

①**骄色**：骄傲的神情。

译文

高贵之人与贫寒之士来往，容易对别人显露出骄傲的神色；贫寒的人与性情高贵的人彼此交往，应该自有傲骨。

原文

君子处身，宁人负己[1]，己无负人；小人处事，宁己负人，无人负己。

注释

①负：辜负。

译文

君子为人处世，宁可别人辜负了自己，也不愿意自己去辜负别人；小人为人处世，宁可让自己辜负了别人，也不愿意自己被别人所辜负。

原文

砚神曰淬妃，墨神曰回氏，纸神曰尚卿，笔神曰昌化，又曰佩阿。

译文

砚神称作淬妃，墨神称作回氏，纸神称作尚卿，笔神称作昌化，又把它叫作佩阿。

原文

要治世，半部《论语》；要出世，一卷《南华》[1]。

注释

①《南华》：即《南华真经》，《庄子》一书的别称。

译文

要治理国家只需要半部《论语》就够了；要想出世修道，一卷《庄子》也就够了。

原文

祸莫大于纵己之欲，恶莫大于言人之非[1]。

注释

①言：谈论。

译文

再也没有比放纵自身私欲的祸患更大的了，再也没有比谈论别人的是非更大的罪恶了。

原文

求见知于人世易，求真知于自己难；求粉饰于耳目易[1]，求无愧于隐微难。

注释

①粉饰：掩盖。

译文

要想被世人所熟知是很容易的一件事，但是想真正了解自己则是相当困难的一件事；要想掩盖自己的过错，遮掩别人的耳目是相当容易的一件事情，但是要想做到每件小事都问心无愧却是非常难的一件事。

原文

圣人之言，须常将来眼头过，口头转，心头运。

译文

圣人说过的话，一定要时常拿来用眼睛看上几眼，用嘴说一说，用心来想一想。

原文

与其巧持于末[1]，不若拙戒于初。

注释

①巧持：逞巧卖能。

译文

与其在事情即将结束时卖弄自身的才能与小聪明，倒不如在事情刚开始时就用愚拙来告诫自己。

原文

君子有三惜：此生不学，一可惜；此日闲过[1]，二可惜；此身一败，三可惜。

注释

①过：度过。

译文

有德行的君子最可惜的三件事就是：一辈子不学习是第一可惜的；第二件是今天碌碌无为，虚度时光了；第三件是失去健康。

原文

昼观诸妻子[1]，夜卜诸梦寐。两者无愧，始可言学。

注释

①妻子：这里指妻子与儿女。

译文

白天里通过妻子儿女的反应来进行观察，晚上通过对照梦里的言行进行观察。用这两种方式来检点自己，假如都问心无愧，那么才能进行修身学习。

原文

士大夫三日不读书，则礼义不交，便觉面目可憎，语言无味[1]。

注　释

①**无味**：缺少生气。

译　文

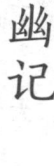

士大夫假如三天不读书，在和世人交往时就无法严格按照礼仪规范来做了，会感到自己面目可憎，言语缺少生气。

原　文

与其密面交[1]，不若亲谅友；与其施新恩，不若还旧债。

注　释

①**密面**：表面上显得亲热。

译　文

和那些在表面上与自己非常亲密的人交往，不如与为人正直而诚实的人交往；与其施舍别人新的恩惠，不如偿还旧债务。

原　文

士人当使王公闻名多而识面少[1]，宁使王公讶其不来，毋使王公厌其不去。

注　释

①**识面**：见面。

译　文

作为一个读书人，应当让自己的名声时常被那些王公贵族听到，但是不要与他们时常交往，宁愿让那些王公贵族为你的不来而感到惊讶，不要让王公贵族由于你的不愿意离开而感到讨厌。

原　文

见人有得意事，便当生忻喜心[1]；见人有失意事，便当生怜悯心：皆自己真实受用处。忌成乐败，徒自坏心术耳。

注　释

①**忻**：高兴。

译　文

看见别人有得意之事，自己也应当为此感到高兴；看到别人有不如意的事，一定要对他们表达同情：这都会使自己获得真实的益处。假如嫉妒他人的成功，对别人幸灾乐祸，那就败坏了自己的心术。

原　文

恩重难酬[1]，名高难称。

注　释

①**酬**：报答。

译　文

恩惠太多，难以报答；声名太高，难以相称。

原　文

待客之礼，当存古意，止一鸡一黍，酒数行，食饭而罢。以此为法[1]。

注　释

①**法**：法则。

译　文

至于接待宾客的礼仪，应该保留古人的风气，只杀一只鸡，做一顿米饭，喝几巡酒，吃完饭就算终结了，按照这样去做就足够了。

原　文

处心不可著[1]，著则偏；做事不可尽，尽则穷。

注　释

①**著**：执着。

译　文

居心不应当执着，要是太执着的话就容易变为偏执；做事情不可做得太绝，一旦做绝，就没有后退的路。

原　文

士人所贵，节行为大。轩冕失之[1]，有时而复来；节行失之，终身不可得矣。

注　释

①**轩冕**：官爵及禄位。

译　文

读书人最可贵的，以气节操守为重。要是丧失了官爵和禄位，只要有气节还能有一天再得到；但是气节操守一旦丧失，这一辈子都不能再找回来。

原　文

势不可倚尽[1]，言不可道尽，福不可享尽，事不可处尽，意味偏长。

注　释

①尽：完结。

译　文

权势不能够长期倚仗，话不可以都说完，幸福不能享尽，事情也不能做绝，这几句短短的话语，实在是意味深长，耐人寻味。

原　文

静坐然后知平日之气浮①，守默然后知平日之言躁，省事然后知平日之贵闲，闭户然后知平日之交滥，寡欲然后知平日之病多，近情然后知平日之念刻。

注　释

①气浮：心气浮躁。

译　文

只有安坐时才清楚自己平时是非常心浮气躁的；只有闭口不说话时，才清楚自己在平时说话有多焦躁；在反省事情时，才知道自己平时是如何煞费苦心；在闭门谢客时，才知道自己在平日当中的交往太过泛滥了；当自己真的可以做到清心寡欲时，才明白平日里坏毛病太多；接近人情时，才明白自己在平日当中存有刻薄的念头。

原　文

喜时之言多失信①，怒时之言多失体。

注　释

①信：信用。

译　文

在高兴时所说的话多半不可信，在生气时说的话多半不得体。

原　文

泛交则多费，多费则多营，多营则多求，多求则多辱①。

注　释

①辱：侮辱。

译　文

交友太广，平日里的花费就会很多；要是花费太多的话，就需多方经营；假如多方经营，就会不得不多方加以追求；要是不得不多方追求的话，就会多受屈辱。

原　文

一字不可轻与人，一言不可轻语人①，一笑不可轻假人。

注　释

①**语**：此处为指责。

译　文

即使是一个字，也不可轻易赠送给别人；就算是一句话，也不要轻易去指责其他人；即使是一个笑脸，也不要轻易给予别人。

原　文

正以处心，廉以律己，忠以事君，恭以事长，信以接物，宽以待下，敬以洽事[1]，此居官之七要也。

注　释

①**洽事**：从事政务工作。

译　文

保持公正，自身廉洁，侍君忠诚，对长辈恭敬，待人守信，对下属宽厚，从事政务工作一定要做到热爱工作，这是做官的七条重要准则。

原　文

圣人成大事业者[1]，从战战兢兢之小心来。

注　释

①**圣人**：圣明之人。

译　文

圣明之人能成就大事业，是因为他们从开始就能兢兢业业，谨慎小心。

原　文

酒入舌出，舌出言失[1]，言失身弃。余以为弃身，不如弃酒。

注　释

①**言**：所说的话。

译　文

把酒喝到嘴里，往往会把舌头吐出来；舌头一吐出来，说话往往就无法得体；说话不得体，就会为他人所不屑。所以我认为与其抛弃自己，还不如戒酒。

原　文

青天白日，和风庆云，不特人多喜色，即鸟鹊且有好音。若暴风怒雨，疾雷幽电，鸟亦投林，人皆闭户。故君子以太和元气为主[1]。

注　释

①**太和元气**：阴阳会合所成冲和之气。古人以阴阳二气的和合为生化万物的根本。

译　文

青天白日，风和云祥，不但人喜笑颜开，极为快乐，就连鸟鹊也都叫得非常开心；如果遇到暴风怒雨，雷电交加，鸟鹊都躲进树林里，人们也都关门闭户。因此我们能看出君子一定要以冲和之气为主。

● 松树喜鹊图

原　文

胸中落意气两字，则交游定不得力；落骚雅二字，则读书定不得深心[1]。

注　释

①**深心**：深入内心之中。

译　文

人的胸中如果没有"意气"二字，那么在交游时一定无法得心应手；如果没有"骚雅"二字，那么就算读书也无法深入内心。

原　文

交友之先宜察[1]，交友之后宜信。

注　释

①**察**：观察。

译　文

结交朋友之前，一定要事先对这人进行考察与了解，一旦结交就不要去怀疑他，充分信任他。

原　文

惟书不问贵贱贫富老少，观书一卷，则增一卷之益；观书一日，则有一日之益。

译　文

只有读书是不分贵贱或是贫富老少的，什么人都可以去读，只要读书就能得到好处。读一卷书，就得到一卷书的收益；读一天书，就得到一天书的收益。

原　文

坦易其心胸，率真其笑语，疏野其礼数[1]，简少其交游。

注　释

①**疏野**：使其变得纯朴自然。

译文

一个人修身处世，就要内心坦荡，没有私心，使得自己的言语欢笑保持住一份天真，使礼教纯朴而自然，尽量减少交游之事。

原文

好丑不可太明，议论不可务尽，情势不可殚竭[1]，好恶不可骤施。

注释

①**殚竭**：穷尽。

译文

美丑不能太过分明，议论不可以说得太过绝对，对于事情不可以没有任何余地，对于事物的好恶不可以马上表现出来。

原文

不风之波，开眼之梦[1]，皆能增进道心。

注释

①**开眼**：睁眼。

译文

不用风吹就兴起的波浪，白天当中睁眼做的梦，这些事情都能增强人的顿悟之心。

原文

开口讥诮人，是轻薄第一件[1]，不惟丧德，亦足丧身。

注释

①**第一件**：最大的事。

译文

开口讥笑别人，这是世上最为轻薄的事情，不但会丧失道德，也可能由于这件事而导致家破人亡。

原文

人之恩可念不可忘[1]，人之仇可忘不可念。

注释

①**念**：挂念。

译文

别人的恩惠不能忘记，一定要时刻牢记；人家的仇恨必须即刻忘记，不要记在心上。

原文

不能受言者[1]，不可轻与一言，此是善交法。

注 释

①**受言**：接受他人意见。

译 文

对于那些不愿意接受别人意见的人，不要轻易向他进言，只有牢记住这一点，才可以与这种人结交。

原 文

君子于人，当于有过中求无过，不当于无过中求有过。

译 文

君子对待其他人的态度，应该在犯错的人的身上找寻没错的地方，而不是在没有犯错误的人身上，刻意地去寻找这个人的过错，吹毛求疵。

原 文

我能容人，人在我范围，报之在我[1]，不报在我；人若容我，我在人范围，不报不知，报之不知。自重者然后人重，人轻者由我自轻。

注 释

①**报**：报答。

译 文

我可以宽容他人的话，那么这个人就在我的范围内了，不管报答还是不报答他，完全在于我自身；要是别人宽容我，那么我就处于别人范围之内了，不报答别人，别人可能不会知道，即使报答别人，别人可能也不会知道。因此，可以看出，自己尊重自己的人，别人往往也会去尊重他们，别人轻视自己，往往会因为自己先轻视自己。

原 文

高明性多疏脱，须学精严；狷介常苦迂拘[1]，当思圆转。

注 释

①**狷介**：孤傲而耿直的人。

译 文

见识高远的人多半性情疏朗、放荡不羁，这些人必须学会精细而严谨的作风；孤傲耿直的人往往受迂腐礼教的束缚，这样的人必须学会思想活跃，灵活变通。

原 文

欲做精金美玉的人品，定从烈火锻来；思立揭地掀天的事功[1]，须向薄冰履过。

注　释

①揭地掀天：这里指惊天动地。

译　文

要想有精金美玉一般人品，一定要从烈火中锻造；要想建立惊天动地的功业，一定要有如履薄冰的畏惧感。

原　文

性不可纵[1]，怒不可留，语不可激，饮不可过。

注　释

①性：性情。

译　文

性情不可以放纵，怒气不可以保留，说话不要过于偏激，饮酒不要过量。

原　文

能轻富贵，不能轻一轻富贵之心，能重名义，又复重一重名义之念，是事境之尘氛未扫，而心境之芥蒂未忘[1]。此处拔除不净，恐石去而草复生矣。

注　释

①芥蒂：内心里的不好的东西。

译　文

富贵轻视，但不能轻视一点富贵之心；重视名誉和信义，但是一定要对名誉和信义加重一点观念。这些都是因为外界的环境中的尘俗还没有打扫干净，并且自己内心深处的芥蒂还没有被废除。要是这些地方的污秽没有打扫干净的话，恐怕把上面覆盖的石头搬走，地下的杂草又会重新长出来的。

原　文

纷扰固溺志之场，而枯寂亦槁心之地。故学者当栖心玄默[1]，以宁吾真体；亦当适志恬愉，以养吾圆机。

注　释

①玄默：缄默，沉静。

译　文

世间存在的纷扰是消磨人的意志的地方，而人内心里的枯燥和寂寞也是消磨人的心田，让其干涸的地方。所以学者就应该平心静气，使自己内心深处的天真之本得到安宁，也应该使自己的志趣得到顺应，恬然愉悦，借这些来修养自己圆融的机趣。

原 文

待小人不难于严，而难于不恶[1]；待君子不难于恭，而难于有礼。

注 释

①**恶**：憎恶。

译 文

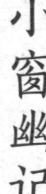

对待小人严格要求并没有什么难的，难的是不憎恶他；对待君子内心保持恭敬并不难，难的是自己的言行时刻都要以礼相待。

原 文

市私恩，不如扶公议；结新知，不如敦旧好[1]；立荣名，不如种隐德；尚奇节，不如谨庸行。

注 释

①**敦**：加深。

译 文

传播个人的恩怨，不如扶助那些公众都赞同的东西；结交新的朋友，还不如加深对老朋友的友谊；树立空虚的名声还不如建立别人看不见的功业；崇尚特立独行的气节，还不如对自己平时的行为加以约束。

原 文

有一念而犯鬼神之忌，一言而伤天地之和[1]，一事而酿子孙之祸者，最宜切戒。

注 释

①**和**：和气。

译 文

因为自己的一个念头触犯了鬼神的忌讳，因为一句话把天地的和气给伤害了，因为一件事情给子孙后代带来了大祸，这些事情都应当引为鉴戒。

原 文

不实心[1]，不成事；不虚心，不知事。

注 释

①**实心**：真心实意。

译 文

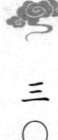

要是做事情不真心实意的话，就不能干成大事；要是不虚心向别人请教的话，就不能明了事情。

原文

老成人受病[1]，在作意步趋；少年人受病，在假意超脱。

注释

①**受病**：被别人指责。

译文

老成持重的人容易犯错，往往是因为亦步亦趋，不敢作为；年轻人容易犯错，往往是假装超脱世俗。

● 天神太一

原文

为善有表里始终之异[1]，不过假好人；为恶无表里始终之异，倒是硬汉子。

注释

①**为善**：干好事。

译文

做善事存在表里始终的差别，要是表里不一，或者有始无终，不过是一个假好人；但是做坏事，却不存在表里始终的差别，这样做坏事的人，倒也是硬汉子。

原文

入心处咫尺玄门[1]，得意时千古快事。

注释

①**玄门**：高深的境界。

译文

要是能够进入人的内心深处之中的话，那么高深的境界近在咫尺；要是处在得意时，就是千古未有的快事。

原文

《水浒传》无所不有，却无破老一事[1]，非关缺陷，恰是酒肉汉本色。如此益知作者之妙。

注释

①**破老**：批判黄老思想。

译　文

《水浒传》包罗万象，但是没有批判黄老学说的话语，这并非这本书存在缺陷，恰恰是酒肉好汉的本色要求他们这样去做，因此更理解作者的良苦用心。

原　文

世间会讨便宜人[1]，必是吃过亏者。

注　释

①会：善于。

译　文

世上存在一些善于讨便宜的人，这些人一定是由于这一点吃过大亏。

原　文

书是同人，每读一篇，自觉寝食有味；佛为老友，但窥半偈[1]，转思前境真空。

注　释

①窥：看。

译　文

书与人一样，每读过一遍，就会觉得自己连吃饭睡觉都非常有滋味；佛如老友，只看半句偈语，就会想到前世的一切终究是虚幻。

原　文

衣垢不湔[1]，器缺不补，对人犹有惭色；行垢不湔，德缺不补，对天岂无愧心？

注　释

①湔：清洗。

译　文

衣服脏了不去洗，器物残缺也不去修补，面对他人还是存有羞愧之心的；要是行为污秽却不加以改正，道德残缺却不加以修正的话，面对青天时，难道没有羞愧之心吗？

原　文

天地俱不醒，落得昏沉醉梦；洪蒙率是客[1]，枉寻寥廓主人。

注　释

①洪蒙：宇宙。

译　文

天地一片混沌，就能昏沉地睡去，酣然入梦；宇宙之间都是客人，没有必要去寻找宇宙的主人。

原 文

老成人必典必则，半步可规；气闷人不吐不茹[1]，一时难对。

注 释

①**茹**：说出。

译 文

老成持重的人必定会遵守典章制度，做事情会循规蹈矩；喜欢生闷气的人说话吞吞吐吐，含混不清，让人难以应对。

原 文

重友者[1]，交时极难，看得难，以故转重；轻友者，交时极易，看得易，以故转轻。

注 释

①**重**：重视。

译 文

重视友情的人，在结交朋友的时候非常难，正因为他们把交朋友看成一件难事，所以他们才重视友情；对于那些轻视友情的人来说，他们结交朋友容易，因为他们把交朋友看成一件易事，所以他们不会重视友情。

原 文

近以静事而约己[1]，远以惜福而延生。

注 释

①**静事**：平静少事。

译 文

就眼前而言，要以平静少事的原则来约束自己；从长远打算，要珍惜幸福来延长自己的生命。

原 文

掩户焚香，清福已具。如无福者，定生他想。更有福者，辅以读书[1]。

注 释

①**辅**：辅助。

译 文

掩闭门户，点起清香，清福已经具备了。要是这个人是一个没有福分的人的话，他肯定会有其他的想法。想要得到更多福分的人，他除了闭上门点上清香之外，还应该读点书。

原文

国家用人，犹农家积粟[1]。粟积于丰年，乃可济饥；才储于平时，乃可济用。

注释

①粟：粮食。

译文

国家选用和储备人才就好比农民储备粮食一样。在丰年的时候多储备一些粮食，那么饥年的时候就不会挨饿；平时多储备人才，在需要的时候就能随时选用他们。

原文

考人品，要在五伦上见[1]。此处得，则小过不足疵；此处失，则众长不足录。

注释

①五伦：指君臣、父子、兄弟、夫妇、朋友这五种伦理关系。

译文

考察一个人的人品，必须从君臣、父子、兄弟、夫妇、朋友这五种伦理关系入手。要是在五伦上都可以做到礼仪得体的话，那么就算出现一些小过错，也算不上大问题；要是在五伦方面的礼仪不恰当的话，即使这个人有诸多长处，那也不值得加以任用。

原文

国家尊名节，奖恬退，虽一时未见其效，然当患难仓卒之际，终赖其用。如禄山之乱[1]，河北二十四郡皆望风奔溃，而抗节不挠者，止一颜真卿，明皇初不识其人，则所谓名节者，亦未尝不自恬退中得来也。故奖恬退者，乃所以励名节。

注释

①禄山之乱：唐代的安史之乱。

译文

国家尊崇名节以及操守，奖励淡泊与谦让，尽管这些政策在短期内不会立即见效，但是当国家处于危难之时，这些人的作用在短期内就会显现。例如唐朝时爆发安史之乱，黄河以北的二十四郡都处在观望状态，不敢发起抵抗，官兵都溃败逃走，不屈服、胆敢对抗叛军锋芒的，唯有颜真卿一个人，这个人在开始时唐明皇并不知道他。这样看来，所谓的砥砺操守之人，也未尝不是从淡泊谦让的那些人当中来的。因此，国家奖励淡泊明志，就是在砥砺重视名节操守的人。

卷十二　倩

原　文

倩不可多得，美人有其韵，名花有其致，青山绿水有其丰标。外则山臞韵士[①]，当情景相会之时，偶出一语，亦莫不尽其韵，极其致，领略其丰标[②]。可以启名花之笑，可以佐美人之歌，可以发山水之清音，而又何可多得！集倩第十二。

注　释

①山臞：形容隐士萧疏而清癯的姿容。

②丰标：风姿。

译　文

美妙的东西是不可多得的，美人有自己的独特风韵，名花有其独特的情致，青山绿水拥有独特的仪态。此外，还有那些隐居于山林深处的情致高雅的隐士，每当他们见到情景交融的场景时，偶尔说出一句名言，但是还是不能将其中的情韵、风致与仪态全都表达出来，不能全部领略其中韵味。可以让名花绽开笑容，可以伴着美人的轻歌曼舞，可以让山水发出悦耳的音乐，这又多么难能可贵呀？将与“倩”有关的内容集为第十二卷。

原　文

会心处，自有濠濮间想，然可亲人鱼鸟[①]；偃卧时，便是羲皇上人，何必秋月凉风。

注　释

①“会心处”三句：语出《世说新语·言语》：“会心处不必在远，翳然林水，便自有濠濮间想，觉鸟兽禽鱼，自来亲人。”

译　文

会心之处，会生发对于天地人生的玄想，那么就没有能够亲近人类的鸟兽禽鱼了；仰面闲卧之时，便是上古时期恬静闲适的人，何必一定要有皎洁的月，还有习习的凉风呢？

原　文

一轩明月，花影参差[①]，席地便宜小酌；十里青山，鸟声断续，寻春几度

长吟[2]。

注释

①**参差**：长短不齐。

②**长吟**：指鸟长时间鸣叫。

译文

一轮明月在空中悬挂，花影长短不齐，把地当席子坐在地上，非常适合对着月亮与友人饮酒；十里青山，鸟儿不断欢唱，鸟的鸣叫声断断续续地传来，出去踏春，几度长吟，啸声不绝。

● 静夜思

原文

入山采药，临水捕鱼，绿树阴中鸟道[1]**；扫石弹琴，卷帘看鹤，白云深处人家。**

注释

①**鸟道**：指狭窄道路。

译文

进山采药，到水边捕鱼，绿树环绕的山路蜿蜒曲折，极其狭窄；打扫一块石头，抚琴弹奏，卷起帘子来观看仙鹤起舞，白云深处的人家生活多么悠然闲适！

原文

沙村竹色，明月如霜，携幽人杖藜散步[1]**；石屋松阴，白云似雪，对孤鹤扫榻高眠**[2]。

注释

①**杖藜**：拄杖而行。

②**扫榻**：打扫睡榻。

译文

被苍翠的竹子掩映下的沙村之夜，一轮明月如白霜般皎洁，与隐士拄着藜杖，彼此携扶着一同去散步；被苍松掩映下的石屋上面，悠悠飘荡的白云如雪飘散，面对一只孤单的白鹤，扫榻高卧，酣然入梦。

原文

焚香看书，人事都尽，隔帘花落，松梢月上，钟声忽度；推窗仰视，河汉

流云[1]，大胜昼时。非有洗心涤虑，得意爻象之表者[2]，不可独契此语。

注　释

①**河汉**：指天河。

②**爻象**：八卦中的卦象及爻辞。

译　文

焚香看书，人间的各类事理在书里都有所记载。隔着珠帘观望外面的花瓣不断飘落，透过松树的树梢看月光初上。此时，从远方传来悦耳钟声，打开窗户，向外面仰望高远的苍穹，只看见没有波澜的银河，流云高高飘荡在高远的天空之上，这其中幽静的趣味比白天多许多。如果心绪不够澄静的话，那些高人隐士就无法悟透天地意象及人生真谛，无法体悟其中幽静的韵味，得个中三昧。

原　文

纸窗竹屋，夏葛冬裘[1]，饭后黑甜，日中白醉，足矣！

注　释

①**葛**：指粗麻制作出的衣服。

译　文

居住在远离尘嚣的竹屋当中，夏天穿上用麻布制作而成的葛衣，冬天有皮裘制作的暖和的皮袄，吃完饭就可以酣睡，中午喝酒就能够喝到酒醉，如此人生，心满意足。

原　文

收碣石之宿雾[1]，敛苍梧之夕云。

注　释

①**碣石**：山名，在今河北昌黎西北。

译　文

收起碣石山上的夜雾，敛起苍梧山的云彩。

原　文

八月灵槎（chá）[1]，泛寒光而静去；三山神阙[2]，湛清影以遥连。

注　释

①**八月灵槎**：传说八月乘着灵性的木筏入海，可以直接到天河见到牛郎织女相会。《博物志》：“年年八月有复槎，去来不失期。”

②**三山神阙**：传说中海中方丈、蓬莱、瀛洲三个神山上的海市蜃楼。

译　文

八月海上泛着灵性的木筏，驾着木筏朝泛着寒光的天河划去；三大神山的海市蜃楼，映着清影彼此遥遥相连。

原文

空三楚之暮天[1]，楼中历历；满六朝之故地[2]，草际悠悠。

注释

①**三楚**：战国时楚地，分成西楚、东楚、南楚，合称三楚。

②**六朝**：三国吴、东晋、宋、齐、梁、陈都建都于建康（今江苏南京），所以合称为六朝。

译文

三楚大地在暮色的掩映下，苍天寥廓，白云悠悠，黄鹤楼当中的景象依旧历历在目；六朝故地的金陵，如今草长莺飞，满眼芳菲景象，尽显胜都繁华。

原文

秋水岸移新钓舫[1]，藕花洲拂旧荷裳[2]。心深不灭三年字，病浅难销寸步香。

注释

①**舫**：此处指钓船。

②**荷裳**：指残破的荷叶。

译文

秋水的岸边不断移动着新的钓船，藕花洲的河畔漂动着残破的荷叶。三年练字的记忆深深烙印在脑海当中，我身体不适，连寸步香的香气也无法忍受。

原文

赵飞燕歌舞自赏[1]，仙风留于绉裙；韩昭侯颦笑不轻[2]，俭德昭于敝裤。皆以一物著名，局面相去甚远。

注释

①**赵飞燕**：汉成帝的皇后，长袖善舞，体态轻盈，因此被称为“飞燕”。

②**韩昭侯**：战国时的韩国国君，任用申不害为相，国家得以强盛。

● 独钓寒江

译文

赵飞燕善于轻歌曼舞，孤芳自赏，将仙女的风姿留在轻盈的衣服之间；韩昭侯为人严肃，喜怒不形于色，他节俭的美德体现在由于保存破旧的裤子而得到封赏这件事上。二人都是由于衣服出的名，但是各自的事迹却相差很远。

原　文

翠微僧至[1]，衲衣皆染松云[2]；斗室残经，石磬半沉蕉雨。

注　释

①**翠微**：指环境极为幽雅、苍翠。

②**松云**：松风云霞。

译　文

高僧从青山绿茵掩映下的环境当中走来，百衲衣上沾满松风云霞；未读完的经书在狭小的屋子当中展开着，石磬发出的沉闷声犹如雨打芭蕉。

原　文

黄鸟情多[1]，常向梦中呼醉客；白云意懒[2]，偏来僻处媚幽人。

注　释

①**情多**：指多情。

②**意懒**：心意慵懒。

译　文

黄鹂多情，时常临窗而叫，将梦里的醉客叫醒；白云意慵，偏偏喜欢飘荡到僻静山林中谄媚山中的隐士。

原　文

乐意相关禽对语，生香不断树交花，是无彼无此真机；野色更无山隔断，天光常与水相连，此彻上彻下真境[1]。

注　释

①**彻上彻下**：指上下协同。

译　文

只要意气相投，小鸟也会对着头，彼此说着悄悄话，树木芳香不断，交替开花，这就是万物一体、不分彼此的自然本性；山野当中的美景，从未由于山峦的存在而被割断，天光水色，彼此相互连接，这就是天地交融、上下协同的本来境界。

原　文

美女不尚铅华[1]，似疏云之映淡月；禅师不落空寂，若碧沼之吐青莲[2]。

注　释

①**铅华**：指施粉黛，进行打扮。

②**碧沼**：碧绿水塘。

译　文

美女不施粉黛，出于自然更美，犹如稀疏的白云映衬淡淡的月光；禅师不因寂静而感到落寞，因为他在内心修行，就好比绿色的水塘当中长出青绿的荷叶。

原　文

书者喜谈画，定能以画法作书；酒人好论茶[①]，定能以茶法饮酒。

注　释

①论：谈论。

译　文

书法家喜欢谈论绘画，一定能以绘画的方法去写字；喝酒的人谈论喝茶的道理，一定能以品茶的方法去饮酒。

原　文

诗用方言，岂是采风之子；谈邻俳语，恐贻拂麈之羞[①]。

注　释

①拂麈：本指以麈尾制成的拂去尘埃的器具，高士清客时常使用，这里用以指代高士清客。

译　文

用方言来作诗，难道是采风之人吗？谈话犹如是俳优戏谑，恐怕会遭到高士清客的羞辱吧。

原　文

肥壤植梅花，茂而其韵不古[①]；沃土种竹枝，盛而其质不坚。竹径松篱，尽堪娱目[②]，何非一段清闲；园亭池榭，仅可容身，便是半生受用。

注　释

①不古：不够古朴淡雅。

②娱目：赏心悦目。

译　文

在肥沃的土壤当中种梅花，花茂盛却没有古朴淡雅的神韵；在肥沃的土壤当中栽种翠竹，枝茂但质地不够坚硬。掩映在竹林之间的小路，用竹枝编成的篱笆，完全能让人感到赏心悦目，但是也可以度过一段清闲的时光；池沼中的台榭，仅可容一人通过，但足够其享用半生。

原　文

南涧科头，可任半帘明月；北窗坦腹[①]，还须一榻清风。

注　释

①**坦腹**：袒露肚子。

译　文

在南涧当中扎起头发，不戴帽子也不以巾帻束着头发，任由半帘明月照着；在北窗下袒露出肚子睡大觉，还要一榻清风吹拂。

原　文

披帙横风榻[1]，邀棋坐雨窗。

注　释

①**披帙**：开卷读书。

译　文

横躺在风吹拂的床榻之上读书，邀请别人坐到雨中的窗前下棋。

原　文

洛阳每遇梨花时，人多携酒树下，曰："为梨花洗妆。"

译　文

洛阳城每到梨花盛开之时，一多半人带着酒到梨花树下，说是为梨花去洗妆。

原　文

绿染林皋[1]，红销溪水[2]。

注　释

①**皋**：水边的高地。

②**销**：染遍。

译　文

春深时节，浓浓的绿色染遍山林与水边的高地，落花将山间的溪水染成红色。

原　文

几声好鸟斜阳外，一簇春风小院中[1]。

注　释

①**一簇**：一股。

译　文

从远处传来几声动人的鸟叫，一股春风吹到山里的小院中。

原　文

有客到柴门[1]，清尊开江上之月；无人剪蒿径，孤榻对雨中之山。

注释

①**柴门**：此指寒舍。

译文

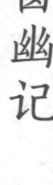

有朋友来到寒舍做客，清洌的酒倒入酒樽，江上的月光彼此映照；山间的小路由于无人收拾变得荒芜了。夜晚，我孤零零地躺到床榻上，久久无法入睡，面对着远处雨中的山峰。

原文

恨留山鸟，啼百卉之春红；愁寄陇云[①]，锁四天之暮碧。

注释

①**陇云**：陇上的行云。

译文

在山鸟的心头凝聚有怨恨，由于山鸟悲惨的啼叫，唤醒了百花在春天吐艳绽放；陇上的行云被寄托以哀愁，星云锁住了天空苍茫的暮色。

原文

涧口有泉常饮鹤，山头无地不栽花。

译文

涧口常有仙鹤来饮水，山头栽满美丽的花。

原文

双杵茶烟，具载陆君之灶[①]；半床松月，且窥扬子之书[②]。

注释

①**陆君**：陆羽。

②**扬子**：扬雄。

译文

一对杵臼被茶烟笼罩，陆羽所创造出来的茶具二十四器都被陈列着；半张床被明月映照，且看扬雄所编著的玄妙之书。

原文

寻雪后之梅，几忙骚客；访霜前之菊，颇惬幽人[①]。

注释

①**惬**：使……惬意。

译文

寻访雪后绽放的梅花，忙坏了文人墨客；求访霜前盛开的菊花，这件事值得隐士们倍感欣慰。

原　文

瘦竹如幽人，幽花如处女。

译　文

瘦削的竹子犹如隐士的节操，幽静的花朵犹如处女般娴静、美丽。

原　文

晨起推窗，红雨乱飞，闲花笑也；绿树有声，闲鸟啼也；烟岚灭没，闲云度也；藻荇可数[①]，闲池静也；风细帘青，林空月印，闲庭峭也。山扉昼扃，而剥啄每多闲侣；帖括因人，而几案每多闲编。绣佛长斋，禅心释谛，而念多闲想，语多闲词。闲中滋味，洵足乐也[②]。

注　释

①**藻荇：**水中生长的一类水草。

②**洵：**差不多。

译　文

清晨起来，推开窗户，外面落花飞舞，花朵娴静地随风微笑；翠绿的树上传来声音，原来是悠闲的鸟儿的啼叫；山间升腾的烟雾散尽，唯有悠闲的云朵飘来荡去；水草寥寥无几，几乎可以数得过来，这是由于水池寂静的缘故；微风徐来，帘色青翠，树林空寂留下月亮的踪迹，空旷的院子也显得越发严峻。山门白天时就关上了，叩门拜访的人多半是悠闲的同伴；科举应试通常要因人而定，而几案上却摆放着闲书。书斋中挂着佛的绣像，禅心在阐释着其中的道理，而心里的念头多半是悠闲的想法，语言多半是悠闲词句。这悠闲中的滋味，实在是很快乐。

原　文

水流云在，想子美千载高标[①]；月到风来，忆尧夫一时雅致[②]。何以消天下之清风朗月，酒盏诗筒；何以谢人间之覆雨翻云，闭门高卧。

注　释

①**子美：**杜甫，字子美，后代人尊奉其为“诗圣”。

②**尧夫：**指宋代理学大家邵雍，字尧夫，曾根据《易经》创设先天学，所留下的著作有《皇极经世书》《伊川击壤集》。

译　文

水流云在，遥想起杜甫为后人所树立的千古表率；月到风来，追忆起故去的邵雍先生一时的雅致。怎样才能消受人间的清风朗月？只有饮酒作诗；怎样才能谢绝人间变幻莫测的险恶境界？只有闭门高卧，不问世事。

原文

雨中连榻，花下飞觞[1]。进艇长波，散发弄月。紫箫玉笛，飒起中流。白露可餐，天河在袖。

注释

①**飞觞**：指酒杯交错畅饮。

译文

在雨中连榻坐卧，在花树下面摆下酒席，大家纷纷举起酒杯欢快畅饮。驾起小艇逐开波浪戏水，兴致高时，索性披开头发一边吟诗一边赏月。从中流忽然传来紫箫玉笛优美的旋律，让人顿时感到心旷神怡，精神舒爽，内心里有一种飘飘欲仙的感觉。洁白的露珠可以直接取来喝，和煦的春风可以直接食用，连远在天上悬挂着的银河似乎也可以装进袖子里。

原文

午夜箕踞松下[1]，依依皎月，时来亲人[2]，亦复快然自适。

注释

①**箕踞**：向前伸出两腿，席地而坐。

②**亲人**：此处指月亮与人亲近。

译文

午夜，箕踞在高大的松树下，多情的皎洁明月不时与人亲近，这些事情也足以使人感到快乐及惬意。

原文

香宜远焚，茶宜旋煮[1]，山宜秋登。

注释

①**旋**：立即。

译文

香适合在离人较远的地方燃起来，茶应当随时随地加以烹煮饮用，登山最好的季节应当是在秋高气爽时。

原文

中郎赏花云[1]："茗赏上也，谈赏次也[2]，酒赏下也。若夫内酒、越茶及一切庸秽凡俗之语，此花神之深恶痛斥者。宁闭口枯坐，勿遭花恼可也。"

注释

①**中郎**：袁宏道，字中郎。

②**谈赏**：指清谈赏花。

译　文

袁中郎评论赏花时说："品茶赏花为上；清谈赏花次之，饮酒赏花为下。对于提到的宫廷的御酒、产自越地的茶叶及所有庸俗的语言，这些全是花神极为厌恶的事情。所以最好是闭着嘴巴闲坐，也不要做花神所不愿的事情惹恼花神，只有这样，才可以赏花。"

原　文

赏花有地有时，不得其时而漫然命客[1]，皆为唐突。寒花宜初雪，宜雨霁，宜新月，宜暖房；温花宜晴日，宜轻寒，宜华堂；暑花宜雨后，宜快风，宜佳木浓阴，宜竹下，宜水阁；凉花宜爽月，宜夕阳，宜空阶，宜苔径，宜古藤巉石边[2]。若不论风日，不择佳地，神气散缓，了不相属，比于妓舍酒馆中花，何异哉！

注　释

①**漫**：随意。

②**巉石**：形状怪异、形状嶙峋的石头。

译　文

赏花必须讲究时间与地点，假如不去顾及时间，随便邀请客人前来观赏，那么这样做是极为冒失的。对于那些在冬天时开放的花，最好在瑞雪刚降，或是雨后天晴，新月刚升时，邀请客人前往温暖的房间当中观赏；对于那些在春天开的花，最好的观赏时刻是在晴天丽日，气温还不算很暖时，在华丽的厅堂当中邀请客人来赏花；对于那些在夏天开的花，最好的时节是在大雨后，强有力的风吹拂过来时，在绿树浓荫、翠林竹下或是在水中台阁上加以观赏；对于那些在秋天开的花，应该在凉爽的月夜，或者在夕阳还没落下一片余晖的时间进行观赏，观赏的地点应当放在空旷的阶梯前面，或者是在长满苔藓的幽静小路上，或者挑选在古石嶙峋、古藤缠绕的旁边加以观赏。要是不顾时间及地点随时想到赏花，那么盛开的花的神色就会变得逊色，神韵全无，那么这和在青楼、酒馆中的花又有何区别呢？

原　文

云霞争变，风雨横天[1]，终日静坐，清风洒然。

注　释

①**横天**：从高高的天上降落下来。

译　文

天空当中的云霞竞相变幻，风雨交加，从天而降。就这样观望自然的景物，整天安静地坐着，使自己的内心变得澄澈，思虑变得更加纯净，顿时使人觉得清风吹拂到身上，洒脱怡然，沁人心脾。

原 文

妙笛至山水佳处，马上临风，快作数弄[1]。

注 释

①数弄：几曲。

译 文

美妙的笛声应该去山清水秀的地方听，在马背上迎风迅疾地驰骋，赶紧吹奏几支曲子。

原 文

心中事，眼中景，意中人。

译 文

心中的乐事，眼中的美景，意中的佳人。

原 文

园花按时开放，因即其佳称[1]**，待之以客。梅花索笑客，桃花销恨客，杏花倚云客，水仙凌波客，牡丹酣酒客，芍药占春客，萱草忘忧客，莲花禅社客，葵花丹心客，海棠昌州客，桂花青云客，菊花招隐客，兰花幽谷客，荼蘼清叙客，腊梅远寄客。须是身闲，方可称为主人**。

注 释

①佳称：美好的名称。

译 文

园中的花依照时节，逐一开放，于是能按照各类花卉的美好名字，邀请不同客人前来欣赏这些花。将梅花叫作索笑客，把桃花叫作销恨客，杏花叫作倚云客，水仙叫作凌波客，牡丹叫作酣酒客，芍药叫作占春客，萱草叫作忘忧客；莲花叫作禅社客，葵花叫作丹心客，海棠叫作昌州客，桂花叫作青云客，菊花叫作招隐客，兰花叫作幽谷客，荼蘼叫作清叙客，蜡梅叫作远寄客。要想观赏这些花一定要让身闲心静，只有这样，才可以成为这些名花的主人。

原 文

马蹄入树鸟梦坠[1]**，月色满桥人影来**。

注 释

①坠：惊醒。

译文

马蹄声从远处传到树林中，惊到树梢上栖息的小鸟，扰了一枕幽梦；小桥流水上都洒满皎洁月光，惹得人影从远处走来。

原文

无事当看韵书，有酒当邀韵友。

译文

无事时，应该阅读格律优雅的诗书；好酒，就应当邀请高雅的诗友来畅饮。

原文

红寥滩头[1]，青林古岸，西风扑面，风雪打头，披蓑顶笠，执竿烟水，俨在米芾《寒江独钓图》中。

注释

①红寥：即红蓼，一种水草，能够开出淡红色的花。

译文

在盛开有淡红色蓼花的滩头，在青翠的古树遮掩下面的古岸边，西风呼啸而来，暴雨疾驰而来。这时候，披起蓑衣，戴上斗笠，手拿一支钓鱼竿在烟波浩渺的寒江之上垂钓，这样的境界犹如宋代画家米芾所绘画的《寒江独钓图》中的意境。

原文

冯惟一以杯酒自娱[1]，酒酣即弹琵琶，弹罢赋诗，诗成起舞。时人爱其俊逸。

注释

①冯惟一：冯吉，字惟一，五代时期后晋、后周的官员。官至太常正卿，擅长写文章，特别擅长草隶及琵琶，时人称他的琵琶、诗、舞为“三绝”。

译文

冯惟一喜欢以喝酒娱己，喝酒喝到起劲时，他就弹琵琶，弹完琵琶后开始作诗，作诗之后，翩翩起舞。当时的人都欣赏他的潇洒风度。

原文

风下松而合曲[1]，泉萦石而生文。

注释

①合曲：合乎音律。

译文

山风吹来，吹过高大的松树，发出合乎音律的松涛声；清泉流过，途经起伏不定的石头，呈现出粼粼的波纹。

原　文

秋风解缆，极目芦苇，白露横江，情景凄绝。孤雁惊飞，秋色远近，泊舟卧听，沽酒呼卢[1]，一切尘事，都付秋水芦花。

注　释

①**呼卢**：赌博。

译　文

秋风习习，解开拴船的缆绳，极目远眺，望见芦花彼此连成一片，绵延到天边，洁白的露珠洒落在江面之上，这一幕是非常凄凉的。孤独的大雁受到惊吓，高飞而去，远近呈现出一派秋季肃杀的情景，把船停泊于岸边，躺到船里听着江水发出响亮的波涛声。打来酒与客人一起饮下，拿出呼卢玩起博戏，一切身外的凡俗的事情都被置之脑后，让它们随秋水奔流、芦花飘荡。

原　文

设禅榻二，一自适，一待朋。朋若未至，则悬之。敌曰："陈蕃之榻，悬待孺子，长史之榻，专设休源[1]。"亦惟禅榻之侧，不容着俗人膝耳。诗魔酒颠，赖此榻祛醒。

注　释

①**休源**：指南朝梁时的孔休源，是晋安王的长史，深得信任，王在斋中特设一榻。

译　文

在斋房中设有两个禅榻，一个专归自己使用，一个用于招待朋友。要是没有朋友来，那么就悬挂起来。可以说："陈蕃的床榻是专门为徐稚所准备的；长史的床榻是专门为孔休源准备的。"我的床榻是不允许凡夫俗子坐卧的。只允许那些诗魔、酒癫靠着这个床榻去魔、醒酒。

原　文

留连野水之烟，淡荡寒山之月[1]。

注　释

①**淡**：恬淡。

译　文

弥漫于原野上与流水上的烟雾让人感到流连忘返，笼罩于清寒山峰上的月光极为柔和、皎洁。

原 文

春夏之交，散行麦野；秋冬之际，微醉稻场。欣看麦浪之翻银，称翠直侵衣带；快睹稻香之覆地，新醅欲溢尊罍[1]。每来得趣于庄村，宁去置身于草野。

注 释

①**尊罍：**盛酒的器具。

译 文

春夏之交，漫步于麦田之野；秋冬之际，陶醉于打谷场上；非常欣慰地见到微风徐徐吹过后茂密的麦田当中翻腾的醉人麦浪，麦穗积聚的青翠气息侵入人的衣带；很高兴地见到稻谷的芳香馥郁谷场，新酿造的浊酒香满酒杯。每次来到乡下都可以从此得到无限乐趣，让人不禁生出一种抛开城市的愿望，置身草莽山野。

原 文

羁客在云村，蕉雨点点，如奏笙竽，声极可爱。山人读《易》《礼》，斗后骑鹤以至[1]，不减闻《韶乐》也[2]。

注 释

①**斗后：**犹言方外。斗，指墨斗。

②**《韶乐》：**传说是舜创作的乐曲。

译 文

旅居在外，行走在烟雾缭绕的乡村当中，雨打芭蕉，发出富有节奏的响动，犹如有人正在吹奏笙竽一样，声音好听极了。山中的隐士读完《易经》与《礼记》后，从方外骑着仙鹤飘然而至，不亚于听《韶乐》。

原 文

阴茂树，濯寒泉[1]，溯冷风，宁不爽然洒然！

注 释

①**濯：**洗浴。

译 文

在茂密的树下面乘凉，在冰冷的泉水当中洗浴，逆着冷风不断前行，这难道不令人感到心清气爽、觉得潇洒卓然吗？

原 文

韵言一展卷间，恍坐冰壶而观龙藏[1]。

注　释

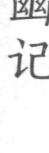

①**龙藏**：佛经。相传大乘经典被藏在龙宫，所以称为龙藏。

译　文

高雅的言论，展开一卷经书用于阅读就能看到，那种境界如坐在冰壶当中诵读经书一样使人感到惬意。

原　文

春来新笋，细可供茶；雨后奇花，肥堪待客[1]。

注　释

①**堪**：可以。

译　文

初春时的竹笋极为细嫩，可以把它们烹饪后当作喝茶时的小菜；雨后盛开的奇花，肥嫩鲜艳，完全能够采来用于招待客人。

原　文

赏花须结豪友，观妓须结淡友，登山须结逸友，泛舟须结旷友，对月须结冷友，待雪须结艳友，捉酒须结韵友[1]。

注　释

①**捉**：拿着。

译　文

观赏名花时，应当与性格豪爽的友人共同结伴观赏；看歌伎唱歌时，应当与性情淡泊的人一起前去；想去登山游览时，最好与隐逸的朋友共同前行；想到江湖上泛舟，最好和心胸旷达的朋友共同前行；想要吟风弄月，最好与为人冷峻的朋友一起；想踏雪去寻找梅花，应当带上文辞华美的朋友；端起酒杯畅饮，应该与性情高雅的朋友一起。

原　文

问客写药方，非关多病；闭门听野史，只为偷闲。

译　文

向客人询问开写药方，并非因为多病才会这样做；关上门听别人讲野史故事，只为偷闲愉悦性情。

原　文

岁行尽矣，风雨凄然，纸窗竹屋，灯火青荧[1]，时于此间得小趣。

注　释

①**青荧**：灯火的颜色。

译　文

岁末已至，风雨交加，景象凄凉，但在纸窗竹屋当中，在青荧的灯光之下，心头不断涌起盎然的情趣。

原　文

山鸟每夜五更喧起五次，谓之报更，盖山间率真漏声也[①]。

注　释

①漏声：自然天籁的报时声。

译　文

山鸟每天晚上每到一更都会鸣叫一次，称为报更，这的确是自然天籁的报时声。

原　文

分韵题诗，花前酒后；闭门放鹤，主去客来。

译　文

按韵题诗联句，适宜在赏花时与饮完酒后进行；关门放鹤，应该在主人要走时与客人快来时进行。

原　文

花事乍开乍落，月色乍阴乍晴，兴未阑，踌躇搔首[①]；诗篇半拙半工，酒态半醒半醉，身方健，潦倒放怀。

注　释

①踌躇搔首：抓头挠发，思而不见，坐卧不安的模样。

译　文

花儿时开时落，月亮忽明忽暗，余兴还没有结束，让人抓头挠发；诗篇刚好，有的非常拙劣，酒后半醒半醉，假如身体好的话，就潦倒开怀。

原　文

湾月宜寒潭，宜绝壁，宜高阁，宜平台，宜窗纱，宜帘钩；宜苔阶，宜花砌，宜小酌，宜清谈，宜长啸，宜独往，宜搔首，宜促膝。春月宜尊罍[①]，夏月宜枕簟，秋月宜砧杵，冬月宜图书。楼月宜箫，江月宜笛，寺院月宜笙，书斋月宜琴。闺闱月宜纱橱，勾栏月宜弦索；关山月宜帆樯，沙场月宜刁斗。花月宜佳人，松月宜道者，萝月宜隐逸，桂月宜俊英；山月宜老衲，湖月宜良朋，风月宜杨柳，雪月宜梅花。片月宜花梢，宜楼头，宜浅水，宜杖藜，宜幽人，宜孤鸿。满月宜江边，宜苑内，宜绮筵，宜华灯，宜醉客，宜妙妓。

注释

①**尊罍**：酒杯。

译文

水湾的月亮适宜悬挂于寒潭，适合绝壁，也适宜高阁、平台、窗纱，还适合帘钩；适宜苔藓扑满台阶，适宜鲜花满坛，适宜在月下小酌，适宜清谈，适宜长啸，适宜独来独往，适宜搔首弄姿，适宜促膝长谈。春天的月亮适宜摆下酒器对饮，夏天的月亮适宜在月下摆下石枕竹席，秋天的月亮适宜在月光下洗衣、捣杵臼，冬天的月亮适宜在月光下画画、阅读书籍。照射在楼上的月光适合月下吹箫，照映在江上的月亮适合吹笛，寺院里的月亮适合吹笙，书斋里的月亮适合琴声。闺阁中的月亮适合纱帐，勾栏里的月亮适合奏乐，关山的月亮适合划桨，沙场上的月亮适合刁斗。花前的月亮适合美人，松间的月亮适合道士，从藤萝透出来的月亮适合隐士，从桂花树上洒下来的月亮适合俊杰，山中的月亮适合高僧，湖上的月亮适合良友，风中的月亮适合杨柳，雪中的月亮适合梅花。弦月适宜树梢楼头，适合映在浅水，适宜拄杖前行，适宜隐士，适宜孤雁。满月适宜江边，适宜园圃，适宜豪华的宴席，适宜华灯初上，适宜醉酒抒怀，适宜美艳的歌妓。

原文

佛经云："细烧沉水，毋令见火。"此烧香三味语[1]。

注释

①**三昧**：事物的奥妙。

译文

佛经上说："用细火烧沉水香，不要见明火。"这是明白了烧香的奥妙。

原文

石上藤萝，墙头薜荔[1]，小窗幽致，绝胜深山，加以明月清风，物外之情，尽堪闲适。

注释

①**薜荔**：木莲花。

译文

石头上爬满藤萝，墙上开满木莲花，小窗中风景清幽，这些景致绝对胜过深山。再加上头顶上悬挂的明亮月亮，清风阵阵吹来，好一派世外的景致！尽情体味这份悠闲安逸。

原文

出世之法，无如闭关[1]。计一园手掌大，草木蒙茸，禽鱼往来，矮屋临水，展书匡坐，几于避秦，与人世隔。

注释

①闭关：闭门谢客。

译文

摆脱世俗的办法是闭门谢客。开辟一个小小的园圃，种上萧疏的草木，让飞鸟在院子当中飞来飞去，让鱼在水里不断游动。让低矮的茅屋门正对溪水，打开一卷书进行专心阅读，像《桃花源记》中所描述躲避秦朝战乱那样，与外界隔绝。

原文

山上须泉，径中须竹。读史不可无酒，谈禅不可无美人。

译文

山上必须有清泉，小路上有翠竹。读史书时，身边不能没有酒陪伴，谈禅不能没有美人。

原文

幽居虽非绝世，而一切使令供具交游晤对之事，似出世外。花为婢仆，鸟为笑谈；溪漱涧流代酒肴烹炼，书史作师保[1]，竹石质友朋；雨声云影，松风萝月，为一时豪兴之歌舞。情景固浓，然亦清趣。

注释

①师保：古代辅助君王的官员，有太师、少师、太保、少保等。

译文

隐居虽然不等于与世隔绝，但所有使令、用具、交游、会面等事，与世俗不同。可以将花看成奴婢，可以与飞鸟交谈；可以将溪水与山涧中的流水当作好酒好菜，把史书看作导师，把竹石看作良友；将雨声与云影，还有松风箩月当作兴起时的歌舞，情景虽然浓郁，但是增加了清雅的情趣。

● 月夜舞霓裳

原文

蓬窗夜启，月白于霜，渔火沙汀[1]，寒星如聚。忘却客子作楚，但欣烟水留人。

注释

①沙汀：沙洲。

译文

夜晚，打开蓬门草舍的窗子，看到窗子当中透进的皎洁月光要比秋霜还白；沙洲上生起的点点渔火，就犹如清寒的星光闪烁着，如参加聚会一样。面对此情此景，早已将自己客居楚地的身份忘记，只为此地的月色烟水使人难以忘记而感到无限欣慰。

原文

无欲者其言清，无累者其言达。口耳巽人，灵窍忽启①。故曰不为俗情所染，方能说法度人。

注释

①灵窍：智慧。

译文

没有欲望的人，他们说的话非常高洁；没有压力的人，他们说的话都很达观。假如风神进入人的口耳中，人的灵窍就会瞬间开启。所以说，人不被世俗束缚，才可以讲说佛法，超度世人。

原文

临流晓坐，欸乃忽闻①，山川之情，勃然不禁。

注释

①欸乃：摇橹的声音。

译文

清晨靠着溪水打坐，忽然传来了船行走时摇橹的声音，山水的情怀，勃然而生。

原文

舞罢缠头何所赠①，折得松钗；饮余酒债莫能偿，拾来榆荚。

注释

①缠头：用来酬谢舞女的物品。

译文

歌舞结束，拿什么作为相赠的缠头，只好折下一枝松枝当钗来赠送；饮酒时，没法偿还酒债，只好摘下榆荚来当作酒钱。

原文

午夜无人知处，明月催诗①；三春有客来时，香风散酒。

注释

①催诗：催发诗兴。

译文

半夜时，去一个没人知道的地方，明月皎洁，催人诗兴；春天时，有客人来拜访，吹来和煦之风，空气中飘散着阵阵酒香。

原文

如何清色界，一泓碧水含空；那可断游踪，半砌青苔殢雨[1]。

注释

①青苔殢雨：雨后青苔妩媚之态。

译文

如何能在色界获得清静的景象呢？一泓碧绿的水面映照蔚蓝的天空；如何断绝游踪呢？半坛雨后的青苔露出妩媚之态。

原文

村花路柳，游子衣上之尘；山雾江虹，行李担头之色[1]。

注释

①色：鲜艳颜色。

译文

山村开遍美丽的花朵，柳絮撒满山路，沾在游子身上留下尘渍；山间弥漫着雾霭，江上挂着一道彩虹，这便是游子的行李担上的颜色。

原文

何处得真情，买笑不如买愁；谁人效死力，使功不如使过。

译文

哪里才有真实情感呢，与其买欢笑还不如去买忧愁；什么人能够以死相报呢？任用有功之人，不如任用有过之人！

原文

芒鞋甫挂[1]，忽想翠微之色，两足复绕山云；兰棹方停，忽闻新涨之波，一叶仍飘烟水[2]。

注释

①芒鞋：草鞋。

②烟水：烟波浩渺的水。

译文

出游归来，刚将草鞋挂到墙上，脑海当中又想起山色的苍翠，于是又匆匆穿上草鞋，穿行在山水缭绕、白云映照的山间；小船刚靠岸，忽听远处传来了波涛的声音，这叶扁舟

又漂荡在烟波浩渺的水上。

原　文

旨愈浓而情愈淡者，霜林之红树；臭愈近而神愈远者，秋水之白苹。

译　文

内心修养深入，情趣会越来越淡，就好像蒙霜树林中的红树；香气越近，精神修养越来越远，就好比是秋水里生长的白苹一样。

原　文

龙女濯冰绡，一带水痕寒不耐；姮娥携宝药[1]，半囊月魄影犹香。

注　释

①**姮娥**：即嫦娥。

译　文

龙女洗洁白的丝绢，带起来的水痕让人不忍看，耐不住这份清寒；嫦娥带着升天的神药，所以月光的影子还带着香气。

● 嫦娥

原　文

石洞寻真，绿玉嵌乌藤之杖[1]；苔矶垂钓，红翎间白鹭之蓑[2]。

注　释

①**绿玉**：这里指晶莹的露珠。

②**白鹭之蓑**：白鹭身上的长饰羽，形同蓑衣草，又称“蓑羽”。

译　文

到山洞中去寻访仙人的踪迹，乌藤手杖上挂满了晶莹的水珠；在长满了青苔的江边垂钓，白鹭的蓑羽上间或有红色的翎毛。

原　文

晚村人语，远归白社之烟；晓市花声，惊破红楼之梦[1]。

注　释

①**红楼之梦**：绮情之梦。

译　文

傍晚的山村，有人坐着说话，远归的人踏着白社的烟尘回来了；在清晨，集市上传来了卖花姑娘的叫卖声，惊破了红楼美人的绮情之梦。

原　文

案头峰石，四壁冷浸烟云，何与胸中丘壑；枕边溪涧，半榻寒生瀑布，争如舌底鸣泉。

译　文

案头上有山峰和奇石，四壁清冷，被烟雾和云霞浸染着，这样的景象哪里比得上心里装着山水丘壑呢；即使睡卧在山涧和溪水边，寒冷的瀑布把半边的睡榻都浸湿了，这样的情景怎能比得上舌底的叮咚泉水呢？

原　文

扁舟空载，赢却关津不税愁；孤杖深穿[1]，揽得烟云闲入梦。

注　释

①**穿**：这里指穿越山林。

译　文

一叶小舟，空不载物，经过关卡渡口的时候，可以省下纳税，没有忧愁；独自拄拐，进入山林中，去探访烟云美景，揽着清闲进入梦乡。

原　文

幽堂昼密[1]，清风忽来好伴；虚窗夜朗，明月不减故人。

注　释

①**昼密**：白天紧密关闭着。

译　文

幽静的厅堂白天黑夜地关着门，忽然从外面吹来一阵清风做伴；打开窗户，夜晚更加明亮，一轮从窗户照进来的明月如同故人，倍感亲切。

原　文

晓入梁王之苑[1]，雪满群山；夜登庾亮之楼[2]，月明千里。

注　释

①**梁王之苑**：在现在的河南开封，汉梁孝王所建，是其游赏与宴宾的场所。

②**庾亮之楼**：即庾公之楼，在今武昌市。

译　文

清晨来到梁王所建的园苑中，看见群山被一场大雪覆盖；夜晚登上庾亮建造的楼宇，看见明月照射千里的壮阔景色。

原 文

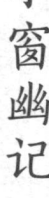

名妓翻经，老僧酿酒，书生借箸谈兵，介胄登高作赋，羡他雅致偏增；屠门食素，狙侩论文[1]，厮养盛服领缘，方外束修怀刺，令我风流顿减。

注 释

①**狙侩**：狡猾，无赖。

译 文

名妓翻阅经书，老僧酿造美酒，书生谈论军事，武士登高作赋，我羡慕他们身上增添了不少雅致；屠户吃素餐，商人论文章，仆人穿华服，隐士拜见权贵，我感到他们身上的风流减少很多。

原 文

高卧酒楼，红日不催诗梦醒[1]；漫书花榭，白云恒带墨痕香。

注 释

①**诗**：此处指诗人。

译 文

高卧于酒楼，刚升起来的红日不急于把诗人催醒；漫步于花榭，想着题什么字，悠悠飘荡的白云时常带着墨香。

原 文

相美人如相花，贵清艳而有若远若近之思；看高人如看竹，贵潇洒而有不密不疏之致[1]。

注 释

①**致**：韵致。

译 文

欣赏美人就好比观赏名花，可贵之处在于淡雅艳丽，有一种或远或近的意味；观看品德高的人，就好比观赏翠竹，可贵之处在于潇洒飘逸，有着不密不疏的韵致。

原 文

梅称清绝，多却罗浮一段妖魂[1]；竹本萧疏，不耐湘妃数点愁泪。

注 释

①**罗浮一段妖魂**：事见柳宗元《龙城录》：隋文帝开皇年间，赵师雄迁官到罗浮，正好天色已晚，天气寒冷，他喝醉了，躺在松林酒店旁，见一女子，便一起进了酒家，相谈得很高兴。等到第二天醒来的时候，发现自己在梅树下面。

译文

梅花以清绝闻名，因此才有了罗浮山那段关于妖魂的故事；竹子以孤傲著称，所以才会有湘妃落下的忧愁的眼泪。

原文

穷秀才生活，整日荒年；老山人出游，一派熟路。

译文

穷秀才的生活，每天都过着饥荒的日子；老山人出游四方，处处都是一派轻车熟路之貌。

原文

眉端扬未得，庶几在山月吐时[①]；眼界放开来，只好向水云深处。

注释

①**庶几**：差不多。

译文

眉梢不能飞扬，只有等到明月从山间升起来的时候；眼界想要开阔，只有望向溪水尽处、白云深处。

原文

刘伯伦携壶荷锸(chā)[①]，死便埋我，真酒人哉；王武仲闭关护花[②]，不许踏破，直花奴耳。

注释

①**刘伯伦**：刘伶，字伯伦，魏晋名士，“竹林七贤”之一。**锸**：铁锹。

②**闭关**：闭门。

译文

刘伯伦每次外出的时候，都会带上一壶酒，还叫上人扛着锹一起前往，他说：“要是我死了，那么在哪死的就埋在哪里就行了。”他可以称得上是真正的嗜酒如命的人；王武仲喜欢闭门谢客，一心养花，还不让人随便践踏，简直就是花奴。

原文

一声秋雨，一行秋雁，消不得一室清灯；一月春花，一池春草，绕乱却一生春梦[①]。

注释

①**绕乱**：惊扰。

译文

一声秋雨飘洒而至，一声秋雁的哀鸣，抵消不了一室的清灯发出来的清幽灯光；一片花带来的春花烂漫，一池春草带来的碧绿，惊扰了一生的春梦。

原 文

天桃红杏[1]，一时分付东风；翠竹黄花，从此永为闲伴。

注 释

①**天**：妖艳。

译 文

妖艳的桃花和粉红的杏花，都被强劲的东风给吹落了；只剩下青翠的竹子和黄色的菊花，作为永久的伴侣存在着。

原 文

花影零乱，香魂夜发，辴(chǎn)然而喜[1]。烛既尽，不能寐也。

注 释

①**辴然**：笑的样子。《庄子·达生》："桓公辴然而笑。"

译 文

月光的照射下花影零乱，花香在夜间弥漫小院，令人闻后欣喜而笑。蜡烛快燃烧完了，仍然无法安然入睡。

原 文

一片秋色，能疗病客；半声春鸟，偏唤愁人[1]。

注 释

①**愁人**：忧愁的人。

译 文

一片秋色寂寥，足以医治客人的愁思；半声春鸟的鸣叫，唤醒忧愁的人的思绪。

原 文

云落寒潭，涤尘容于水镜；月流深谷，拭淡黛于山妆[1]。

注 释

①**黛**：眉黛。

译 文

潭水上的烟雾散去后，平静澄澈，像一面镜子，可以用来冲洗满是尘俗的脸；月色随着涧水流到幽深的山谷里，让山水看起来像是披上粉妆，可以拭去眉黛。

原 文

寻芳者追深径之兰，识韵者穷深山之竹[1]。

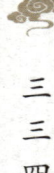

注　释

①**穷**：穷尽。

译　文

找寻芳草踪迹的人寻求长在深山幽径旁边的兰花，懂得韵致的人看遍深山深谷中的翠竹。

原　文

花间雨过，蜂粘几片蔷薇；柳下童归，香散数茎檐卜[1]。

注　释

①**檐卜**：古代的植物，产西域，花甚香，一说栀子花。

译　文

几只蜜蜂被粘在刚刚下完雨的蔷薇花上；孩子从柳荫边回来，把满身的花香散落在几棵檐卜上。

原　文

幽人到处烟霞冷，仙子来时云雨香。

译　文

隐士所到的地方，连烟霞也变得清冷；仙女到来时，连云霞也散发着芬芳的气味。

原　文

落红点苔，可当锦褥；草香花媚，可当娇姬。草逆则山鹿溪鸥[1]**，鼓吹则水声鸟啭。毛褐为纨绮，山云做主宾。和根野菜，不让侯鲭**[2]**；带叶柴门，奚输甲第。**

注　释

①**溪鸥**：泛指各种水鸟。

②**侯鲭**：精美的肉食。

译　文

苍翠的苔藓有几片落花点缀，可当作华丽的被褥；妩媚清新的鲜花可作为娇艳的侍妾。野草欢迎的是山鹿和水鸟，声乐奏出来的是水声和鸟鸣的声音。把有着毛皮的衣服看作华丽的衣裳，把飘荡在山间的云彩当作主人的宾客；

● 蝴蝶

带根的野菜比精美的肉食更为鲜美；带叶的枝条编成柴门，怎能输给高第朱门呢？

原　文

野筑郊居，绰有规制；茅亭草舍，棘垣竹篱[①]，构列无方，淡宕如画，花间红白，树无行款。徜徉洒落，何异仙居？

注　释

①垣：墙。

译　文

在野外的别墅中居住，宽绰而有规制。至于用茅草搭建的亭子和用杂草搭盖的房舍，用荆棘编成的院墙和用竹子编成的篱笆，可随意摆放，错落有致，完全可以达到淡雅如画的效果。花圃里种的花红白相间，栽种的树木杂乱无章，漫步在树林中，可随心所欲，无拘无束，这样的生活和神仙的日子有什么不同呢？

原　文

墨池寒欲结，冰分笔上之花；炉篆气初浮[①]，不散帘前之雾。

注　释

①炉篆：燃香的香炉。

译　文

墨池因为天冷了要结冰，冰凌分开笔下生花的文字；香炉上冒出来缕缕缭绕的烟雾，不能冲散竹帘前的雾霭。

原　文

青山在门，白云当户，明月到窗，凉风拂座。胜地皆仙，五城十二楼[①]，转觉多设。

注　释

①五城十二楼：古代传说中神仙居住的地方。

译　文

青山在门前，白云在窗口，明亮照进窗里，凉爽的风吹到坐榻前。凡是风景秀美的地方都可以让人得道成仙，五城十二楼的设置，反而觉得是多余的。

原　文

何为声色俱清？曰：松风水月，未足比其清华。何为神情俱彻？曰：仙露明珠，讵能方其朗润[①]。

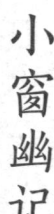

注　释

①讵：岂。

译　文

什么样的声色可以称为清雅呢？回答是：松间的清风，水上的明月，都不能和声色的清雅相媲美。什么样的神情可以称得上是透彻畅达呢？回答是：仙草雨露，夜明珠，都不能和这样的神情比较明亮和润泽。

原　文

逸字是山林关目[1]，用于情趣，则清远多致；用于事务，则散漫无功。

注　释

①关目：最重要的环节。

译　文

“逸”字是隐逸山林最为重要的环节，用于情趣，就是清雅悠远是很恰当的韵致。对于事物来说，过于散漫自由，不会成功。

原　文

宇宙虽宽，世途眇于鸟道；征逐日甚，人情浮比鱼蛮[1]。

注　释

①鱼蛮：渔夫、渔民。

译　文

宇宙尽管宏大，但世俗之路却要比鸟道更加狭窄；世人都忙着争名夺利，人情就犹如渔夫一样随着波涛起伏不定。

原　文

柳下舣舟，花间走马，观者之趣，倍过个中[1]。

注　释

①个中：此处指当事者。

译　文

把船只停靠于柳荫下，在花丛当中疾驰，旁观者的情趣要超过那些当事者。

原　文

问人情何似？曰：野水多于地，春山半是云。问世事何似？曰：马上悬壶浆[1]，刀头分顿肉。

注　释

①浆：指酒。

译文

如果问人与人之间的感情像什么？可以这样回答：在田野当中，水比土地更多，春天里的青山一半被云雾所遮掩。如果问世事究竟像什么？可以这样回答：马上挂着酒壶，兵刃分割肉食。

原文

尘情一破，便同鸡犬为仙；世法相拘，何异鹤鹅作阵[1]。

注释

①**作阵**：拘束、做作。

译文

尘世的情缘一旦打破，就可与鸡犬一起升天成仙；世俗的罗网束缚着人们，人与鹤鹅列阵那般拘束、做作又有何区别呢？

原文

清恐人知[1]，奇足自赏。

注释

①**清**：清雅志趣。

译文

清雅的趣味，怕别人知道；奇异的事物，自我欣赏。